"十三五"国家重点图书出版规划项目
中华农圣贾思勰与《齐民要术》研究 丛书

齐民要术

在中外农学史上的地位和贡献研究

薛彦斌
杨洁 著

U0349447

中国农业科学技术出版社

图书在版编目（CIP）数据

《齐民要术》在中外农学史上的地位和贡献研究 / 薛彦斌，
杨洁著. —北京：中国农业科学技术出版社，2017.7
（中华农圣贾思勰与《齐民要术》研究丛书）
ISBN 978－7－5116－2795－7

Ⅰ.①齐… Ⅱ.①薛…②杨… Ⅲ.①农学—中国—北魏
②《齐民要术》—研究 Ⅳ.①S-092.392

中国版本图书馆 CIP 数据核字（2015）第 247513 号

责任编辑 闫庆健
文字加工 段道怀
责任校对 贾海霞

出 版 者	中国农业科学技术出版社
	北京市中关村南大街 12 号　　邮编：100081
电　　话	（010）8210 6632（编辑室）　　（010）8210 9704（发行部）
	（010）8210 9709（读者服务部）
传　　真	（010）8210 6650
网　　址	http：// www.CASTP.cn
经 销 者	各地新华书店
印 刷 者	北京科信印刷有限公司
开　　本	710 mm ×1 000 mm　1/16
印　　张	18.25
字　　数	347 千字
版　　次	2017 年 7 月第 1 版　2017 年 7 月第 1 次印刷
定　　价	60.00 元

作者简介

薛彦斌，1957年生于北京市，博士，研究员。1982年获东北农业大学园艺系蔬菜专业学士学位，1988年获中国农业大学食品科学系果蔬贮藏加工专业硕士学位，1992年获日本政府文部省国费外国人留学生奖学金赴国立日本冈山大学大学院留学，1996年获冈山大学大学院自然科学研究科果蔬贮藏加工专业博士（Ph.D）学位。历任东北农业大学园艺系助教、食品科学系讲师，北方交通大学交通运输学院副教授、硕士研究生导师，山东潍坊科技学院副院长，研究员，现任寿光市《齐民要术》研究会副会长。在2005年4月第六届中国（寿光）国际蔬菜科技博览会期间任贾思勰农学思想研讨会执行负责人，担任《贾思勰农学思想研讨会论文集》执行主编，发表《世界名著〈齐民要术〉对日本的影响》论文并作大会发言。任《贾思勰农学思想研究》第一集、第二集、第三集编委，《"齐民要术"难字解》编委。在《中国农史》（中文核心期刊）上发表《对20世纪以来〈齐民要术〉中国研究学者与成果的分类》论文。2006年，主编《〈齐民要术〉与现代农业高层论坛论文集》（《中国农史》2006年增刊）。2010—2016年连续主持7届中华农圣文化国际研讨会，主编《中华农圣文化国际研讨会论文集》五部（中国农业科学技术出版社，第一集至第四集，中国农业出版社，第五集），主编《贾思勰与〈齐民要术〉研究论文集》（山东人民出版社），2008年受聘担任中央电视台十集电视纪录片《齐民要术》撰稿人和史料统筹编辑。2015—2016年与寿光市齐民要术研究会会长刘效武教授领衔主编《中华农圣贾思勰与〈齐民要术〉研究丛书》，获得国家新闻出版广电总局2016年度国家出版基金资助（中国农业科学技术出版社）。

　　杨　洁，女，1970年6月生于山东寿光，中学高级教师，本科毕业于山东师范大学生物系，现为寿光市第一中学生物教研室教师，优秀教研组长，曾获得潍坊市政府教学成果一等奖，多次被评为全市优秀教师，参加教学工作23年来，一直从事高中部生物教学与研究，发表专业研究论文26篇、出版科技专著2部（副主编）、获得国家实用新型专利1项。

中华农圣贾思勰与《齐民要术》研究 丛书

编撰委员会

主　　编　李昌武　刘效武
副 主 编　薛彦斌　李兴军　孙有华
编　　委 （按姓氏笔画为序）

于建慧	王　朋	王红杰	王金栋	王思文	王继林
王敬礼	朱在军	朱振华	刘　曦	刘子祥	刘长政
刘玉昌	刘玉祥	刘金同	孙仲春	孙安源	杨志强
杨现昌	杨维国	李美芹	李冠桥	李桂华	李海燕
宋峰泉	张子泉	张凤彩	张砚祥	张恩荣	张照松
陈伟华	邵世磊	林聚家	国乃全	周衍庆	郎德山
赵世龙	胡立业	胡国庆	信俊仁	信善林	耿玉芳
夏光顺	柴立平	郭龙文	黄　朝	黄本东	崔永峰
崔改泵	葛汝凤	葛怀圣	董宜顺	董绳民	焦方增
舒　安	蔡英明	魏华中			

校　　订　王冠三　魏道揆　刘东阜　侯如章

学术顾问组织

中国科学院
中国农业科学院
中国农业历史学会
中华农业文明研究院
中国农业历史文化研究中心
农业部农村经济研究中心
山东省农业科学院
山东省农业历史学会

序 一

　　《齐民要术》是我国现存最早、最完整的一部古代综合性农学巨著，在中国传统农学发展史上是一个重要的里程碑，在世界农业科技史上也占有非常重要的地位。

　　《齐民要术》共 10 卷，92 篇，11 万多字。全书"起自耕农，终于醯醢，资生之业，靡不毕书"，规模巨大，体系完整，系统地总结了公元 6 世纪以前黄河中下游旱作地区农作物的栽培技术、蔬菜作物的栽培技术、果树林木的栽培技术、畜禽渔业的养殖技术以及农产品加工与贮藏、野生植物经济利用等方面的知识，是当时我国最全面、系统的一部农业科技知识集成，被誉为中国古代第一部"农业百科全书"。

　　《齐民要术》研究会组织包括高校科研人员、地方技术专家等 20 多人在内的精干力量，凝心聚力，勇担重任，经过三年多的辛勤工作，完成了这套近 400 万字的《中华农圣贾思勰与〈齐民要术〉研究丛书》。该《丛书》共三辑 15 册，体例庞大，内容丰富，观点新颖，逻辑严密，既有贾思勰里籍考证、《齐民要术》成书背景及版本的研究，又有贾思勰农学思想、《齐民要术》所涉及农林牧渔副等各业与当今农业发展相结合等方面的研究创新。这些研究成果与我国农业当前面临问题和发展的关系密切，既能为现代农业发展提供一些思路和有益参考，又很好地丰富了传统农学文化研究的一些空白，可喜可贺。可以说，这是国内贾思勰与《齐民要术》研究领域的一部集大成之作，对传承创新我国传统农耕文化，服务现代农业发展将发挥积极的推动作用。

　　《中华农圣贾思勰与〈齐民要术〉研究丛书》能得到国家出版基金资助，列入"十三五"国家重点图书出版规划项目，进一步证明了该《丛书》的学术价值与应用价值。希望该《丛书》的出版能够推动《齐民要术》的研究迈上新台阶；为推进现代农业生态文明建设，实现农业的可持续发展提供有益的借鉴；为传承和弘扬中华优秀传统文化，展现中华民族的精神文化瑰宝，提升中国的文化软实力发挥作用。

中国工程院副院长
中国工程院院士

2017 年 4 月

序 二

中国是世界四大文明古国之一，也是世界第一农业大国。我国用不到世界9%的耕地，养活了世界21%的人口，这是举世瞩目的巨大成绩，赢得世人的一致称赞。对于我国来说，"食为政首""民以食为先"，解决人的温饱是最大问题，也是我国的特殊国情，所以，从帝制社会开始，历朝历代，都重视农业，把农业作为"资生之业"，同时又将农业技术的改良、品种的选优等放在发展农业的优先位置，这方面的成就是为世界公认的，并作为学习的榜样。

中华农圣贾思勰所撰农学巨著《齐民要术》，是每位农史研究者必读书目，在国内外影响极大，有很多学者把它称为"中国古代农业的百科全书"。英国著名科学家达尔文撰写《物种起源》时，也强调其重要性，在有些篇章有些字句里面，也引用了《齐民要术》和中国农书的一些重要成果，对它给予充分肯定。研究中国农业，《齐民要术》是一座绕不开的丰碑。《齐民要术》是古代完整的、全面的农业著作，内容相当丰富，从以下几方面，可以看出贾思勰的历史功绩。

在农作物的栽培技术方面，他详细记叙了轮作与间作套种方法。原始农业恢复地力的方法是休闲，后来进步成换茬轮作，避免在同一块地里连续种植同一作物所引起的养分缺乏和病虫害加重而使产量下降。在这方面，《齐民要术》记述了20多种轮作方法，其中最先进的是将豆科作物纳入轮作周期。在当时能认识到豆科植物有提高土壤肥力的作用，是农业上很大的进步，这要比英国的绿肥轮作制（诺福克轮作制）早1 200多年。间作套种是充分利用光能和地力的增产措施，《齐民要术》记述着十几种做法，这反映了当时间作套种技术的成就。

对作物播种前种子的处理，提出了泥水选种、盐水选种、附子拌种、雪水浸种等方法，这都是科学的创见。特别是雪水浸种，以"雪是五谷之精"提出观点，事实上，雪水中重水含量少，能促进动植物的新陈代谢（重水是氢的同位素重氢和氧化合成的水，对生物体的生长发育有抑制作用），科学实验证明，在温室中用雪水浇灌，可使黄瓜、萝卜增产两成以上。这说明在 1 400 多年前劳动人民已从实践中觉察到雪水和普通水的不同作用，实为重要的发现。在《收种第二》篇中，对选种育种更有一整套合乎科学道理的方法："粟、黍、穄、粱、秫，常岁岁别收，选好穗纯色者，倒刈高悬之，至春治取，别种，以拟明年种子。其别种种子，常须加锄。先治而别埋，还以所治襄草蔽窖。不尔，必有为杂之患。"这里所说的，就是我们沿用至今的田间选种、单独播种、单独收藏、加工管理的方法。

《齐民要术》记载了我国丰富的粮食作物品种资源。粟的品种 97 个，黍 12 个，穄 6 个，粱 4 个，秫 6 个，小麦 8 个，水稻 36 个（其中糯稻 11 个）。贾思勰根据品种特性，分类加以命名。他对品种的命名采用三种方式：一是以培育人命名，如"魏爽黄""李浴黄"等；二是"观形立名"，如高秆、矮秆、有芒、无芒等；三是"会义为称"，即据品种的生理特性如耐水、抗虫、早熟等命名。他归纳的这三种命名方式，直到现在还在使用。

在蔬菜作物的栽培技术方面，成就斐然。《齐民要术》第 15~29 篇都是讲的蔬菜栽培。所提到的蔬菜种类达 30 多种，其中约 20 种现在仍在继续栽培，寿光市现在之所以蔬菜品种多、技术好、质量高，与此不无传承关系。《齐民要术》在《种瓜第十四》篇中，提到种瓜"大豆起土法"，这是在种瓜时先用锄将地面上的干土除去，再开一个碗口大的土坑，在坑里向阳一边放 4 颗瓜子、3 颗大豆，大豆吸水后膨胀，子叶顶土而出，瓜子的幼芽就乘势省力地跟着出土，待瓜苗长出几片真叶，再将豆苗掐断，使断口上流出的水汁，湿润瓜苗附近的土壤，这种办法，在 20 世纪 60—70 年代还被某外国农业杂志当作创新经验介绍，殊不知贾思勰在 1 400 年前就已经发现并总结入书了。又如，从《种韭第二十二》篇可以看出，当时的菜农已经懂得韭菜的"跳根"现象，而采取"畦欲极深"和及时培土的措施来延长采割寿命。这说明那时的贾思勰对韭菜新生鳞茎的生物学特点已经有所认识。再如，对韭菜新陈种籽的鉴别，采用了"微煮催芽法"来检验，"微煮"二字非常重要，这一方法延续到现在。

在果树栽培方面，《齐民要术》写到的品种达 30 多种。这些果树资料，对世界各国果树的发展起过重要作用。如苏联的植物育种家米丘林和美国、加拿大的植物育种家培育的寒带苹果，都是用《齐民要术》中提到的海棠果作亲本培育成功的。在果树的繁殖上贾思勰记载了数种嫁接技术。为使果类增产，他还提出"嫁枣"（敲打枝干）、疏花的措施，以减少养分的虚耗，促多坐果，这是很有见地的。

在养殖业方面，《齐民要术》从大小牲畜到各种鱼类几乎都有涉猎，记之甚详，特别大篇幅强调了马的饲养。从养马、相马、驯马、医马到定向选育、培育良种都作了科学的论述，现在世界各国的养马业，都继承了这些理论和方法，不过更有所提高和发展罢了。

在农产品的深加工方面，记述的餐饮制品从酒、酱到菜肴、面食等，多达数百种，制作和烹饪方法多达20余种，都体现了较高的科技水平。在《造神曲并酒第六十四》篇中的造麦曲法和《笨曲并酒第六十六》篇中的三九酒法，记载着连续投料使霉菌得到深层培养，以提高酒精浓度和质量的工艺，这在我国酿酒史上具有重要意义。

贾思勰除了在农业科学技术方面有重大成就外，还在生物学上有所发现。如对植物种间相互抑制或促进的认识和利用以及对生物遗传性、变异性和人工选择的认识和利用等。达尔文《物种起源》第一章《家养状况下的变异》中提到，曾见过"一部中国古代的百科全书"，清楚地记载着选择，经查证这部书就是《齐民要术》。总之，《物种起源》和《植物和动物在家养下的变异》中都参阅过这部"中国古代百科全书"，六次提及《齐民要术》，并援引有关事例作为他的著名学说——进化论佐证。如今《齐民要术》更是引起欧美学者的极大关注和研究，说它"即使在世界范围内也是卓越的、杰出的、系统完整的农业科学理论与实践的巨著。"

达尔文在《物种起源》中谈到人工选择时说："如果以为这种原理是近代的发现，就未免与事实相差太远。在一部古代的中国百科全书中，已有关于选择原理的明确记述。""农学家们的普遍经验具有某种价值，他们常常提醒人们当把某一地方产物试在另一地方栽培时要慎重小心。中国古代农书作者建议栽培和维持各个地方的特有品种。"达尔文说："在上一世纪耶稣会士们出版了一部有关中国的大部头著作，这部著作主要是根据古代中国百科全书编成的。关于绵羊，书中说'改良品种在于特别细心地选择预定作繁殖之用的羊羔，对它们善加饲养，保持羊群隔离。'中国人对于各种植物和果树也应用了同样的选择原理。""物种能适应于某种特殊风土有多少是单纯由于其习性，有多少是由于具备不同内在体质的变种之自然选择，以及有多少是由于两者合在一起的作用，却是个朦

5

胧不清的问题。根据类例推理和农书中甚至古代中国百科全书中提出的关于将动物从一个地区迁移至另一地区饲养时要极其谨慎的不断忠告，我应当相信习性有若干影响的说法。"

李约瑟是英国近代生物化学家和科学技术史专家、原英国皇家学会会员（FRS）、原英国学术院院士（FBA）、剑桥大学李约瑟研究所创始人，其所著《中国的科学与文明》（即《中国科学技术史》）对现代中西文化交流影响深远。李约瑟评价说："中国文明在科学史中曾起过从未被认识的巨大作用，在人类了解自然和控制自然方面，中国有过贡献，而且贡献是伟大的。"李约瑟及其助手白馥兰，对贾思勰的身世背景作了叙述，侧重于《齐民要术》的农业技术体系构建，就种植制度、耕作水平、农器组配、养畜技艺、加工制作以及中西农耕作业的比较进行了阐述，并指出："《齐民要术》是完整保留至今的最早的中国农书，其行文简明扼要，条理清晰，所述技术水平之高，更臻完美。其结果是这本著作长期使用至今还基本上是完好无损。""《齐民要术》所包含的技术知识水平在后来鲜少被超越。"

日本是世界上保存世界性巨著《齐民要术》的版本最多的国家，也是非汉语国度研究《齐民要术》最深入的国家。日本学者薮内清在《中国、科学、文明》一书中说："我们的祖先在科学技术方面一直蒙受中国的恩惠，直到最近几年，日本在农业生产技术方面继续沿用中国技术的现象还到处可见。"并指出："贾思勰的《齐民要术》一书，详细地记述了华北干燥地区的农业技术，在日本，出版了这本书的译本，而且还出现了许多研究这本书的论文。"日本鹿儿岛大学原教授、《齐民要术》研究专家西山武一在《亚洲农法和农业社会》（东京大学出版会，1969）的后记中写道："《齐民要术》不仅是中国农书中的最高峰，也是最难读懂的农书之一。它宛如瑞士的高山艾格尔峰（Eiger）的悬崖峭壁一般。不过，如果能够根据近代农学的方法论搞清楚其书写的旱地农法的实态的话，那么《齐民要术》的谜团便会云消雾散。"日本研究《齐民要术》专家神谷庆治在西山武一、熊代幸雄《校订译注〈齐民要术〉》的"序文"中就说，《齐民要术》至今仍有惊人的实用科学价值。"即使用现代科学的成就来衡量，在《齐民要术》这样雄浑有力的科学论述前面，人们也不得不折服。在日本旱地农业技术中，也存在春旱、夏季多雨等问题，而采取的对策，和《齐民要术》中讲述的农学原理有惊人的相似之处"。神谷庆治在论述西洋农学和日本农学时指出："《齐民要术》不单是千百年前中国农业的记载，就是从现代科学的本质意义上来看，也是世界上的农书巨著。日本曾结合本国的实际情况和经验，加以比较对照，消化吸收其书中的农学内容"。日本农史学家渡部武教授认为："《齐民要术》真可以称得上集中国人民智慧大成的农书中之雄，后世几乎所有的中国农书或多或少要受到《齐民要术》的影响，又通过劝农官而发挥作用。"日本学者山田罗谷评价说："我从事农业生产三十余年，凡是民家生产上生活上的事，只要向《齐民要术》求教，依照着去做，经过历年的试行，没有一件不成功的。尤其关于农业生产的切实指导，可以和老农的宝贵经验媲美的，只有这部书。所以要特为译成日文，并加上注释，刊成新书行世。"

《齐民要术》在中国历朝历代，更被奉为至宝。南宋的葛祐之在《齐民要术后序》中提到，当时天圣中所刊的崇文院版本，不是寻常人可见，藉以称颂张辚能刊行于州治，"欲使天下之人皆知务农重谷之道"。《续资治通鉴长编》的作者南宋李焘推崇《齐民要术》，说它是"在农家最翘然出其类"。明代著名文学家、思想家、哲学家，明朝文坛"前七子"之一，官至南京兵部尚书、都察院左都御史的王廷相，称《齐民要术》为"惠民之政，训农裕国之术"。20 世纪 30 年代，我国一代国学大师栾调甫称《齐民要术》一书："若经、若史、若子、若集。其刻本一直秘藏于皇家内库，长达数百年，非朝廷近人不可得。"著名经济史学家胡寄窗说："贾思勰对一个地主家庭所须消费的生活用品，如各种食品的加工保持和烹调方法；如何养鱼养马；甚至连制造笔墨及其原材料等所应具备的知识，无不应有尽有。其记载周详细致的程度，绝对不下于举世闻名的古希腊色诺芬为教导一个奴隶主如何管理其农庄而编写的《经济论》。"

寿光是贾思勰的故里，我对寿光很有感情，也很有缘源，与其学术活动和交流十分频繁。2006 年 4 月，我应中国（寿光）国际蔬菜博览会组委会、潍坊科技职业学院（现潍坊科技学院）、寿光市齐民要术研究会的邀请，来到著名的中国蔬菜之乡寿光，参观了第七届中国（寿光）国际蔬菜博览会，感到非常震撼，与会"《齐民要术》与现代农业高层论坛"，我在发言中说："此次来到中国蔬菜之乡和贾思勰的故乡，受益匪浅。《齐民要术》确实是每个研究农学史学者必读书目，在国内外影响非常之大，有很多学者把它称为是中国古代农业的百科全书，我们知道达尔文写进化论的时候，他也在书中强调，在有些篇章有些字句里面，也引用了《齐民要术》和中国农书的一些重要成果，对它给予充分肯定。《齐民要术》研究和现代农业研究结合起来，学习和弘扬贾思勰重农、爱农、富农的这样一个思想，继承他这种精神财富，来建设我们的新农村，是一个非常重要的主题。寿光这个地方有着悠久的传统，在农业方面有这样的成就，古有贾思勰、今有寿光人，古有《齐民要术》、今有蔬菜之乡，要把这个资源传统优势发挥出来"。2006 年 5 月，潍坊科技职业学院副院长薛彦斌博士前往南京农业大学中华农业文明研究院，我带领薛院长参观了中华农业文明研究院和古籍珍本室，目睹了中华农业文明研究院馆藏镇馆之宝——明嘉靖三年马直卿刻本《齐民要术》，薛院长与我、沈志忠教授一起商议探讨了《〈齐民要术〉与现代农业高层论坛论文集》的出版事宜，决定以 2006 年增刊形式，在 CSSCI 核心期刊《中国农史》上发表。2006 年 9 月，我与薛院长又一道同团参加了在韩国水原市举行的、由韩国农业振兴厅与韩国农业历史学会举办的"第六届东亚农业史国际研讨会"，来自中韩日三国的 60 余名学者参加了学术交流，进一步增进了潍坊科技学院与南京农业大学之间的了解和学术交流。2015 年 7 月，寿光市齐民要术研究会会长刘效武教授、副会长薛彦斌教授前往南京农业大学中华农业文明研究院，与我、沈志忠教授一起，商议《中华农圣贾思勰与〈齐民要术〉研究丛书》出版前期事宜，我十分高兴地为该丛书写了推荐信，双方进行了深入的学术座谈、并交换了学术研究成果。2016 年 12 月，薛院长又前往南京农业大学中华农业文明研究院，向我颁发了潍坊科技学院农圣文化研究中心学术带头人和研究员聘书，双方交换了学术研究成果。寿光市齐民要术研究会作为基层的研究组织，多年来可以说做了大量卓有成效的优秀研究工作，难能可贵。特别是此次，聚心凝力，自我加压，联合潍坊科技学院，推出这项重大研究成果——《中华农圣贾思勰与〈齐民要术〉研究丛书》，即将由中国农业科学技术出版社出版，并荣获国家新闻出版广电总局 2016 年度国家出版基金资助，入选"十三五"国家重点图书出版规划项目，可喜可贺。在策划和写作过程中，刘效武教授、薛彦斌教授始终与我保持着学术联系和及时沟通，本人有幸听取该丛书主编刘效武教授、薛彦斌教授对丛书总体设计的口头汇报，又阅读"三辑"综合内容提要和各分册书目中的几册样稿，觉得此套丛书的编辑和出版十分必要、非常适时，它既梳理总结前段国内贾学研究现状，又用大量现代农业创新案例展示它的博大精深，同时也填补了国内这一领域中的出版空白。该丛书作为研读《齐民要术》宝库的重要参考书之一，从立体上挖掘了这部世界性农学巨著的深度和广度。丛书从全方位、多角度进行了比较详细的探讨和研究，形成三辑 15 分册、近 400 万字的著述，内容涵盖了贾思勰与《齐民要术》研读综述、贾思勰里籍及其名著成书背景和历史价值、《齐民要术》版本及其语言、名物解读、《齐民要术》传承与实践、贾思勰故里现代农业发展创新典型等方方面面，具有"内容全面""地域性浓""形式活泼"等特色。所谓内容全面：既考订贾思勰里籍和《齐民要术》语言层面的解读，同时也对农林牧副渔如何传承《齐民要术》进行较为全面的探讨；地域性浓：即指贾思勰故里寿光人探求贾学真谛的典型案例，从王乐义"日光温室蔬菜大棚"诞生，到"果王"蔡英明——果树"一边倒"技术传播，再到庄园饮食——"齐民大宴"，及"齐民思酒"的制曲酿造等，突出了寿光地域特色，展示了现代农业的创新成果；形式活泼：即指"三辑"各辑都有不同的侧重点，但分册内容类别性质又有相同或相近之处，每分册的语言尽量做到通俗易懂，图文并茂，以引起读者的研读兴趣。

　　鉴于以上原因，本人愿意为该丛书作序，望该套丛书早日出版面世，进一步弘扬中华农业文明，并发挥其经济效益和社会效益。

（南京农业大学中华农业文明研究院院长、教授、博士生导师）

2017 年 3 月

序 三

　　寿光市位于山东半岛中北部，渤海莱州湾南畔，总面积 2 072 平方千米，是"中国蔬菜之乡""中国海盐之都"，被中央确定为改革开放 30 周年全国 18 个重大典型之一。

　　寿光乾坤清淑、地灵人杰。有 7 000 余年的文物可考史，有 2 100 多年的置县史，相传秦始皇筑台黑冢子以观沧海，汉武帝躬耕汜淀湖教化黎民，史有"三圣"：文圣仓颉在此创造了象形文字、盐圣凤沙氏开创了煮海为盐的先河，农圣贾思勰著有世界上第一部农学巨著《齐民要术》，在这片神奇的土地上，先后涌现出了汉代丞相公孙弘、徐干，前秦丞相王猛，南北朝文学家任昉等历史名人，自古以来就有"衣冠文采、标盛东齐"的美誉。

　　食为政之首，民以食为天。传承先贤"苟日新，日日新，又日新"的创新基因，勤劳智慧的寿光人民以"敢叫日月换新天"的气魄与担当，栉风沐雨、自强不息，创造了一个又一个绿色奇迹，三元朱村党支部书记王乐义带领群众成功试种并向全国推广了冬暖式蔬菜大棚，连续举办了 17 届中国（寿光）国际蔬菜科技博览会，成为引领现代农业发展的"风向标"。近年来，我们深入推进农业供给侧结构性改革，大力推进旧棚改新棚、大田改大棚"两改"工作，蔬菜基地发展到近 6 万公顷，种苗年繁育能力达到 14 亿株，自主研发蔬菜新品种 46 个，全市城乡居民户均存款 15 万元，农业成为寿光的聚宝盆，鼓起了老百姓的钱袋子，贾思勰"岁岁开广、百姓充给"的美好愿景正变为寿光大地的生动实践。

　　国家昌泰修文史，披沙拣金传后人。贾思勰与《齐民要术》研究会、潍坊科技学院等单位的专家学者呕心沥血、焚膏继晷，历时三年时间撰写的这套三辑

15 分册，近 400 万字的《中华农圣贾思勰与〈齐民要术〉研究丛书》即将面世了，丛书既有贾思勰思想生平的旁求博考，又有农圣文化的阐幽探赜，更有农业前沿技术的精研致思，可谓是一部研究贾思勰及农圣文化的百科全书。时值改革开放 40 周年之际，它的问世可喜可贺，是寿光文化事业的一大幸事，也是贾学研究具有里程碑意义的一大盛事，必将开启贾思勰与《齐民要术》研究的新纪元。

抚今追昔，意在登高望远；知古鉴今，志在开拓未来。寿光是农业大市，探寻贾思勰及农圣文化的精神富矿，保护它、丰富它并不断发扬光大，是我们这一代人义不容辞的历史责任。当前，寿光正处在全面深化改革的历史新方位，站在建设品质寿光的关键发展当口，希望贾思勰与《齐民要术》研究会及各位研究者，不忘初心，砥砺前行，以舍我其谁的使命意识、只争朝夕的创业精神、踏石留印的务实作风，"把跨越时空、超越国度、富有永恒魅力、具有当代价值的文化精神弘扬起来"，继续推出一批更加丰硕的理论成果，为增强国人的道路自信、理论自信、制度自信、文化自信提供更加坚实的学术支持，为拓展农业发展的内涵与深度不断添砖加瓦，为在更高层次上建设品质寿光作出新的更大贡献！

（中共寿光市委书记）

2017 年 3 月

前　言

《齐民要术》大约成书于北魏末年，由于当时还没有发明雕刻印刷技术，所以长期以抄本流传而无刻本。早在唐朝时期，随着经济的繁荣、文化的昌盛以及海陆交通的进一步开辟，中日两国的经济文化交流就已非常频繁，《齐民要术》以手抄本形式流传至日本，因此与其他大批中国文物图籍一起，汉籍东流，在日本广泛传播，并在日本保存流传下来。直到唐宋时期雕刻印刷技术发明以后，《齐民要术》才有了刻本流传。在日本，对《齐民要术》的研究备受重视，日本学界把对贾思勰及其《齐民要术》的研究称之为"贾学"，成立《齐民要术》轮读会和研究会，进行有组织、有计划的探讨研究。以研究中国农业史著称的天野元之助先生，出版《后魏贾思勰〈齐民要术〉的研究》一书，在日本学界有较大影响。熊代幸雄教授撰有《〈齐民要术〉中旱地农法与近代实验科学原理的比较》等书，得出了"农业经验的原理与西方科学原理极为接近，而东亚经验的原理却早在6世纪完成先于西方"的结论。西山武一教授著有多部贾思勰与《齐民要术》研究专著，受到日本学界极大欢迎，由西山武一、熊代幸雄校订译注的《齐民要术》，曾在《日本经济新闻》上被评为特别优秀图书。

18世纪，来华的法国耶稣会士金济时利用《齐民要术》撰写了《中国的绵羊》，被收入《中国纪要》大型丛书。来华的法国汉学家和农学家西蒙（1829-1896），在论述中国农业的文章中，介绍了贾思勰和《齐民要术》，并倍加称颂。19世纪英国伟大的生物学家达尔文

1

（1809-1882）在创立生物进化论过程中，广泛涉猎了中国历史资料，并引用和高度评价了贾思勰《齐民要术》有关人工选择的思想。当代英国著名学者李约瑟博士在他编著的《中国科学技术史》生物学和农学分册中，以《齐民要术》作为重要研究材料，详细考察了中国古代农业科学史的发展。他的助手白馥兰女士将《齐民要术》前6卷译成英文，并发表长篇论文《论齐民要术》，全面介绍了《齐民要术》的内容及其历史价值。德国学者赫茨将《齐民要术》译成了德语文本。随着中华文化在世界各地的广泛传播与交流，《齐民要术》及其"贾学"，无疑在今后会受到国外学者越来越多的重视，《齐民要术》已经成为世界人民共同的宝贵文化财富。

本书的第一部分介绍了《齐民要术》在国外的流传和研究，从唐代《齐民要术》手抄本传入日本，在日本宽平年间（公元889-896年），奉敕编写的《日本国见在书目录》就有《齐民要术》十卷本的记载开始，到宋朝《齐民要术》最早的刻本"崇文院刻本"流传到了日本，日本就开始了《齐民要术》的收藏与研究，以致出现"金泽文库本"、"高山寺本"等。近代，日本京都大学甚至成立了《齐民要术》轮读会和研究会。《齐民要术》在欧美各国同样受到高度重视。达尔文曾多次提及和引用"古代中国百科全书"《齐民要术》，李约瑟在编著《中国科学技术史》时，以《齐民要术》为重要材料。足以说明《齐民要术》作为全世界人民的共同财富，正在越来越引起国际学术界的关注。

第二部分介绍了《齐民要术》的世界性影响，包括对日本、欧洲、美国、韩国等国家和地区的影响；其中尤以对日本的介绍较为细致，占用的篇幅也多些，详细介绍了《齐民要术》的传入、收藏及研究过程，涉及地点包括高山寺、金泽文库、蓬左文库、京都博物馆、农林水产省综合农业研究所等，涉及人物有藤原佐世、小岛尚质、罗振玉、依田蕙、北条实时、山田罗谷、猪饲彦博、森立之、小出满二、官崎安贞、贝原乐轩、土屋乔雄、古岛敏雄、西山武一、神谷庆治等。20世纪30-40年代，北京大学农学院的《齐民要术》研读会也涉及众多人物，如西山武一、斋藤武、锦织英夫、肖鸿麟、渡边兵力、山田登、熊代幸雄、贾振雄、刘春麟等。20世纪40-50年代，日本京都大学人文科学研究所技术史部会的《齐民要术》轮读会也涉及众多学者，包括天野元之助、薮内清、渡边幸三、大岛利一、北村四郎、吉田光邦、米田贤次郎、木村康一、入矢义高等。而"贾学"之说的首次提出，不是始于中国学者，而是始于日本学者西山武一，旨在为贾思勰《齐民要术》经典农学地位立名，颇示国外汉农学家的远见卓识。书中介绍了日本学者天野元之助、西山武一等与中国"凿空《齐民要术》第一人者"石声汉教授的学术交往。本书列举了《齐民要术》对日本各行业影响的若干典型事例,诸如农业、酿造、烹饪与饮食、食品加工、印染、药用、游戏娱乐等,几乎渗透到日本的各行各业。在酿造篇,最成功的是日本著名的和歌山汤浅酱油品牌,秉承《齐民要术》的古法酿制,曾连续9年夺得布鲁塞尔金质奖。本书特别介绍了日本著名的汤浅酱油,是成功应用《齐民要术》所记载的古法酿造的典型案例。还有,日本奈良食研究会会长横井启子女士刻苦研读《齐民要术》,开发出销路非常好的柿叶寿司、素麵、奈良渍、酱油等产品,也令人肃然起敬。本书还用较大篇幅,将笔者多年收集、整理、归纳的日本研究《齐民要术》的代表性学者向读者作详细介绍,从200多位研究者中精选出12位著名专家加以论述,如天野元之助、西山武一、熊代幸雄、渡部武、田中静一、小岛丽逸、太田泰弘、小林清市、山田庆儿、原宗子、薮内清、筱田统等人的研究成果。本书还对日本收藏、保存完好的《齐民要术》26个版本情况、日本的中国古农书及《齐民要术》的20余个藏书主要地点、日本各种百科辞典中有关贾思勰和《齐民要术》条目、日本各博物馆中有关《齐民要术》的藏品等作了介绍。关于《齐民要术》对欧美的影响,则主要围绕英国达尔文与《齐民要术》、英国李约瑟博士与《齐民要术》、剑桥大学与伦敦大学的高材生、李约瑟与石声汉的学术友谊、李约瑟与南京农业遗产研究室、英国白馥兰女士与《齐民要术》、德国与《齐民要术》、法国与《齐民要术》、欧洲其他国家与《齐民要术》、美国与《齐民要术》等几个方面展开叙述。最后介绍了《齐民要术》对韩国的影响,其中对韩国釜山大学历史系教授、釜山大学中国研究所所长崔德卿博士,韩国庆熙大学生命科学部园艺学院院长、教授,第二十七届国际园艺大会主席、韩国科学与工程院院士李政明博士作了重点介绍。

第三部分介绍了《齐民要术》对当代世界农业的影响。从《齐民要术》对美国"旱地农业"的影响,美国旱地农业的概况与成就,《齐民要术》对日本"自然农法"的影响,日本自然农法研究所副所长、首席研究员徐会连博士的业绩,冈田茂吉与日本"自然农法",《齐民要术》对其他旱地农业国家如以色列、澳大利亚、印度的影响等几方面进行了阐述。

第四部分介绍了《齐民要术》的伟大贡献。《齐民要术》是中华民族永远的丰碑,本部分从贾思勰建立了较为完整的农学体系,对以实用为特点的农学类目作出了合理的划分;精辟透彻地揭示了黄河中下游旱地农业技术的关键所在,规范了耕、耙、耱等项基本耕作措施;大大地向前推进了动物养殖技术;农产品加工、酿造、烹调、贮藏技术在《齐民要术》中占显著地位；记载有许多精细植物生长发育及有关农业技术的观察材料；重视对农业生产、科学技术与经济效益的综合分析等方面进行阐述。《齐民要术》作为一部科学技术名著，经历约1500年的时间，仍被人们奉作古农书的经典著作。农史学家称颂《齐民要术》中旱地农耕作业的精湛技艺和高度理论概括，使中国农学第一次形成精耕细作的完整体系。经济史学家有人认为应将《齐民要术》看作是封建地主经济的经营指南。还有人提出应该称它为全世界最早、最完整的封建地主的家庭经济学。从事农产品加工、酿造、烹调、果蔬贮藏的技术工作者，都可以从书中找到古老的配方与技法，因而食品史学家对《齐民要术》也颇为珍视。

第五部分介绍了古今中外对《齐民要术》的精彩评论集锦，摘取了古今中外名人学者对《齐民要术》的评论，其中包括英国学者、《物种起源》和进化论提出者达尔文，《中国科学技术史》作者李约瑟、白馥兰，日本著名学者薮内清、西山武一、神谷庆治、渡部武、山田罗谷，中国著名经济史学家胡寄窗，20世纪30年代我国一代国学大师栾调甫，南宋学者葛祐之，《续资治通鉴长编》的作者南宋李焘，明代著名思想家王廷相对《齐民要术》的高度评价。

为了便于读者加深理解，增加可读性，本书各章节在重要位点、重点事件、重点时段附有图片和照片，全书配有插图165帧。

薛彦斌

2016年7月于山东寿光

目 录

第一章

《齐民要术》在世界的
流传和研究

　　《齐民要术》在国外流传最早的是日本，其手写传抄阶段就已东传日本。日本平安时代之前和初期，大批遣唐使赴中国求学，如阿倍仲麻吕、空海等。平安时代的藤原佐世（Fujiwara Sukeyo），是平安时代的贵族和学者，在日本第五十九代宇多天皇宽平年间（公元889-896年），奉敕编写的《日本国见在书目录》四十家，一万六千七百九十卷（图1-1、图1-2），其中农家二家十三卷，即：《齐民要术》十卷，丹（高）阳贾思勰撰，《兆民本业》三卷，此系现今所知《齐民要术》传至日本的最早文字记录，说明该书在唐代已流传到日本，公元889—896年正值中国唐代昭宗（李晔，唐朝第十九位皇帝）的龙纪至光化年间，传入日本的时间在此之前。当时《齐民要术》还没有刻本，传去的只能是手抄本，今已不存。《齐民要术》最早的刻本"崇文院刻本"也流传到了日本，并保存至今，成为世界上硕果仅存的"崇文院刻本"（尽管是残本）。《齐民要术》在日本还以日本人自己的手抄本的形式流传，现存的"金泽文库本"即是日本人根据北宋本抄写的。《齐民要术》在日本的第一个刻本，刊刻于日本元享元年（公元1744年，清乾隆九年），刊刻者山田罗谷（好之）作了简单的校注，并附上日语的译文。他在《序》中写道：

　　"我从事农业生产三十余年，凡是民家生产上生活上的事业，只要向《齐民要术》求教，依照着去做，经过历年的试行，没有一件不成功的。尤其关于农业生产的切实指导，可以和老农的宝贵经验媲美的，只有这部书。所以要特为译成日文，并加上注释，刊成新书行世。"

　　公元1826年，仁科干依据山田罗谷本覆刻了《齐民要术》，这是《齐民要术》在日本的第二个刻本。日本著名考证学者猪饲敬所（彦博）（公元1761—1845年）则进一步用宋本来校正山田本的错失（山田刻本依据的是最坏的《津逮秘书》本），为开展《齐民要术》的研究提供了良好的基础。

图1-1　宽平年间（公元889—896年）藤原佐世奉敕编写的《日本国见在书目录》封页

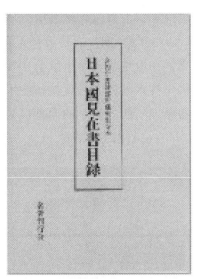

图1-2 日本福冈大学图书馆所藏书封页
《日本国见在书目录》宫内厅书陵部所藏室生寺本藤原佐世撰影印本
1996年1月 东京名著刊行会出版99页27厘米

日本现代学者对《齐民要术》的整理研究投入了更大的热情，形成了所谓"贾学"。他们一方面致力于《齐民要术》的校勘、注释和翻译工作，同时开展对《齐民要术》的深入研究，尤其注意将《齐民要术》所载的旱农技术与欧、美、澳等地的旱地农业进行比较研究，阐发《齐民要术》时代中国农业科技的特点和成就，对《齐民要术》给予高度的评价。日本京都大学人文科学研究所技术史部曾于1948-1950年举办有天野元之助（农业史）、薮内清（科技史）、大岛利一（农业史）、篠田统（食物史）、北村四郎（本草学、栽培植物学）、米田贤次郎（农业史）等参加的《齐民要术》轮读会，并翻译了《齐民要术》卷一至卷八，油印出版。西山武一、熊代幸雄二氏对《齐民要术》进行了深入细致的校释，并在轮谈会工作的基础上把它译成日文，1957年及1959年先后出版了《校订译注齐民要术》上、下册，由东京大学出版会出版，该译注限于前九卷，缺第十卷。1969年由亚细亚经济出版会出版修订增补版，合为一册，1976年印第三版，这是日本学者整理《齐民要术》的重要成果。日本学者研究《齐民要术》最有影响的权威论著主要有两部，一是熊代幸雄的《旱地农法中的东洋与近代命题》（图1-3），该文收载于熊代所著《比较农法论》，由御茶の水书房，1969年出版。该文的中译文载于《农业考古》1985年第1期；二是天野元之助的《后魏の贾思勰の〈齐民要术〉的研究》，由京都大学出版会1978年出版。上述论文是把《齐民要术》所载耕作技术与西方近代耕作技术进行对比研究，得出结论是："东亚经验的原理与西方科学的原理极为接近"，而"东亚经验的原理却先于西方，早在6世纪即已完成"。

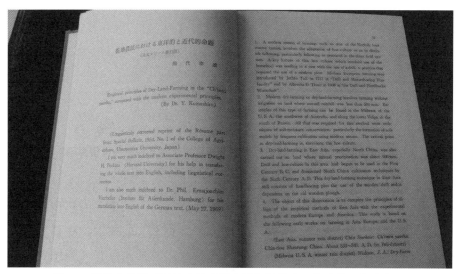

图1-3　熊代幸雄的《旱地农法中的东洋与近代命题》（英文版内文）

《齐民要术》在欧美各国同样受到高度重视。至迟19世纪末，《齐民要术》已传到欧洲，英国著名博物学家达尔文在创立进化论过程中阅读了大量国内外文献（图1-4、图1-5），包括中国的农书和医药书，其中就可能有《齐民要术》。他在《物种起源》一书中写道："要看到一部中国古代的百科全书清楚地记载着选择原理。""中国人对于各种植物和果树，也应用了同样的原理。"据考证，这部"百科全书"就是指《齐民要术》。有的西方学者推崇《齐民要术》，认为"即使在全世界范围内也是卓越的、杰出的、系统完整的农业科学理论与实践的巨著"。现代欧美学者介绍和研究《齐民要术》的不乏其人。如英国著名学者李约瑟（Joseph Needham）在编著《中国科学技术史》（图1-6、图1-7、图1-8、图1-9、图1-10）第六卷（生物学与农学分册）时，以《齐民要术》为重要材料。《齐民要术》作为全世界人民的共同财富，正在越来越引起国际学术界的关注。

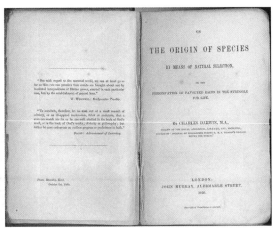

图1-4　达尔文像片　　　　图1-5　达尔文《物种起源》1859年出版

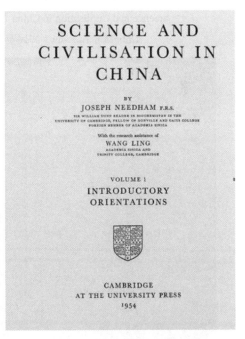

图1-6　1954年英国剑桥大学出版的
李约瑟主编
《中国科技史》英文原版第一卷

图1-7　1954年英国剑桥大学出版的
李约瑟主编
《中国科技史》英文原版第一卷

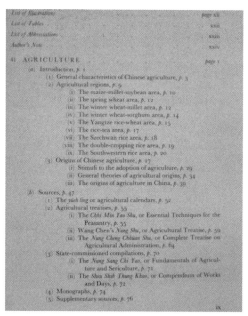

图1-8　1988年出版的《中国科学技术史》（第6卷：生物学及相关技术，第2分册：农业）
Science and Civilisation in China（Volume VI:2）中详细阐述了
Chhi Min Yao Shu（齐民要术）的主要章节与观点

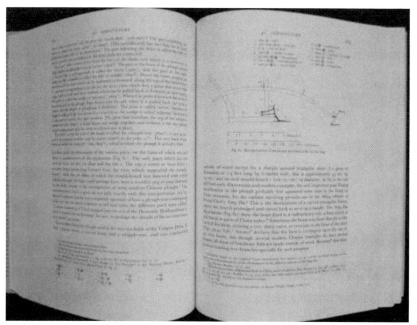

图1-9　图文并茂的《中国科学技术史》（第6卷：生物学及相关技术，第2分册：农业）

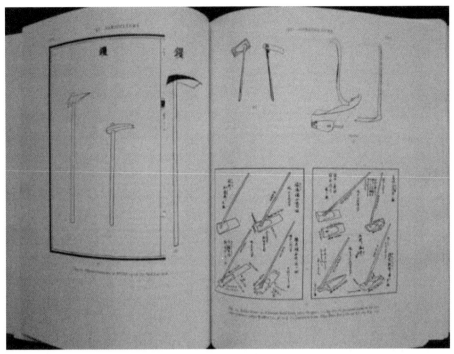

图1-10　《中国科学技术史》（第6卷：生物学及相关技术，第2分册：农业）

第二章

《齐民要术》的世界性影响

第一节 《齐民要术》对日本的影响

贾思勰的《齐民要术》是我国现存最完整、最系统的首部古代农学巨著，在我国和世界农业科学技术史上占有极其重要的位置。全书共10卷、92篇，内容涵盖农、林、菜、果、牧、渔的种植养殖技术，酒、醋、酱的酿造加工技术、食品烹调技术，染料、美容用品的制作技术等与平民百姓生计生活息息相关的各个领域，全面系统地总结了公元6世纪以前我们祖先所积累的宝贵的丰富的经验，不但对我国农业技术的发展具有深远的影响，而且对世界特别是邻国日本也产生了极其深刻的影响。日本是中国一衣带水的近邻，汉籍东流，由来已久，昭垂后世的不朽巨著《齐民要术》便是东传日本最早、影响力最为广泛、最为深刻的典型古籍之一。

一、《齐民要术》的传入和收藏

根据史料记载，《齐民要术》大致成书于公元533-544年，此时中国处于南北朝的后魏时代，日本则处于大和时代（公元300-592年）的后叶。在其后的中日交流全盛时期唐代（公元618-907年）以手写传抄的形式传入处于奈良时代（公元711-794年）的日本。日本在宽平年间（公元889-896年）由藤原佐世奉敕撰写的《日本国见在书目录》（图2-1），共40家，16 790卷，其中农家2家，13卷，即《齐民要求》10卷，丹（高）阳贾思勰撰，《兆民本业》3卷，此为现今所知《齐民要术》

手抄本传至日本的最早文字记录。北宋（公元960-1127年）天禧年间（1017-1022年）诏刻、天圣年间（1023-1032年）颁行的崇文院本《齐民要术》问世后曾传至处于平安时代（公元794-1192年）的日本。该刻本在中国早已湮没，而在日本高山寺尚藏有第五、第八两卷残本（图2-2），为世界孤本，实属稀世珍籍，日本作为国宝，现特藏京都博物馆。1841年日人小岛尚质有该残本的影写本。1914年中国学者罗振玉（图2-3）有其影印本，笔者所用的，即为小岛影写本与罗氏影印本，一般简称"院刻"（图2-4）。1808年日本依田蕙曾予叙述："《齐民要术》第五、第八卷2卷，平安尾高山寺所藏也，高山寺有蓄旧书之名，官使人求访其书，惟有目而散佚已尽，独遗此耳。言是宋本也，而亦首尾残次，年时不可得而考，与世所谓宋本者，字样颇异，疑彼率渡江以后之物，而此应北宋所镌也，不见其全最为可憾"。日本高山寺藏北宋"院刻"（图2-5），虽极珍贵，终属残卷，难窥全貌。高山寺位于日本京都右京区梅之田母尾町（图2-6），由光仁天皇批准创建于公元774年（宝龙5年）至镰仓时代公元1206年（建永元年），寺中石水院被列为日本国宝，高山寺则被列为世界文化遗产，笔者留日期间曾两次观光过高山寺，该寺以鸟兽戏画（鸟兽游戏的素描画）见长（图2-7）。

图2-1　藤原佐世奉敕撰写的《日本国见在书目录》

图2-2 日本京都高山寺

图2-3 《齐民要术》版本收集专家罗振玉

图2-4　北宋崇文院刻《齐民要术》残本（高山寺残本）

图2-5　高山寺鸟瞰

高山寺是世界文化遗产，创建于774年。寺内的石水院为镰仓时代初期遗留的寝殿式样的宝贵遗产。收藏有鸟兽戏画4卷（国宝）等，是洛西的文化遗产宝库。更是欣赏红叶的胜地。寺内有1万余件宝物，其中国宝7件，重要文化遗产1 500多件。宝物不对外展出，但有仿造品展出。寺内有日本最古老的茶园，每年秋季举行献茶式。

图2-6 高山寺（标示①）所在地理位置在京都市中心西北方向4公里处

地址：日本京都府京都市右京区梅之畑梅尾町8

图2-7 日本国立京都博物馆地址日本京都市东山区茶屋町527

　　在日本作为中世纪时代创建的汉籍收藏机构中，当首数金泽文库。所有现存的"金泽本"汉籍，全都可以归属善本类，其中最多的是属于宫内厅的"御物"，此外，有的被确定为"日本国宝"，有的则被确定为"日本重要文化财"。"金泽文库"（图2-8、图2-9），则位于东京都南端神奈川县的横滨市内。文库北临东京湾，西南衬日向、稻荷、金泽三山，景色旖旎，笔者曾有幸三次光临该文库，受益匪浅。金泽文库原是日本中世纪时代武家北条氏政权的文教设施，创建的确切年代已经不可考知。1275年（日本建治元年），北条实时从镰仓迁居六浦庄，并在称名寺内建立一个"文库"，收储他所藏的日汉文献，这可能便是"金泽文库"的起始。日本黎明会蓬左文库收藏了一部德川幕府家旧有的一个《齐民要术》手抄本，因曾收在金泽文库，简称"金泽本"或"金抄"，是现在所存北宋系统本中最为完整的，它虽缺卷三，但是基本上保存了北宋刻本的全貌。该书体式与高山寺藏本相合，也是通字缺笔，证明是源自北宋崇文院本辗转抄成的。从金泽文库本《齐民要术》各卷题记中（图2-10、图2-11），可看出各卷后都有仁安元年（公元1166年）校记，注明不同月、日，有两处写有以唐摺本书写，每卷卷末注有"宝治2年（公元1248年）9月17日康乐寺僧正让赐之"，或"9月17日传得之"，或"僧正之手传取之"，或"所让赐也"。可能这金泽抄本所据原本是从康乐寺得来。据卷十后面所记，抄毕时间是文永11年（公元1274年）3月11日。于建治2年（公元1276年）正月15日近卫羽林借赐之折本校合，另记"后2月9日以近卫借赐之本校合了"。可以看出，12-13世纪，《齐民要术》在日本已不只一个抄本。仅从上述，今天尚存的金泽本是宝治年间抄传的，前还有仁安本，另据近卫校合，近卫本应为又一传本。

图2-8 金泽文库是公元13世纪由北条实时所创建的日本最古老的武士图书馆，神奈川县于1930年重新兴建

图2-9　金泽文库（标示③）地址　日本神奈川県横浜市金沢区金沢町142

图2-10　金泽文库本《齐民要术》
　　日本农林水产省综合研究所
　　借蓬左文库藏本影写

图2-11　金泽文库藏书印

15

　　"金抄"所据北宋刻本祖本应是宋靖康2年（1127年）以后传到日本的。因为抄本中，把《宋靖康二年百忌图》也照录了。其中描有耕牛图，图下有"嘉逢丁未年，耕积早向前，丝绵十分熟，麻麦满山川"的诗句（参见影印金泽文库本《齐民要术》第81页）。这个金泽本，中国的《齐民要术》版本收集专家罗振玉未（图2-7）曾得见，罗氏在《北宋椠<齐民要术>残本》后记中不无遗憾地说："闻尾张真福寺尚有古写卷子本，异日将往校写诸本合刊之，以成善本，平生积想，或稍慰乎。"栾调甫在1934年《<齐民要术>版本考》文中也曾对这一抄本寄以深情，讲"此本倘在人间，若能影印以公诸世，亦是书之幸也，予企望之。"限于时代条件，曾致力于《齐民要术》版本搜集研究的罗振玉等未能见此抄本，亦为一憾。

　　历任九州大学农学部教授、鹿儿岛高等农林学校校长、东京高等农林学校校长、东京高等蚕丝学校校长的日本农学家、著名学者小出满二（Koide Manji，1879-1955），1929年著文《齐民要术的不同版本》，得到各界高度评价，对《齐民要术》金泽本进行了详细论述。其后日本西山武一教授积多年研究探讨，借《金泽文库本<齐民要术>》影印的机会，发表了《<齐民要术>传承考》一文，对《齐民要术》的版本源流、诸本异同，特别是对金泽文库本的发现、金泽文库本的校正能力等有精详论述。经与高山寺藏本的卷五、卷八相对照，此二卷中两种藏本文字几乎相同，说明它在版本上有很高的价值。1948年，在日本学者的推动下，日本农林省农业综合研究所借来了蓬左文库藏本（图2-12~图2-16），影印了200部，称金泽文库本《齐民要术》。1950年12月，西山武一教授将该影印本题赠给中国科学院、北京农业大学（现中国农业大学）等有关学术单位，由此，基本完整的北宋系统本《齐民要术》，终于返回了故土。这种金泽文库抄本，所据北宋刻本的祖本应是宋靖康二年（公元1127年）以后传到日本的。因为在抄本中，把"宋靖康二年百忌图"也照录了。图中描绘有耕牛，附有"嘉逢丁未年，耕织早向前，丝绵十分熟，麻麦满山川"的诗句。以此也可以看到《齐民要术》流传中和"农家历"结合的有趣情况。

图2-12 蓬左文库 地址：日本爱知县名古屋市东区德川町

图2-13 以珍藏古籍而出名的名古屋蓬左文库

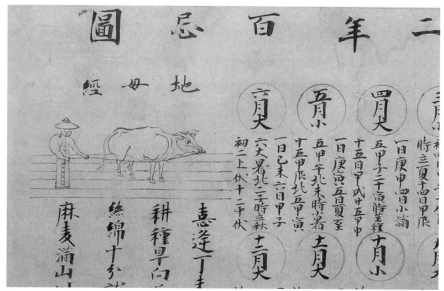

重要文化財 斉民要術. 文永11年（1274）写

图2-14　蓬左文库重要文化财《齐民要术》金抄本
其中照录的"宋靖康二年百忌图"

图2-15　蓬左文库可以电子阅览《齐民要术》等农学古籍

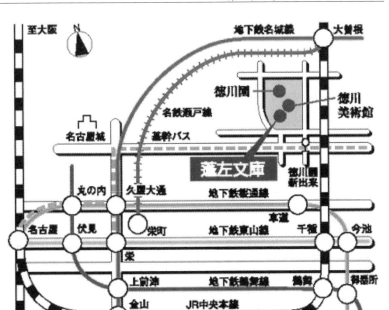

图2-16　名古屋蓬左文库的交通

2011年，南京农业大学的沈志忠教授和王思明教授，在"农业考古与农业现代化"论坛上作了《中国农业发明创造对世界的影响》的演讲，其中谈到：《齐民要术》在日本还以日本人自己的手抄本的形式流传，名古屋市蓬左文库收藏的根据北宋本过录的金泽文库本（缺第三卷），写于南宋咸淳十年（公元1274年），是现存最早的抄本。日本农业综合研究所也于1948年影印，并赠送我国北京农业大学（现为中国农业大学）和南京农学院（现为南京农业大学）各一部。

日本农史著作中公认日本最早的农书是日本宽永5年（公元1628年）土居水也所撰《清良记》和日本元禄10年（公元1697年）官崎安贞撰成的《农业全书》（图2-17、图2-18）官崎安贞编录，贝原乐轩删补，土屋乔雄校订）。农史学者古岛敏雄、神谷庆治认为官崎安贞《农业全书》的农业技术内容，深受中国贾思勰《齐民要术》和徐光启《农政全书》的影响。神谷庆治在论述西洋农学和日本农学时指出："《齐民要术》不单是千百年前中国农业的记载，就是从现代科学的本质意义上来看，也是世界上的农书巨著。"日本曾结合本国的实际情况和经验，加以比较对照，消化吸收其书中的农学内容。为便于日本人士学习利用《齐民要术》，早在日本宽保4年（1744年，此时中国处于清乾隆9年），便出版了题为势阳逸氓田好之（山田罗谷）译注的《齐民要术》向荣堂刻本（图2-19），这也是最早的日文译本，书中有《新刻<齐民要术>序》，山田罗谷刊印此书之原因，他在序中作了如下说明："我从事农业生产活动30多年，凡是民间生产、生活中的事，只要向《齐民要术》求教，并照着去做，没有不成功的。这是我历年来试行的经验结果。尤其是关于农业生产的具体指导，能与老农的宝贵经验相媲美的，非它莫属。因此我把它译成日文，并加以注释，刊印成新书行世"。译注者加了假名、训点，从后世农书主要是《农政全书》及其他典籍中摘引不少段落作为注解。日本考据学者猪饲彦博（1761-1845年）还校录了一部校宋本《齐民要术》，所用底本为山田好之译注本。猪饲校宋本《齐民要术》曾入藏于东京嘉善堂文库。

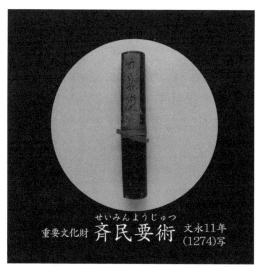

图2-17　蓬左文库将《齐民要术》
（文永11年，1274年手抄本）
作为重要文化财加以珍藏

图2-18　日本官崎安贞编录，贝原
乐轩删补，土屋乔雄校订
《农业全书》岩波书店

图2-19　日本早稻田大学图书馆珍藏的山田好之译注《齐民要术》向荣堂刻本

二、对《齐民要术》的相关研究

日本学者对《齐民要术》的不同版本都曾作过潜心研究，研究《齐民要术》和贾思勰，被称为"贾学"。19世纪中期，日本学者森立之的《经籍访古志》叙及高山寺藏《齐民要术》残本时曾说，"按是书善本至稀，世所传毛晋刊本，误脱满纸，殆不可快读，以此本校之，当据以补正者甚多"。1929年，日本学者小出满二写成《论<齐民要术>的不同版本》（齐民要术の異版につきて，《农业经济研究》第五卷岩波书店刊、1929，P.416-438），他历尽艰辛，不懈访求，在向公众推荐金泽文库本《齐民要术》方面做出可贵的贡献（图2-20）。

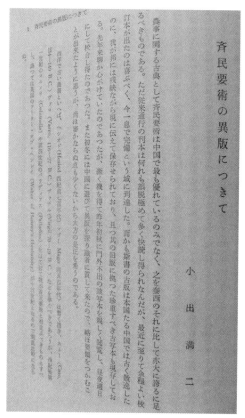

图2-20　小出满二《论<齐民要术>的不同版本》

　　1937年"七七"事变后，日本一些学者在当时北京大学农学院任职，从1940年起，西山武一、斋藤武组织锦织英夫、肖鸿麟、渡边兵力、山田登、熊代幸雄、贾振雄、刘春麟等中日学者研读中国农书。他们初始研读明代徐光启的《农政全书》、元代王祯的《农书》，后在研读美国J.A.威特索耶（Widtsoe，J.A.）《旱地农业》过程中，将《齐民要术》作为旱地农业的经典来校订、研读。1944年刊印出《校合<齐民要术>》卷一，由西山武一和刘春麟执笔。其《序记》提到后汉许慎《说文解字》的研究能发展成为"许学"，后魏郦道元《水经注》的研究被称为"郦学"，而《齐民要术》则千余年没有碰到这种"运气"。并指出："近十余年来，对《齐民要术》再认识的重要性已渐渐为先知先觉者所注意，实应庆幸其为贾学开运的发端。"这是"贾学"见诸文字的最早记录。

第二次世界大战后，西山武一等返回日本。他们仍热衷于《齐民要术》的传播与研究。西山武一于1951年完成《齐民要术》一、二、三卷的日译，1953年完成四、五、六卷的日译。熊代幸雄1953年译完卷七、卷八，1956年译毕卷九。1957年、1959年分别出版了《校订译注<齐民要术>》上、下册（农业综合研究所）。从1948年日本农林省农业综合研究所刊印金泽文库本《齐民要术》时起，日本京都大学人文科学研究所技术史部会组织各专业领域的学者天野元之助、薮内清、渡边幸三、大岛利一、北村四郎、吉田光邦、米田贤次郎、木村康一、入矢义高等参加《齐民要术》轮读会，专家多就各自所长，撰写了有关《齐民要术》专题研究的论文。

此期日本学者开展了《齐民要术》有关内容与近现代农业技术的比较研究。1954年日本宇都宫大学农学部教授熊代幸雄撰写了《有关旱地农法的东洋和近代的命题》的重要论文，主要就《齐民要术》所载旱区耕、耙、播种、锄治等技术，与西欧、北美、澳大利亚、俄罗斯伏尔加河下游等地的农业措施进行逐项比较，肯定《齐民要术》旱地农业技术理论与技术措施对现今仍有意义。1978年，毕业于京都大学经济学部的天野元之助（1901年-1980年）撰写了《后魏贾思勰<齐民要术>研究》，对贾思勰及其所著《齐民要术》进行了周详论述，是代表当代外国学者《齐民要术》研究水平的专著。1982年，日本学者薮内清在《中国、科学、文明》（梁策、赵炜宏译，中国社会科学出版社，1987年）一书中讲："我们的祖先在科学技术方面一直蒙受中国的恩惠。直到最近几年，日本在农业生产技术方面继续延用中国技术的现象还到处可见。"并指出："贾思勰的《齐民要术》一书，详细地记述了华北干燥地区的农业技术。在日本，出版了这本书的译本，而且还出现了许多研究这本书的论文。"可见，已经实现工农业现代化的日本，仍很重视《齐民要术》等中国农学古籍的研究。神谷庆治在西山武一、熊代幸雄《校订译注<齐民要术>》的"序文"中就说，《齐民要术》至今仍有惊人的实用科学价值。"即使用现代科学的成就来衡量，在《齐民要术》这样雄浑有力的科学论述前面，人们也不得不折服。""在日本旱地农业技术中，也存在春旱、夏季多雨等问题，而采取的对策，和《齐民要术》中讲述的农学原理有惊人的相似之处"。

三、日本学者首提的"贾学"与"贾学之幸"

石声汉先生（图2-21）是中国著名研究贾思勰和《齐民要术》的专家，其古农学思想、研究方法和学术成就对日本影响很大，"贾学"之说的首次提出，不是始于中国学者，而是始于日本学者西山武一，旨在为贾思勰《齐民要术》经典农学地位立名，颇道出国外汉农学家的远见卓识。西山曾为昔日"贾学之未能发展，表示极大遗憾"，既得石声汉校注本《齐民要术今释》，则欣然尽弃杞忧，赞叹今释之出为"贾学之幸"，中国学者研究《齐民要术》的学力和功德，也为这位日本贾学泰斗言中。

石声汉先生是位硕学多能型学者，治学精明睿智，又坚韧不拔。早年立业生物科学，为著名植物生理学家。中晚年转重古代农书校注整理，益擅博学交叉研究之长，深得《齐民要术》堂奥及古代农家者流的著作要领，遂以"贾学创始者"称著世界科技史学坛。西北农业大学原校长、著名农史学家张波教授的《贾学之幸——石声汉先生古农学思想、研究方法和学术成就浅识》一文，通过对校友、同事石声汉教授的常年接触，在创通贾学的制高点上，见识石声汉先生的学术境界，彰明贾学之幸所在。

图2-21　石声汉教授在进行《齐民要术今释》的写作

1. 学科思想——古农学的科学标识

石声汉先生受任古农学研究时近"五十而知天命"之年，弘扬民族传统文化的使命感，促其从炙热的现代生物科学转入"于功名进取毫不相关"的故纸堆中。当时新中国在规划宏伟的社会主义蓝图，继承中华古国数千年物质财富和精神文明遗产，是共和国奠基自立的基础。毛泽东同志早在20世纪40年代初就未雨绸缪，告诫本党："清里古代文化的发展过程，剔除其封建性的糟粕，吸收其民族性的精华，是发展民族文化提高民族自信心的必要条件"；申明中国共产党人"必须尊重自己的历史，绝不能割断历史"的历史唯物主义立场。新中国成立后传统医学和农学领域首先根据中央指示开展历史遗产整理，农学方面"清家底"工作在农业部督导下，制定规划，建立机构，延揽专才，起势有声有色。石声汉先生恰是在此鼎革时期的学术背景下，改道易辙，厕身古农书领域。石声汉先生对祖国农业遗产素怀珍重之情，大约青年时代就有兴于古农书的探索，唯因昔日社会条件所限而只能"临渊羡鱼"，但却从未自泯夙愿，多年来长期关注这一领域的学术动态。细读石声汉先生有关著作，许多古代农书农事似乎早有深思熟虑，某些重大的国内外农史资料早年已有涉猎或备录。石声汉先生与饱经忧患的同代知识分子一样富有民族自尊心，曾负笈欧洲获伦敦大学植物生理哲学博士，英国学者称其学术上有"剑桥气质"。但他却并不自以为是，从骨子里痛恶数典忘祖的民族虚无主义，自信在古农书领域内本民族独具优势，颇不安于本国古农书研究水平落于人后，深为时人不自重祖国农业遗产而焦虑。从其现存信稿和有关口碑资料看，他多年一直为此耿耿于怀，"心里始终是个疙瘩"，在"文革"时期许多公众场合曾坦诚申明，维护本民族应得的国际学术地位，也是他倾心于古农学的重要原因。

中国农业遗产宝藏自21世纪初始走上现代开发轨道，最初涉足者即为精于现代农学的专家，但在旧中国毫无统筹擘画的状况下，先觉者只能自发地进行零碎的个案研究，较新中国继承农业遗产的宏图大略和大规模的整理工作相去甚远。所以当石声汉先生筚路蓝缕进入这一领域时，仍面临着披荆斩棘的草创艰辛。特别是要遵循马列主义唯物史观，科学地清理数千年农业遗产，更是前无古人的事业。这里既要对历史悠久、内涵复杂的古代农业科学技术作出符合实际的认识，更要运用全新的科学理论和方法加以研究，并把二者结合起来，形成具有现代学科意义的主导性学术思想。前辈学者初涉这个特殊的科研领域，总是自觉或不自觉地依据自己的学识和专长，逐步实践、探索，直至确立或选择这种学科思想，以统领整个研究工作。尽管他们对这一过程并无郑重声明或详确论证，但从其整体思路和具体工作之中仍可看出各自不同的研究方向、途径、方法、风格等，即后人评论常谓的"治学路子"。石声汉先生整理研究农业遗产的"路子"集中体现在他所倡导的"古农学"之中，他以此概括自立的学科思想，又用以命名主持的研究机构，作为鲜明的学术标帜。

石声汉先生标帜的"古农学"概念本身已很明确，顾名思义，古农学即古代农业科学；申言之，就是我国传统农业在数千年发展中形成的经验性的科学技术知识体系，主要以古农书的载体形式在古代农业中传播演进。古农学的提出绝非即兴而名的标新立异，说到底还是石声汉先生在古农书整理研究中实践认识的产物。当农业遗产整理工作发起之始，中央农业部就邀集各方专家，确定以农书校注为遗产整理的重点，并直接领导组织了大型骨干农书的校释和出版。这一具有战略意义的决策，总揽数千年祖国农业遗产中的珍藏，在博大深厚、纷繁驳杂的农业遗产宝库中首先划出易于科学开发的领域。石声汉先生则全力投入古农书中潜心探研，深入认识这一领域基本矛盾及其特殊性，准确地把握其学科范畴，给古农书赋于科学的意义，在历代农家的故纸中首次树立起"农学"的旗帜，作为一门当代科学研究不断从实践和理论上开拓。

石声汉先生古农学思想渗透在他的古农书校注研究之中，特别是在分析解释古代农事问题的观点、思路、方法等方面，更容易感受到这种学科思想的内涵。科学亦属历史范畴，农业科学也包含着不同的历史形态，经历从低级到高级的发展过程。传统古农学与近百余年的现代农学水平虽不可同日而语，甚至在某些理论家眼里还有本质的不同，但毕竟是中国农业科学前后相承的发展阶段，古农学同样占有不可磨灭的历史地位，理所当然应归属于中国农业科学范畴。就实质而论，科学是有系统的知识体系，我国古代农业科学技术在农书记载中自成体系，有关生产系列、技术环节、农事概念等，古今农学大体相通，唯建立学科的理论、观点、方法有所差异。前者立学于古代哲学观念，凭借经验性感知建立知识体系，后者立学现代生物科学理论，依靠实验性的研究建立知识体系。大约考虑到这种同中之异，石声汉先生命名时特冠以"古"字，以体现与现代"农学"既相联系又有区别的学科关系。他在给好友杨东莼先生的致函中所说的"攘窃前人所积，近年来思路渐成体系"，从总体看即指古农学学科体系臻于成熟而言。古农学的学科价值，除资以科学地"识古"，客观地揭示古代农业科学技术的基本面貌和内部规律外，同时更有"察今"的作用。"古为今用"始终是我国农业遗产整理的方针，对此石声汉先生也曾有深刻的思考：首重古农学的直接使用价值。石声汉先生指出农书中尚有增产效益的技术经验，改进提高再用于农业生产；尤其重视至今仍行于农业中的传统农业工具、作物和技术知识，主张用现代农业科学技术加以总结和改造，发展其生命力，以更好地服务于当代农业。次重古农学对认识我国农业传统和未来道路的历史价值。用石声汉先生的话说，"研究古农学，只是为了更好地了解今天农业所根据的优良传统，更重要的还在于'溯往知来'，为提高农业生产寻找广阔的道路"。这种价值取向也是我们今日探讨走中国式农业现代化道路所遵循的基本思路。

任何新建学科都不可能一立而就，古农学建设必然经历长期的曲折过程，石声汉先生为此做了大量坚实的基础建设，自谦为"服务性的工作"。他通校了历代骨干农书，并加以理论的总结研究，《中国古代农书评介》和《中国农学遗产要略》，可视为古农学概论之作。同行学者在20世纪50-60年代也出刊许多重要校注农书和研究论著，其中《中国农学书录》、《中国农学史》亦属古农学支柱性著作，从所有这些校注农书和研究论著即可反映出农业遗产整理高潮时期，古农学学科建设的规模和水平。在农业遗产研究领域，早期与古农学同时发生、相辅相兴的，还有农业历史学科，前者着重于古代农业科学技术的横向系统研究，后者则侧重整个古代农业的纵向历史考察；古农学为农业历史做了基本资料的深入研究，至20世纪80年代农史研究终于出现前所未有的高潮，发展规模远超乎兴盛一时的古农学。然而，显隐兴替本是学科发展的正常现象，古农学近年虽步履迟缓，但学科自在的地位和固有的学术价值规律，决定其势必再度中兴，并将取得进一步的发展。

2. 研究方法——小学兼农学的考证法

石声汉先生研治古农学既有鲜明学科思想，又具富有创造意识的科学方法，英国著名科技史专家李约瑟称赞他"巧思过人"，即就其古农学思想和研究方法而推崇。关于石声汉先生研治古农学的基本方法用自己的话概括起来说就是"传统的小学修养和近代科学的最新成就"，他运用这种方法校注整理农书，也用于考证研究重大古代农事农史。"小学和农学"相结合的考证方法，是在严守校勘成法、绝不轻改原书的基础上，充分利用传统语言文字学（小学）手段考证农书古籍文字的形体、读音和意义，并结合文献学的手段解决版本方面的各种问题，昭明古代农事名物的原本情状。在此基础上极尽现代科学理论、方法之优长，剖析其中的农业技术原理，揭示生产经验和农业知识的科学成分，并指出局限、错误及违背现代科学之处。通过深入考证研究再将结论和凭据，按通常校注方式加以记载。这种传统学术与现代科研相结合的研究过程似乎顺理成章，其实很不简单。翻阅石声汉先生的校注，便知这种大跨度的学科交叉结合，实为一创造性的研究过程，能以一人才力而兼之，实属大不易。兹仍就"农学"和"小学"两方面，分析石声汉先生创用的这种研究方法，以及何以独能运用此法的个人原因。

就农学方面看，采用现代化农业科学知识和研究方法主导农书、农事考证，这是石声汉先生倡立的古农学与旧考据学的本质区别，而现代农学的具体应用又表现在不同的层次上。首先是将现代农学理论和知识体系作为农事考证的参照，石声汉先生的注文和著作并未完全遵循古农书经验性的理论和知识系统，而是站在现代农学理论的高度考注农书，充分运用现代科学的体系分科别类地研究古代农业。同时，注意学随时变，把现代农学概念大量移植于古农学，古今概念间则通过严谨的训诂统一名实关系，既不违古代农业实际，又保持所用概念的科学性而易为现代人接受。因此在农书校注中很重视农事名物古今概念的"对释"，重大农书则以今语通释，创行了古农书"今释"体例。其次是现代农学研究方法普遍应用，使古代农事的考证过程和结果科学化。在以田间实验为中心的多种途径的农业科学研究方法之中，综合运用各种现代科学技术手段，已成精良研究方法体系，古农学虽很少径用其具体的实验方法，但从石声汉先生实际工作和论著中仍可看出现代科学方法论的思想主导着整个感知、思维及研究的全过程。例如在搜集整理资料时，除善用历史文献外，也很重视实际观察和调查。选题研究过程中更能巧妙使用具体与抽象、分析与综合、归纳与演绎、逻辑与历史等辩证思维方法形成科学认识，进而以统计、类比和系统方法等建立理论体系。他重实践，躬亲资料到著述的整个研究工作环节，有实证学者的风格，同时重视理论探索，有思辩学者的风采，大约是攻获植物生理哲学博士的功力，对于农业科学技术善作哲学思考，故研究结论显得精辟而富有哲理。总之，无论从宏观还是微观角度检阅石声汉先生的古农学研究，在名物的考证、农事的解读、农史的研究、农书的整理、论作的撰著等方面，几乎都可看出科学方法在这一古老领域的创造性运用，日本学者据其书而识其人，也惊异地发现他"作为自然科学者所磨炼的分析能力，不随从别人而展示独自的境地"的创新意识。石声汉先生现代农学知识和科学方法素养显然源于长期从事的生物学专业基础。他17岁入武昌高等师范生物系就读，21岁助教于中山大学即授动、植物学并进行脊椎动物分类研究，26岁考入英国伦敦大学攻读植物生理学，29岁回国先后任杭州大学、武汉大学、西北农专生物学教授，并以植物生理学家名世。解放后20多年久居西北农学院，执教植物生理生化，主攻作物水分生理研究。生理生化为生物学基础，而生物学又是现代农业科学基础科学的中坚学科，正是以精深的植物生理学和广博的生物学基础，再加对西北农业和本校农学各专业的全面涉猎，石声汉先生蓄蕴了精博的现代农业科学修养，故在古农学研究中能驾轻就熟，触处即通。

石声汉先生研究方法另一面是"小学为中坚"的传统考据学，主用于古农书整理，也行之于有关农事农史的研究。由于古农书毕竟属于古籍文献，古农学概以古代农业科学技术为对象，完全凭借现代科学尚难解决本学科基本矛盾，惟有结合运用传统考据学首先扫清古代语言文字、农事名物、文献形式等方面的障碍，才能客观地认识学科对象的历史面貌及其本质。考据学本是我国古代学术研究中相沿既久的一种常规方法，至前清才臻于科学完善，鼎盛时期百余年几乎统治了整个清代学术界，近现代之交尚存遗风余韵。清代考据学的精萃在于"实事求是"的学术精神，强调通过严谨的文献资料考核研究古代事物。从方法论角度看，其科学性在于严格地运用归纳法，依靠大量例证加以结论，致有"例不十，论不立"之说。至晚清西学东渐，在现代科学方法全面兴起的历史条件下，考据学相形见绌，逐渐显露种种弊端，但考据学"求实"精神和"归纳"研究方法，终不失为我国学术的优良传统，仍有可信用的科学成分，有待在某些领域继续使用、改造和光大发扬。石声汉先生正是在这种立场上将传统考据的科学精华移植于古农学领域。考据学的中心学问是传统的语言文字学，即由文字学、音韵学、训诂学组成的所谓"小学"，着重从形、音、义方面训释古籍字、词、语义。"小学"三科中以音韵为中坚，通过语音历史演变规律推求古音，进而因声求义以获正解，故音韵在考据中最关键也最艰深，令人惊异的是石声汉先生音韵学造诣极高，即使专攻音韵学的传统语言学家也常叹服其精。据西北农学院（现西北农林科技大学）图书馆一位前辈回忆，石声汉先生在一次诚挚交谈中曾言，他所以敢受农书整理之命，实与"自己懂古音，在音韵学上下过功夫"有很大关系。因为音韵学是古代文献语言的核心，通音韵则"小学"通，"小学"通则古书通，古书通则考据遂通。当然，多种学科构成的传统考据也并非音韵学一把锐器可以包揽，还需要文字、训诂、目录、版本、校勘、辑佚、辨伪以及整个历史文化的知识，方可考明古代文献中的复杂事物。这种综合才能或称为"考据功力"，清代学者即以此相矜尚，然石声汉先生竟能在这多方面头头是道，俱见功力。从石声汉先生农书注释和古农学论著中，常见以声音为主的古文字形、音、义彼此互求，或以古汉语构词和语法规律求农作物名类，或用方言俗语及某些外来古语辨农史是非，"小学"方法运用十分娴熟。有关文献学知识也颇为渊博，古籍学家所论的目录、版本、校勘三长，似乎无一不精，故善从各类文献中钩沉辑佚为人鲜知的农书和资料，有时胆色俱励地直斥某书之伪，并详确地辨明伪书、伪文、伪者和作伪时代。在古代历史和中外文化知识方面，更见博闻强记之长，披揽积蓄极为丰富，故能随时将古代农书农事置于具体历史背景下加以综合研究。

人或不解长期从事现代科学研究的专家，何以对传统学问有如此广博精深的修养？据知其人者论，实不唯其才华横溢，先天秉赋过人，主要还是生平于文史知识为主的"国学"孜孜不息的涵养之功。石声汉先生出身一贫穷的寒士之家，他的父亲曾为人佣笔，精诗文、书法、国画、金石、篆刻等，所以他在清苦中尝得较早的家学启蒙。5岁习《四书》，7岁读《诗经》《左传》，8岁看《聊斋志异》。幼年阅读《红楼梦》即达十多遍。小学已诵读大量诗词古文，自幼铺奠了古典文学艺术的根基。后来从业现代自然科学，终不减嗜古好文兴趣，过盛的文才处处溢露，日常以诗词记事盲志，有时还用文言文备课作文，为刊物撰写杂文、小说，或翻译外国文学作品；书法、篆刻为工余养心消遣，潦倒岁月也书刻鬻字聊补薪俸不足。在语言方面无论从实践到理论都保持长期的研习之功，精通多种外语，可以英文和德文著作，又学习各地方言，能说长江以南大部分地区方语；至于历史语音似乎用力更勤，在20多岁时就开始研究《广韵》，能熟练检用历代韵书，20世纪50年代还同山东大学80多岁的栾调甫先生书信商研音韵学，讨教整理古籍的"家法"，往来函件数万言之多。明了石声汉先生久养而成的这种独特的学识结构，便知其转入古典学术领域并无行山阻隔，古农书整理唯有像他这样博通古今、文理兼养之士，才能出色当行地创用"小学兼农学"的研究方法。

3. 学术成就——凿空《齐民要术》之功绩

石声汉先生的学术成就，在植物生理学和古农学领域皆负盛名，而以农书校注研究影响最为广泛深远。总计精校出版的骨干农书有《齐民要术今释》《氾胜之书今释》《四民月令校注》《便民图纂校注》《农桑辑要校注》《农政全书校注》6种，有关古代农书、农史研究著作8种，论文多篇。在总计数百万字的著作中有专书专题研究，同时有对农书和古代农业遗产的总体研究，其中《农书系统图》（图2-22）、《中国古代农书内容演进表》《中国农书评介》《中国农学遗产要略》等，所谓的"一图一表一评一略"，即是多年农书、农史研究的总结。从石声汉教授绘农书系统图中可知，《齐民要术》是一部承前启后的总结性农业专书，集从西周到北魏生产知识之大成，《齐民要术》既继承了前人的生产经验，总结了当时的生产经验，为后世农业发展提供了丰富的资料，也为以后的农书写作留下了范式。石声汉教授这些丰硕成果得到国家有关部门的嘉勉，曾获得全国科学大会和部省级多种奖励。然而仅从这些方面尚不足以深论石声汉先生，唯有从凝聚其才智和创造力的《齐民要术》校释和研究中，方能观见他在古农学领域攀登的学术高度。

《齐民要术》是北魏著名农学家贾思勰撰写的综合性大型农书，也是世界古代农书中无与伦比的著作。全书记载了公元6世纪以前我国传统农业的生产经验和各种科技知识，内容包括大农业各部门、各专业的技术，颇具农业百科书体的特点，开农家大全式农书体例之先河。《齐民要术》的价值在于全面展现了我国传统农业技术体系渐臻完善时期的发展情况，对日益成熟的精耕细作技术措施作出深入的总结记录，显示出中国农业悠久的优良传统和早熟的高超农艺水平，观

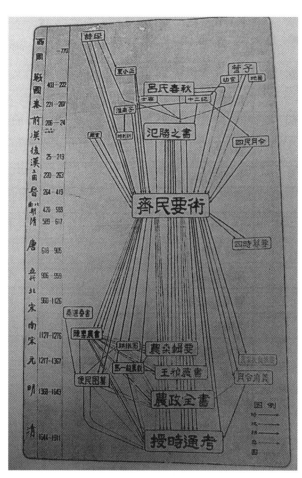

图2-22 石声汉教授绘农书系统图

其书即可知中国农学的非凡历史成就，亦可知其在世界古代农学史上的绝对领先地位。全书引先秦至魏晋的上古文献多达160多种，其中有些后

世日渐散失而成逸书，本书存载的文字可供考据古书，古史之用，因而兼有多方面的学术价值。这部农学巨著隋唐以后一直在民间抄刻相传，并为后来的农书大量地引用。除历代农家视为宝典倍加珍重外。经学传注家还用以校勘经典和古书文字。至20世纪《齐民要术》始为现代科学家注意，特别是农业科学家颇为倾心其古农学价值的探索。日本学者由于农史源流关系对《齐民要术》似乎更富热情，利用本国独藏的较早版本和侵华战争形成的特殊历史环境，颇有组织地长期开展《齐民要术》研究。1940年日本占领北平后，便在北平高校设立专门机构开始译解原书；后来在日本京都大学又组织《齐民要术》轮读会，集中了多种专业的优秀学者全面研究这部世界农学名著。日本学者钻研既广泛而且专深，心得感知的境界也大不相同，特将《齐民要术》研究视为专门学术领域，效法学界将许慎《说文解字》称"许学"、郦道元《水经注》称"郦学"之类的风气，尊贾思勰《齐民要术》的综合研究为"贾学"，并对中国人在这一领域的落后局面不无微辞。虽然当年我国学者初闻"贾学"之称多以为"未见其可"，然从《齐民要术》于国内外古典科学中的地位及在今日自由活泼学术风气之下，复言"贾学"，亦未见其不可。尽管日本学者较早步入贾学领域，但是国外学者要完全贯通根植于中华历史文化传统的《齐民要术》终不免障碍重重，正如日本另一位著名的贾学旗手熊代幸雄所称，本书中确实有许多"日本方面不可能到达的深奥理解"，故以释译《齐民要术》为主攻目标的日本贾学研究，也不免"牛步漫漫"。因为本书经一千五百多年的传抄刻印衍生出许多讹、倒、衍、脱，几无一个版本无错字破句，有的地方根本无法通读。早在宋代人已觉其"奇字错见，往往难读"；辗转至明代，人们对所引的某些古字，"或不得其音，或不得其义，文士犹嗫之，况民间其可用乎？"所以到了清代，《四库全书总目提要》（图2-23）便以"文词古奥"作出总评结论，故近世以来，读者不免叹为"奇书"，"未敢通读"。中外古今学者所以感到《齐民要术》难读难懂，实因通解这部古典农学名著所需知识学科跨度太大，而学界又往往缺乏"对于小学和农学都有素养的有志之士"。

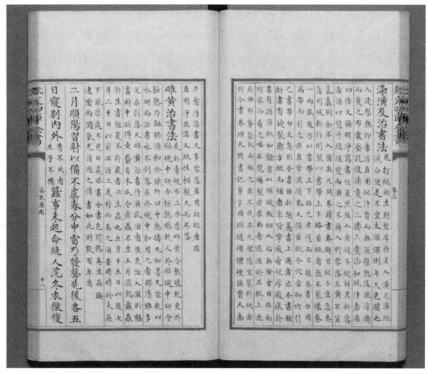

图2-23　钦定四库全书《齐民要术》卷三杂说第三十

染黄及治书法雌黄治书法

　　石声汉先生于传统小学和现代农学的精深修养，据此创行的考证研究方法，正是凭借这种独特的学识和考据法通解了《齐民要术》，终于拨开了长期弥漫贾学的迷雾，作成《齐民要术今释》（图2-24）。今从攻坚的角度看，石声汉先生今释本突破了前人备受困惑四大难题：一是奇字、难词、疑句的解读。此类问题原书颇多又最令读者望而生畏，今释极尽小学之长，形、音、义考据多端，除个别字句以外，疑难文字词句基本解决。二是版本衍生伪异字句的勘订。因本书流传版本种类较多，系统也比较复杂，再加类书摘引中的异同，利用起来使人难以适从。今释本出入经史子集，采用版本、目录、校勘等文献研究手段，比较折衷，去伪存真，以求原书本来面貌。三是原书正文与注文、大字与小字掺杂的厘定。原书除正文之外，还有作者的注文，各本虽多用大小字体加以区别，但因古籍错简和抄刻错误，不少注文以大字掺入正文，注文中也时有后人批语札记相杂，真伪莫辨。今释本采用综合考证方法，匡谬纠误详加分析，终使正文、注文各归其位。四是用现代科学技术知识恰当地注释原书农事名物，阐明农学原理，亦是今释本最大特色。清朝乾嘉时代的考据大师对《齐民要术》也曾竭力用功，然而有所发明之处甚少，皆因无农业科学专长之故。今释本充分显示出注释者精深的现代农学造诣，以及善于"古今结合"进行综合考证研究的优长，不仅使本书农艺、农史条条件件得以发明，而且还对全书的农业科学技术系统地分析，形成纵（时代）横（类别）分明的知识体系。并撰写《从齐民要术看中国古代的农业科学知识》一书，以通俗的方式直接宣传原书的农学成就。总之，石声汉先生今释本及其研究著作既富古典学问深厚功力，同时也充满现代科学的气息，使这部古代农学名著与当今人的认识方式终于沟通，在历代《齐民要术》注释和研究中具有划时代的意义。

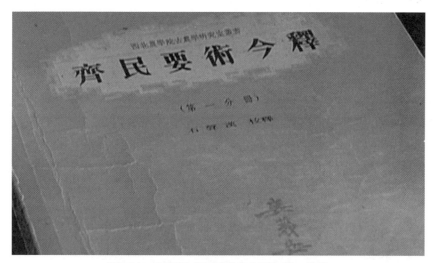

图2-24　石声汉《齐民要术今释》第一分册

石声汉先生通解通释《齐民要术》的历史功绩，在国内和国外学术界同时带来深刻影响。这种"凿空"之功不唯使一书贯通，而且从根本上扫除了古农书和农业遗产整理的最大障碍，为我国古代农学和农业历史研究开辟了全面发展的道路，近50年来古农学专业日益兴旺的历程即昭明了石声汉先生的不朽功绩。同时今释本在国外贾学领域也颇负盛誉，当第一、二分册传至日本后，以谦恭严谨称著的东邻同行即致函石声汉先生，申明将暂停持续了十多年的《齐民要术》日文翻译工作，待今释本第三、四分册出齐后再全面参阅翻译；日本《校订译注齐民要术》工程终于1959年告竣，日本学术界亦誉为"堪称划时代的业绩"。石声汉先生为进一步传流《齐民要术》，在世界范围内弘扬历史悠久、成就卓著的中国传统农业科学技术。特将《从齐民要术看中国古代的农业科学知识》译为英文向国外发行，英文版连刊四次皆罄售一空。当世界人民粗知中国这部伟大的古农书及其价值后，更欲亲自阅读或研究，于是英国和德国学者也分别以两种文本翻译出版这本属于中国、也属于世界的古典农学名著，而英德文本的《齐民要术》也主要是依据石声汉先生今释本翻译。

石先生的《齐民要术》研究论文、著作接连问世，遂引起更多的中外学者的高度重视。西山武一、天野元之助、熊代幸雄等多位日本著名汉农学家纷纷与石声汉先生建立学术联系，还提出希望建立中日研究《齐民要术》委员会，会址设在陕西武功西北农学院的建议。实际上他们已刮目相看，把这里看成"贾学"的研究中心。

石声汉先生于1971年病逝，但是他通解《齐民要术》并广传于世界的功德是永世不没的，正如英国学者李约瑟悼文中所说，石声汉先生以今释的不朽名著《齐民要术》而"在西方世界已很出名，因此石声汉是不会被忘记的"。看来日本西山武一与英国李约瑟两位东西方汉学大师见解正相互补；西山以石声汉其人为贾学之幸，而李约瑟又以贾学亦石声汉其人之幸。

四、《齐民要术》对日本各行业影响的若干典型事例

1. 农业

《齐民要术》中贯穿的农业经营思想诸如人勤致富、因时因地制宜、科学种田、发展水利事业、旱地保墒、"轻田野之税"、多种经营、精准农业的思想精华在日本均有具体体现（图2-25）。《齐民要术》中有关农作物的栽培技术和方法，在日本广为利用而且发扬光大。以梅为例，《齐民要术》中有"梅花早而白，杏花晚而红；梅实小而酸，核有细文；杏实大而甜，核无文采"的叙述，对梅与杏的特征作了对比，说明我国劳动人民在1 400年以前就对梅的形态、品种以及栽培管理等方面都已积累了相当丰富的经验。公元8世纪时，我国的梅树传入日本，目前除我国和日本以外，其他国家很少栽培。日本梅的生产量近年约为10万吨，需求量约为15万吨，每年需要从中国进口大量鲜果和梅坯，同时大力发展本国梅生产，日本纪州的梅产量占日本第一。

图2-25　日本最大结球生菜生产基地长野县川上农协的精细农业管理

（左：机械耕作；右：生菜田管理）

2. 酿造

中国是世界上谷物酿醋最早的国家，公元前8世纪就有醋的文字记载。春秋时期已出现了专门的酿醋作坊。《齐民要术》中，共收载22种制醋方法，其中一些制醋方法在中国、日本沿用至今。在古代醋有称为"苦酒"、"酢酒"、"米醋"等。醋有消除疲劳、延缓衰老、防治肥胖、养颜护肤、软化血管、降低血脂和胆固醇及减少肝病发病率的功效。日本汲取《齐民要术》的精华，对醋的治病养生的功效不但进行了深入研究，还将"少盐多醋"放在"长寿十训"之二的重要位置。日语当中用汉字现仍把醋写成"酢"。另外，《齐民要术》中的酿酒技术有着较高的科技水平和工艺水平。如书中记载由曹操所献的"九酝酒法"，其连续投料的酿造方法，开创了霉菌深层培养法之先河，它可以提高酒的酒精浓度，在我国酿酒史上具有重要的意义。《齐民要术》第七卷第六十四至六十七章，专门对酿酒技术作了详细论述：一为"造神曲并酒"；二为"白醪酒"；三为"笨曲饼酒"；四为"法酒"。四章共计一万余字，详细介绍了10多种制曲方法和40多种酿酒方法。尤其是制曲与发酵，在当时科学技术非常不发达的情况下，能掌握到十分准确的微生物生长时间，确实不易。日本著名清酒生产企业"宝酒造"和啤酒企业"麒麟"、"朝日"、"北海道"等把《齐民要术》列为必读之书。

日本著名的汤浅酱油（Yuasa Soysauce）是成功应用《齐民要术》所记载的古法酿造的典型案例之一。汤浅酱油自2006年至2014年连续9年获得布鲁塞尔Monde Selection "世界食品品质评鉴大会"（"国际优质食品组织"，创建于1961年）最高金奖。凡是去日本旅行、学习、工作过的人们都知道日本酱油好吃，色味香俱全，但是他们把这一功劳记在《齐民要术》制酱技术上，笔者在日本留学攻读博士学位5年，对生活中每日必不可少的日本酱油质量和色味香有切身的体会，他们真正把《齐民要术》的精华发扬光大，为我所用了。日本酱油的发祥地——和歌山县有田郡汤浅町每年举行酱油文化节（图2-26~图2-29），专门给浙江省杭州市余杭区发来邀请，希望当地派人参加。原来日本酱油的发源地为余杭区的径山寺。余杭径山为佛教圣地。径山寺始建于唐，南宋时为"五山十刹之首"，名扬中外，日本僧人前来参谒者甚多。日本和歌山县特产汤浅酱油正是从径山寺豆酱制作中衍生而来。汤浅酱油创始人心地觉心，亦名无本觉心，俗姓常澄氏。13岁入本郡神宫寺习经，29岁受具戒。1249年，觉心到中国，先在普陀山，后登径山寺，又辗转湖州、宁波、杭州，1254年回国。当时的径山古刹规模大，坐落在海拔近800米的山上，远离城镇集市。由于运输不便，径山寺对常年所需饮食物品自种自制，擅长制作味美可口的馒头、素鸡、素鸭、酱菜等食物。觉心在径山寺修行禅宗期间，从寺院僧人那里学习了径山寺豆酱的制作方法。觉心法师

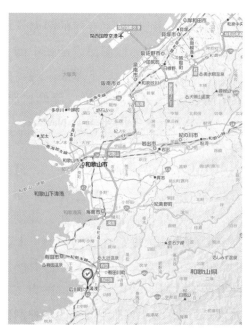

图2-26 和歌山县有田郡汤浅町所在位置在大阪关西国际机场正南

回国后，在汤浅町附近的由良町兴国寺担任方丈，向汤浅町以及周围山村、渔村的人们弘扬佛法，声望很高，逐渐形成一个派系，称法灯派。觉心法师在弘扬佛法同时，把径山寺豆酱的制作方法传授给人们（图2-30~图2-32）。径山寺豆酱是在大豆中加入小麦、盐、各季节蔬菜，以米麸发酵而成。由于使用瓜类、茄子、紫苏等蔬菜，水分较多。人们发现，残留在发酵桶底的液体用来煮菜，味道十分鲜美。于是就诞生了豆酱的副产品——酱油。可以说，汤浅酱油的理论依据和工艺源头在《齐民要术》，直接借鉴则是觉心法师当年在杭州余杭径山寺的学艺。在汤浅，人们至今沿袭传统酿制方法，精心酿制酱油。主要工艺流程是选料、蒸豆、发酵、酿制、出油等步骤，经过两年约700天熟成过程，要点是最高级酱油的原料必须是黑豆，最知名的莫过于京都府丹波町的"丹波黑豆"，是黑豆界中顶级品种。丹波是北篠山、水上郡、京都府之统称。盐则是长崎县西端五岛滩的优质海盐。汤浅酱油有限会社的丸新本家品牌（Marushinhonke）连续9年获得布鲁塞尔金质奖章，实属不易。Monde Selection是1961年由欧洲共同体（现为欧盟）和比利时经贸部在比利时布鲁塞尔创立的独立国际性组织，也是当今世界上最具代表性、最权威的食品品质评鉴组织。业内人士公认，如果获得Monde Selection世界品质嘉奖，就相当于达到国际食品评价基准的要求，意味着该食品已经获得了世界各国包括食品发达国家的认可与推崇。

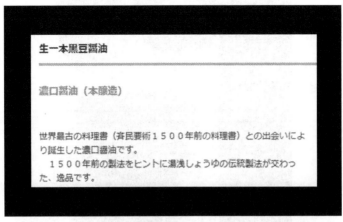

图2-27　汤浅生一本黑豆酱油网站所记载的发酵机理渊源
原理来源于1500年前的世界最古老的料理书《齐民要术》

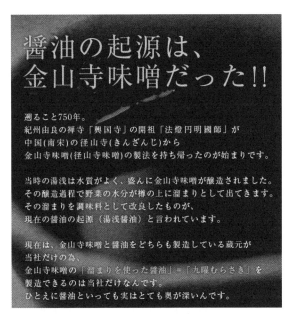

図2-28　汤浅酱油与余杭径山寺的渊源

図2-29　汤浅酱油的严格选料

一

黒豆を茹でます。
白い泡は、黒豆のたんぱく質です。
通常、醤油の仕込みの際、
豆は蒸しますが当店では茹でて
仕込みを行います。
この茹でて仕込む方法は
「古式製法」と呼ばれています。

この白い泡は取り除き、茹で汁は
捨てずにとっておき、塩を混ぜて
仕込み水に使用します。
この旨味たっぷりの汁を捨てずに
使うのも当店の醤油作りの特徴の
一つです。

黒豆を茹でた後は、
ザルで黒豆を別に取り出します。

二

❶の黒豆に、炒り割小麦
(炒って引き割った小麦)を混ぜて、
麹菌をかけて室(もろ)で3日間
ねかします。

三

❶で出た茹で汁に五島灘の
塩を混ぜて仕込み水を作り、
❷の麹と合わせて、
杉樽に仕込みます。この状態を
「もろみ」といいます。

五

❹の作業を約2年、
およそ700日間行い
じっくり熟成させます。

四

もろみを櫂入れ(かいいれ)し、
酸素を樽の中に送りもろみを
天地返しして、発酵がうまく
進むようにしながら、熟成さ
せていきます。

六

熟成した❺のもろみを搾ります。
木枠に布を広げ、1枚に約8Lの
もろみを流し入れ、へらで均一に
引き伸ばして余った布の端を折り
畳み、その上に小さな布をのせ蓋
をします。

そして、また大きな布を広げ、
もろみを流し入れ、折りたたみ…
この作業を続けて4列で最高80段
まで積み重ね、積み上げた重みで
自然に布の目から醤油がしみだし
てくるのを待ちます。
(このしみだした醤油が生搾り醤油です。)

丸一日自然にしみ出すのを待ち、
その後押し板を落とし、圧をかけずに
半日〜1日待ちます。
その後圧を徐々にかけていき
3日〜4日待ちます。
無理矢理搾る事によるエグミを
出さないため、当店では最後まで
もろみを搾り切りません。

醤油を搾った後のカスは、
リサイクルされます。
当社の醤油は添加物を一切加え
ておらず最後まで搾り切ってい
ないため、カスに塩分や大豆の
栄養がふんだんに残っています。

この搾りカスは、当店の近くの
家畜や鶏を飼っている方の所で
飼料として重宝されています。

七

搾った生揚げの醤油(生しょうゆ)を
桶に入れ、約1ヶ月程オリがおりる
のを自然に待ちます。

四

もろみを櫂入れ(かいいれ)し、
酸素を樽の中に送りもろみを

八

オリがおりた後、オリのない
上部の醤油だけを取り出し
火入れします。

この時、菌を殺すと同時に、火入れ香
(ひいれが)という醤油らしい香ばしい
香りがたちます。

火入れした醤油は約2週間程
すましタンクに入れて、
冷やします。

九

半手動で、機械にビンを置いて
充填し蓋をします。
手作業でビンを拭き、醤油の
ラベルを貼り、箱に入れて完成!
皆様にお届けします。

图2-30　汤浅酱油的传统制作工艺

图2-31　名至实归的汤浅酱油
"世界食品品质评鉴大会"（"国际优质食品组织"，创建于1961年）最高金奖

图2-32　汤浅酱油自2006–2014年连续9年获得布鲁塞尔Monde Selection

日本奈良食研究会的横井启子（Yokoi Keiko）会长（图2-33），对《齐民要术》非常热爱，1949年出生于兵库县西宫市，1977年转居奈良。2005年发起成立奈良食研究会。以研究世界上最古老的农业技术著作《齐民要术》为契机，2007年成立了奈良县工业技术中心和奈良县酱油工业协同组合HISHIRO协会，地址位于奈良市北葛城郡河合町广濑台2-7-21。

图2-33 横井启子会长

横井启子会长常年往返于图书馆和大学研究机关，刻苦钻研《齐民要术》，根据《齐民要术》作酱法原理，20多年来，开发出柿叶寿司、素麵、奈良渍、酱油等产品，销路非常好（图2-34~图2-37）。

图2-34 横井启子会长根据《齐民要术》作酱法制作的豆酱

图2-35 横井启子会长根据《齐民要术》记载查资料做笔记研制出豆酱新产品

图2-36 横井启子会长反复研读《齐民要术》

图2-37 横井启子会长严把原料、制作工艺和产品质量关

3. 烹饪与饮食

1998年，日本名古屋女子大学的南广子（Minami Hiroko）教授在《日本调理科学会志，Vol. 31（1998）No. 2 p. 166-171》发表过《齐民

要术的料理构成》，全面分析了《齐民要术》的料理构成（图2-38）。

图2-38 南广子教授的《齐民要术的料理构成》论文

日本带广畜产大学的平田昌弘（Hirata Masahiro）教授也研究了《齐民要术》中的乳品加工，发表了《基于<齐民要术>的乳制品的复原》。

日本著名超市高岛屋（Takashimaya）2013年1月在中国上海开设的上海高岛屋的7层，就别具匠心的设置了"齐民市集"，食谱根据《齐民要术》的记载精制而成，特别是中华牛肉火锅特受欢迎，菜品都是产自昆山本公司蔬菜基地的有机蔬菜，不添加任何抗生素和激素饲养的高级牛肉、本地鸡和海鲜，面类全部按《齐民要术》的传统工艺当日手工制作，由台湾老板经营。高岛屋百货公司在日本属于高档超市，具有180年历史的高岛屋是日本最大的连锁百货公司之一，在日本国内拥有20余家连锁店，2014年营业收入位居全日本百货公司之首。迄今为止，高岛屋百货只在海外开设了3家连锁店，即纽约、台北和新加坡，均在当地销售排行榜中位居前列，其中新加坡高岛屋和台北高岛屋已连续多年蝉联当地百货业销售额冠军。2011年，日本百货业界的老大——高岛屋株式会社与古北集团在东京和上海同时举行新闻发布会，宣布高岛屋百货正式签约进驻上海古北新区，将在沪开设其位于中国大陆的第一家百货旗舰店上海高岛屋。2013年1月开业后，成为迄今为止上海最高档的百货公司和申城商业的"新标杆"。上海高岛屋百货选址于虹桥路与红宝石路当中黄金地段的古北国际财富中心二期（图2-39~图2-41），财富中心二期总高30层，是一幢集高档商业、五星级酒店及购物中心等于一体的超5A甲级智能化商务楼宇，古北国际财富中心二期的商业裙楼是按照高岛屋百货的经营需要为其度身定造的。

图2-39　日本高岛屋上海店齐民市集

图2-40　日本高岛屋上海店齐民市集

图2-41　日本高岛屋上海店齐民市集

值得注意的是，中国古代以梅制成酱作为最重要的酸性调味料。这种技术在中国中原广大地区基本失传，但是在日本的烹饪技术中却保存了下来。还有酢等，也是如此。从《齐民要术》中看到的中国古代菜式，更像是日本和韩国今日的烹饪。在《齐民要术》书中"八和齑"一节里，贾思勰详细地介绍了金齑的做法（图2-42）。金齑共用七种配料：蒜、姜、盐、白梅、橘皮、熟栗子肉和粳米饭。白梅是中国古老的传统食物之一，在醋发明之前，它是主要的酸味调料，做羹汤时必不可少。东晋梅颐认为"若作和羹，尔惟盐梅"，盐梅就是白梅。在醋发明以后，白梅与醋长期共存，后来终于为醋完全取代。白梅的做法，是把没有熟透的青梅果实在盐水里浸泡过夜，次日在阳光下曝晒，如此重复十遍即得。现在我国出口到日本和韩国，每年价值数百万美元的"盐渍梅胚"，正是白梅的低盐改造产物。日本料理中多用梅，几乎每个饭盒（弁当）中都有腌渍的梅。日本料理中至今仍用一种咸梅，是青梅经盐和紫苏叶子腌制的产物。白梅与咸梅之间或许存在渊源关系。把白梅与其他六种配料捣成碎末，用好醋调成糊状，就是金齑。在同一节里，贾思勰还描述了芥末酱的做法。从上下文的意思推测，上菜时，金齑、芥末酱及其他调料与生鱼片分别装碟，食者按自己的爱好自由选用。直到今天，中国北方满族和赫哲族的一些村落，以及中国南方某些汉族聚居区，仍遗留吃生鱼片的习俗。生鱼片在中国至今没有断绝，但已经不是主流饮食的组成部分。在大多数海内外华人的意识里，生鱼片是日本料理，属于异国风味，这种看法是不全面的，中国南方、北方都有吃生鱼片的习俗。

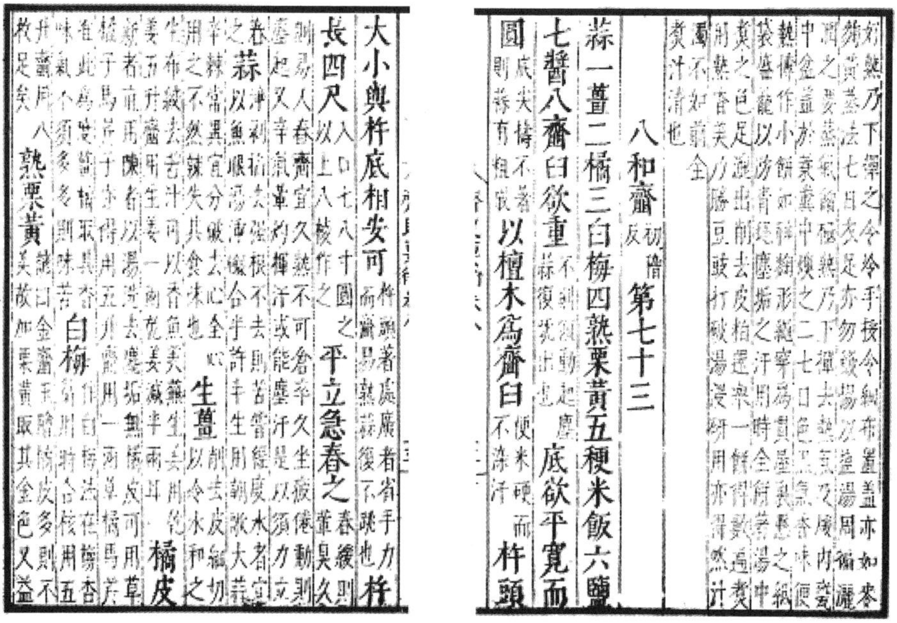

图2-42 《齐民要术》卷八 八和齑 第七十三

4. 食品加工

腌制是保存食物的一种方法，可以用盐、糖、醋、酱油、酱等调味料，也可以发酵腌制，产生各种各样的味道。在日本看到的咸菜，大多数是用盐腌制和发酵腌制的。据考日本的咸菜，应该先从中国说起。《齐民要术》中就早已有了腌制咸菜的记载。中国的咸菜种类繁多，与中国北方的老咸菜、酱菜相比，日本的的咸菜，大多味道比较淡，腌制时间也比较短。比如日本的"粕渍"主要是利用酒糟和盐来腌制。日本人把咸菜称为"渍物"，所以按照腌制的方法不同，就有了"盐渍""糖渍""酱油渍""大酱渍""粕渍""醋渍""麹渍""芥末渍"等的渍物（图2-43）。日本四面环海，山地较多，腌制咸菜时，放入了各种鱼类、贝类、海草、山菜等，像以"纳豆"生产量最多著名的茨城县就有了"纳豆渍"，以盛产山崳菜著名的静冈县就有了"山崳菜渍"等各具特色的咸菜。此外，其他各地也都有各地自己的当家花样。比如，北海道有"鲱鱼渍"、岩手县有"山菜渍"、山形县有"菊花渍"、长野县有"野泽菜渍"、新泻县有"山海渍"、东京有"福神渍"、京都有"菜花渍"、福冈有"高菜渍"、冲绳有"木瓜渍"等，不胜枚举。日本许多学者认为腌制与《齐民要术》的渊源极为深刻。

图2-43　日本的盐渍品

5. 印染

蓝印花布的染料为蓝靛，原取自野生蓝草，如马蓝、蓼蓝、菘蓝、茶蓝等。关于利用蓝草中的蓝靛染色，已有二千多年历史，《齐民要术》中记述了我国古代人民用蓝草制靛的方法。这是世界上最早的制靛工艺记载。随着纺织印染事业的发展，野生蓝草的数量渐渐地不能满足生产的需要，人们开始自己种植蓝草。《齐民要术》详细记载了蓝草的种植、加工方法和经验。日本至今还十分推崇《齐民要术》中记载的蓝印花布制作工艺，认为蓝印花布古色古香，质朴无华，既散发着乡土气息，又显示出淡雅不俗。蓝印花布印染技术在棉布印染上大放异彩，在日本颇为流行。我国宋元时名曰"药斑布"，明清时称为"浇花布"。许多古老的印染工艺，在我国慢慢被人们丢弃了，而我国的近邻日本，虽很现代化，却一直保留了它。从服装、围裙、头巾、包袱皮到门帘、窗帘，蓝印花布在生活中、旅游景点上随处可见。直到现在日本很多农家仍保留着古老的纺织生产工具在农闲时用自种的新棉纺纱织布。一些集镇还保留着印染作坊，印染土产蓝印花布。笔者在日本著名观光景点镰仓（横滨南）曾购过镰仓大佛的蓝印花布门帘带回国内珍藏（图2-44）。

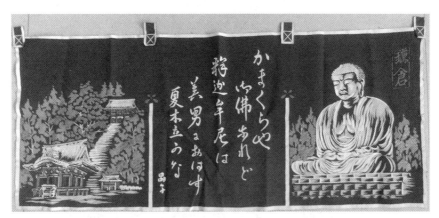

图2-44　笔者在日本著名观光景点镰仓（横滨南）购买的镰仓大佛的蓝印花布做门帘用

6. 药用

《齐民要术》中记述了地黄、吴茱萸、栀、姜和红花等栽培法。还记载可用藜芦根煮水洗治羊疥。日本非常重视药用植物的引种、栽培与产品加工开发。据悉，日本近年来引种中国药材，现已建成3万平方米的中药材专业种植园，品种有500多种，其中栽培基地年产量可达200吨。日本一家专营中药的厂家"昭天堂"，一年的产量相当于我国中药的出口总量。

7. 游戏娱乐

日本擅长于将科技知识寓教于乐，开发出很多科普类游戏，让少年儿童在游玩嬉戏中健康成长，《齐民要术》也融入了游戏之中，竞答题的问是：6世纪前半写成的中国现存最古老的农业书是什么？（图2-45）答案至少有三种可能：农政全书、齐民要术、农业全书（日本官崎安贞在17世纪主要参考《齐民要术》写成的农书）。按键要迅速而且正确才能得分，正确答案是：齐民要术。日本各大电视台也经常推出热闹的抢答节目和文字接尾令节目，收视率很高。

图2-45　竞答题提问：6世纪前半写成的中国现存最古老的农业书是什么？

五、日本研究《齐民要术》的代表性学者

1. 天野元之助（Amano Motonosuke）

图2-46　天野元之助教授

天野元之助（1901–1980）（图2-46），是日本现代著名的中国农业史专家和《齐民要术》研究专家，日本京都大学《齐民要术》轮读会发起人和会员。1901年2月出生于大阪市，1926年3月毕业于京都大学经济学部，同年4月，任南满州铁道株式会社调查机关勤务，1946年加入长春铁路公司，任科学研究所经济调查局勤务，1947年返回日本，在中国长达22年零3个月之久。在中国期间，他先后去大连、长春、哈尔滨、沈阳、北京、天津、济南、青岛、郑州、西安、上海、南京、杭州、芜湖、武汉、长沙、南昌、广州、香港、澳门和海南岛等地从事农业经济的调查研究工作，足迹遍及大半个中国，同时，收集和查阅了大量的中文古文献，为日后的研究打下了扎实基础。回国后，1948年2月进入日本京都大学人文研究所工作，1951年6月获得京都大学经济学博士学位，1955年6月就任大阪市立大学文学部教授，1963年5月获得日本学士院奖，1964年从大阪市立大学定年退休。

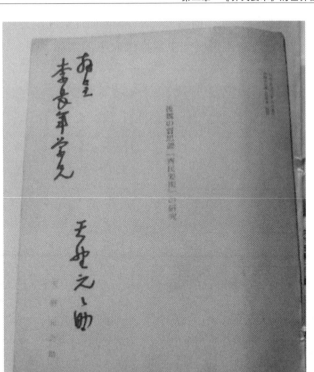

图2-47　天野元之助将《后魏贾思勰<齐民要术>研究》
赠送给南京农业大学李长年教授

　　1967年4月，就任追手门大学文学部教授，由于先后在京都大学、大阪市立大学、追手门大学从事科学研究和教学工作，坚持不懈数十年，研究中国农史和古农书，取得了卓越成果，自20世纪30年代至70年代，出版了《后魏贾思勰<齐民要术>研究》（图2-47）、《中国古农书考》《中国农业史研究》《中国农业经济论》《中国农业诸问题》《现代中国经济史》等著作。在这些著作中，作者对中国的农作物、农耕技术、农具、粮食加工工具等进行了系统考察，提出了颇有见地的看法，不失为从事农业史和农业考古研究工作者的有价值的参考书。其中，《中国农业史研究》和《中国古农书考》是研究中国农业科技史的专门著作（图2-48）。天野元之助博士，是研究中国农业史的著名日本专家，也是专攻中国农业史的第一位外国学者。《中国农业史研究》和《中国古农书考》即便对中国相关学者来说也属难能可贵，前者是第一部全面而系统论述中国农业科技史的著作；后者是他30年来研究中国古代农书的结晶（图2-49）。

图2-48　天野元之助教授的代表性著作

图2-49　天野元之助教授查阅和保存的《齐民要术》资料

天野先生对中国农史的研究是在逆境中开始的。1943年9月，因为"赤色"嫌疑，他被逐出满铁调查局，随后便在大连图书馆要了个小房间，不问世事地埋头苦读，专心钻研，直到回国时为止。正如他自己所说的那样，他的"研究基础，正是在这种郁郁不得志时期中形成起来的"。回日本后，一有机会他便到各大图书馆查阅中国古农书及有关古籍，做笔记、写论文，30多年从不间断。梁家勉先生说他"孜孜矻矻，忘老忘病，付出很大的辛勤劳动，作出不少卓越贡献。"事实正是如此。

天野元之助对中国农史研究的贡献是很大的，早在1946年3月，中国农业史的研究尚处于只有个别人（如毛雝、万国鼎等），从编写《农书目录》入手的初始阶段。天野先生便已写成了《<陈旉农书>与稻作的发展》等十多篇论文，提交给中长铁路公司经济调查局。为此，1948年7月天野博士回国时，调查局局长廖平（原名陈继周），还特别向他赠诗一首，前面四句说："橐笔辽东振大名，农书草就叹专精。齐民要术天工奥，都让先生探讨明。"

1932年，中国的农史研究尚处于对一些重要古书进行辑佚、校释，以及对个别专史进行研究的时候，天野先生就出版了洋洋50余万言的综合性巨著《中国农业史研究》。这本书是天野博士的得意之作，曾获日本学士院奖，并由裕仁天皇亲自颁奖。1979年，1981年又曾两次增补再版，其影响之深、之大，由此可见一斑。

除贾思勰《齐民要术》外，天野元之助对于其他一些重要农书，如王祯《农书》《四民月令》陈旉《农书》《耕织图》《农桑辑要》《本草纲目》《农政全书》等，无不倾注大量心血，详尽地介绍其成书史、出版史和研究史，每种书的介绍都裁篇别出，成为单独的有价值的读物。最可贵的是，天野曾经用了大量的时间对《齐民要术》《王祯农书》《农政全书》等基本史料进行了各版本之间详细校勘，并在此基础上，对中国古代的农作物、栽培、农具，即中国农业技术的发展全貌进行了阐述，他认为中国农业生产力的发展主要经过了春秋战国、六朝、唐宋、现代四个时期。其研究和考证的精密程度在日本都是高水平的。

　　新中国成立以后，天野先生曾致力于促进中日文化交流事业，他与中国老一辈的农史研究专家辛树帜、万国鼎、王毓瑚、石声汉、梁家勉、胡道静等书信来往密切，经常切磋学术问题。1975年，天野先生将他的《中国古农书考》与王毓瑚先生的《中国农学书录》在日本合并刊行，作为中日两国关系正常化的纪念。同时他又主动地将筱田统教授影印的，朝鲜徐有集用汉文编写的《种薯谱》及筱田统氏的研究论文寄给了上海的吴德铎先生。1982年农业出版社曾据以出版了《金薯传习录、种薯谱合刊》。由于《种薯谱》几乎全文引用了徐光启的《甘薯疏》，所以它的出版，等于使久已亡佚的《甘薯疏》重新与国人见面。1979年通过天野先生的努力，得到日本有关方面的支持，得以将珍藏于日本宫内厅书陵部的宋刻《全芳备祖》残本（45-余页）的全部照片送至北京农业出版社，1982年据以影印出版，使这部现存唯一的刻本得以重新与中国人民见面，天野先生的深情厚谊，值得永远铭记。

　　天野元之助与王毓瑚学术交谊很深，1965年，王毓瑚将自己撰写的《中国农学书录》赠给天野，在扉页上写道："天野元之助先生教正，一九六五.三.十八。"征得王毓瑚同意，在日本龙溪书舍出版了《中国农学书录》（图2-50~图2-52，王毓瑚编著，天野元之助校订）。

图2-50　日本龙溪书舍出版的《中国农学书录》

（王毓瑚编著，天野元之助校订）

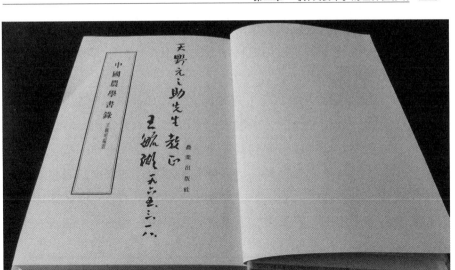

图2-51　王毓瑚给天野元之助的赠书题款

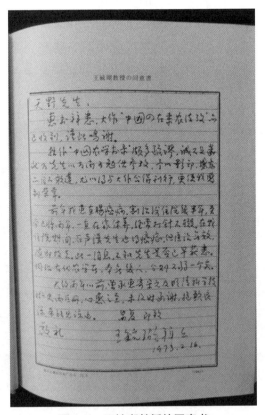

图2-52　王毓瑚教授的同意书

科学的研究方法是成就大家的首要前提，天野先生在中国农业研究中取得的巨大成就，和他采用的科学方法分不开。归纳起来，他所采用的方法，大致有如下4个方面。

（1）从"目录之学"入手、逐步深入。正如他自己所说，他是"以金陵大学毛雝、万国鼎编的《中国农书目录汇编》为指南，将馆（大连图书馆）内所藏中国古农书搬到我的小房间，用原稿纸作了摘记，进行分类整理，并开始做农书提要"。天野先生利用过的农书目录很多，包括中国古代的各种"艺文志"、"经籍志"、"读书志"、《四库全书总目提要》等书中的"农家类"以及北京图书馆主编的《中国古农书联合目录》（1959年）、陆费执的《中国农书提要》（1927年）、曲直生的《中国古农书简介》（1960年）、小出满二的《中国古农书》（1941年）、西山武一的《中国农书考》（1942年）、熊代幸雄的《汉籍农书之解题》（1959年）、片山隆三的《中国农业文献》（1941年）以及王毓瑚的《中国农学书录》（1964年）等。"目录"是研究学问的钥匙，清代学者王鸣盛曾说："目录之学，学中第一要事，必从此问途，方能得其门而入"。天野先生在他的研究生涯中是紧紧掌握了这种"学中第一要事"的。

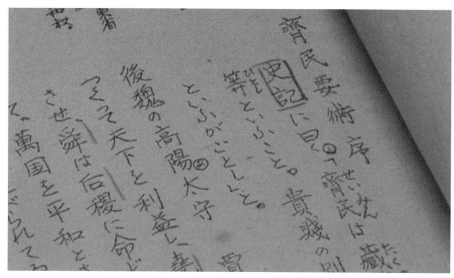

图2-53　天野元之助教授研究《齐民要术》手迹

（2）从校勘工作入手。"辨章学术、考镜源流"这是天野先生最常用的方法之一（图2-53），其校书方法，主要有如下五种：①同书不同版本的校勘。通过校勘，删衍补缺，订讹正误，选出定本。具体事例已如上述，于此不赘。②与他书的引文校勘。如把蒲松龄的《农桑经》与中国农业遗产研究室编辑的《中国农学遗产选集》"麦"、"豆"中所辑的引文，以及周尧《中国早期昆虫学研究史》（初稿）所引，"仔虫方"的引文对校，发现错脱，即予校正。③和同类书比较。如把清代尹绍烈的《蚕桑辑要合编》二卷，与何石安、魏默然辑《蚕桑合编》相比较，发现相同或相似的地方很多，仅有10条左右是尹绍烈新增的内容"图说"的大部分也是从《蚕桑合编》中移植过来的。④与同一或相邻地区的农书相比较。如把蒲松龄描述山东淄博地区农业生产状况的《农桑经》与50年后出版的山东日照县（相距约200千米）丁宜曹的《农圃便览》相比较，发现后者十二月份也无具体农事操作的记载，从而认为《农桑经》中缺少十至十二月份的内容也不足为怪，不一定是缺佚。⑤序跋比较。如把纪的等撰的武英殿聚珍版《农桑辑要》的"提要"与《四库全书》版的"提要"比较，发现前者只有272字，后者却有408字，显然已经作了修改。唐代著名目录学家僧人智升曾说："夫目录之兴也，盖以别真伪，明是非，记人代之古今，标卷性之多少，披拾遗漏，删夷骄赘，提纲举要，历然可观一也。"这些要求，天野先生都已努力做到了。

（3）文献研究与实地调查相结合。在文献研究方面，上面已经谈及，天野先生自己也曾说过，在他回日本之前的五年多时间里，他"已经涉猎了全部大连、沈阳等地的古农书，写出来的原稿和摘录，叠起来比半个人还高"。其用功之勤、用心之细，令人惊叹。在实地调查方面，他在中国的20多年时间里，先后到过大连、哈尔滨、沈阳、北京、天津、济南、青岛、郑州、西安、上海、南京、芜湖、武汉、长沙、南昌、广州、香港、澳门和海南岛各地。每到一地都深入调查，增广见闻，与同事进行实地研究。得到了不少第一手资料。

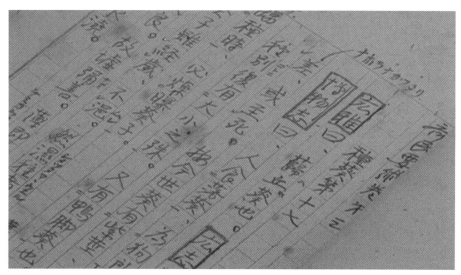

图2-54 天野元之助教授研究《齐民要术》手迹

（4）通信调查。天野先生还常常通过通信方式向有关人士请教。在他的著作中常可看到从友人的通信中获得的知识或资料，并一一予以注明（图2-54）。上面提到过的从郭沫若院长那里得到的《四库全书》本王祯《农书》的缩微胶卷，便是其中的一例。此外，他从通信中得到东京内阁文库木藤久代先生的帮助很不少。同中国有关学者的学术通信也很频繁。天野先生的一生是研究中国农业和农业史的一生。他以坚毅的精神、严谨的态度和科学的方法治学，在中国农业史的研究中取得了丰硕的成果，成为研究中国农业史的杰出先行者和奠基人之一。农业出版社编辑部说他是"以研究我国农业史知名于世，在国际学术界享有盛誉"，胡道静先生说他"研究中国农业史的成就，在举世科技史界闻名"，都是对天野先生公允的评价。天野先生的人生道路并不平坦，东畑精一先生说他"在漫长的生涯中曾遭遇多次剧变，使他吃了不少苦头。可是他从未中断过对中国农业和农书的研究，而且不断取得进展"。天野先生这种在逆境中仍然怀着'朝夕常清醇，日日是好日'的心情发奋工作，以研究学问为乐的精神，尤其值得我们学习和景仰。

2. 西山武一（Nishiyama Buichi）

西山武一（1903-1985），日本东京农业大学农业经济学科原教授。1903年出生于日本佐贺县西有田町，1926年毕业于东京大学农学部农业经济学科，同年进入日本农民组合新泻县联合会任主事，1938年任北京大学农学院教授，20世纪40年代北京大学农学院《齐民要术》轮读会会长和发起人。"贾学"与"贾学之幸"的首次提出者。更可贵的是，西山武一不但收集、整理、校对、译注、研究《齐民要术》（图2-55），还到山东临淄实地考察。1947年任日本农业综合研究所中国研究室长，1952年任鹿儿岛大学农学部教授，1964年任鹿儿岛大学法文学部教授，1969年任日本东京农业大学农业经济学科教授，1985年去世。

图2-55　西山武一、熊代幸雄共同校订译注的《齐民要术》

西山武一教授是世界上首次提出"贾学"的日本著名学者（1944年在《校合<齐民要术>》卷一《序记》中第一次提出），日本研究中国农业历史和《齐民要术》的知名专家和学者，其代表性研究成果是与熊代幸雄共同校订译注的《齐民要术》（东京大学出版会，1957，1959）和《亚洲的农法和农业社会》（西山武一，东京大学出版会，1969）。

西山武一与熊代幸雄共同校订译注的《齐民要术》的初版经历了两年时间，上册1957年由东京大学出版会出版，下册1959年由东京大学出版会出版，原因之一是获悉中国西北农学院的石声汉教授将要完成《齐民要术今释》第一、二、三、四册，另外在与石声汉书信交流时双方的观点有异议，非常敬佩石声汉的学术水平，决定暂时中止下册的校订和译注，待到石声汉的《齐民要术今释》1957年12月至1958年6月由科学出版社出版到第三册后，西山·熊代氏的《校订译注齐民要术》下册才在参考石声汉《齐民要术今释》后出版。我们今天看到的西山·熊代氏的《校订译注齐民要术》，上册为1957，下册为1959，第一版亚洲经济出版社，1969年出了第二版.亚洲经济出版社，1976出了第三版。第三版上下册合订本的其英文说明是：Chia Ssu-Hsie's, CH'IMIN YAOSHU, Chinese Book of Husbandry Written in Sixth Century, Part I （Agricultural Production）, Part II （Product-Utilization）, Translated in to Japanese With Revisory and Explanatory Notes by Buichi NISHIYAMA, Yukio KUMASHIRO, The third edition with supplementary articles, ASIAN ECONOMIC PRESS, LTD.August 1976，Printed Japan. 1959年，西山武一、熊代幸雄共同校订译注的《齐民要术》（图2-56），获得该年度日本经济新闻特别奖。日本经济新闻特别奖自1958年创立以来截至2014年底为止，已经连续颁奖57届，西山武一、熊代幸雄教授是1959年第二届获奖者。

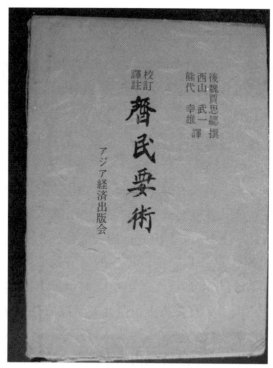

图2-56　西山武一、熊代幸雄共同校订译注的《齐民要术》

　　早在1937年"七七"事变后，日本一些学者在当时北京大学农学院任职，从1940年起，以西山武一、斋藤武为代表，组织了锦织英夫、肖鸿麟、渡边兵力、山田登、贾振雄、刘春麟等中日学者研读中国农书。他们初始研读明代徐光启的《农政全书》、元代王祯的《农书》，后在研读美国J.A.威特索耶（Widtsoe, J.A.）《旱地农业》过程中，将《齐民要术》作为旱地农业的经典来校订、研读。1944年刊印出《校合<齐民要术>》卷一，由西山武一和刘春麟执笔。其《序记》提到后汉许慎《说文解字》的研究能发展成为"许学"，后魏郦道元《水经注》的研究被称为"郦学"，而《齐民要术》则千余年没有碰到这种"运气"。并指出："近十余年来，对《齐民要术》再认识的重要性已渐渐为先知先觉者所注意，实应庆幸其为贾学开运的发端。"这是"贾学"见诸文字的最早记录。第二次世界大战后，西山武一等返回日本。他们仍热衷于《齐民要术》的传播与研究。西山武一于1951年完成《齐民要术》一、二、三卷的日译，1953年完成四、五、六卷的日译。熊代幸雄1953年译完卷七、卷八，1956年译毕卷九。1957年、1959年分别出版了《校订译注<齐民要术>》上、下册（农业综合研究所）。

　　据西山武一的友人齐卉之教授在《中日两国农学者的友情》（《人民中国》1963年6月号P.60-61）一文中回忆称：西山武一在1940年前后就着手研究"贾学"，而正式在书面上提出"贾学"是1944年，西山武一对《齐民要术》给予高度评价，利用当时在北京大学农学院农村经济研究所工作的有利条件，接触到了《齐民要术》的各种版本，又专程前往贾思勰为官当高阳太守的山东省淄博市的临淄去作学术调查。西山教授还与金泽文库协商，将《齐民要术》北宋写本的影印版寄给了石声汉教授。此前，石声汉教授是通过友人介绍，先与天野元之助教授建立书信来往的，1957年初，把自己的《从<齐民要术>看中国古代的农业科学》一文寄给了天野元之助教授征求意见，经天野元之助介绍，才与当时的鹿儿岛大学西山武一教授建立了学术联系。

　　西山武一教授，以研究中国古代农业著称，在《齐民要术》研究中，与中国的相关专家学者联系非常密切。1955年，《齐民要术》校注工作开始后，为搜集尽多的校勘用善本，石声汉了解到日本金泽文库

（皇家图书馆）藏有一部北宋年间的手抄本比较完整，1957年3月，他就给日本友人西山武一去信请求帮助，西山武一从他自己仅存的两部影印本中抽出一部寄赠给石声汉。1957年12月，石声汉校注完成的《齐民要术今释》第一册正式出版。他把这本书寄赠给日本朋友西山武一。当时他还不知道这位日本著名的汉学家和中国农业科学史专家正在与另一位日本汉学家合作校勘《齐民要术》，并拟以日译本出版。西山武一等收到赠书后，对石声汉极表称赞，并指出"今释校注严谨，不但是'贾学'（即对贾思勰所撰《齐民要术》的研究）之幸，且有助于日中文化交流"。同时还特别说明，他们校勘《齐民要术》的工作暂时停止，等待石声汉的今释本出版后，将参考进行修订，再行出版（图2-57）。1958年5月，《齐民要术今释》第三分册出版后，西山武一等才完成了他们的校注翻译。

1964年4月，西山武一写信给石声汉，表示希望在9月到北京参加世界科学讨论会后能去武功向他请教，并提议于1965年召开一次中日两国农学研究者关于中国古农书的讨论会。石声汉认为这正是向国际显示我国古农学研究力量和成果的好时机。他先后给国务院秘书处和西北农学院党委写信，情真意切地呼吁："尽快组织国内专家，建立我国自己的农学史研究中心，迎接日本人的挑战。"石声汉将农史学研究视为一场捍卫民族尊严和荣誉的战斗，尽全力投入。"忘其疲，忘其病，也忘其老。"（梁家勉、石声汉《农史论选集》序，见：梁家勉主编，农史研究，第4辑，北京：农业出版社，1984.）为之付出了一腔心血，也赢得了国内外学术界的敬重。

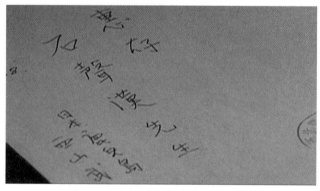

图2-57　西山武一与石声汉的通信

　　虽然西山武一与石声汉都为各自国家研究《齐民要术》的翘楚，但各自都时时保持着虚怀若谷的学者风范，互相尊重，在20世纪50年代和60年代初期，为了研究古农书，西山武一教授、与西北农学院（现西北农林科技大学）的石声汉先生等中国相关学者建立了良好的学术交流关系，互相赠送新著，所需研究资料互通有无。互相开诚布公地对著作中偶尔出现的小小错误提出指正意见，提者直接了当，受者闻过则喜。如此学者风范，堪称学坛佳话。现举小例几则。

　　（1）1955年，石声汉的《齐民要术》校注工作开始后，为搜集尽量多的校勘用善本，石声汉了解到日本金泽文库（皇家图书馆）藏有一部北宋年间的手抄本比较完整。他就给日本友人西山武一去信请求帮助。西山武一从他自己仅存的两部影印本中抽出一部寄赠给石声汉。并在来信中对于中国人不注意"贾学"的研究表示遗憾。这对于民族自尊心极强的石声汉先生是莫大的刺激。他忘寝废餐加紧工作，克服疾病缠身和研究中的重重困难，只用了不到三年时间就完成了97万字《齐民要术今释》，并以四个分册连续出版。为了中日文化交流，为了感谢寄赠《齐民要术》影印本，为了回复西山武一教授善意的批评。他把新出版的《齐民要术今释》第一分册寄赠。西山武一收到后十分高兴，回信中高度评价石注释本校勘精细慎重，注释内容独特，并说"这不但是'贾学'之幸，而且有助于今后中日之间的文化发展与交流。"

　　（2）1957年12月，石声汉校注完成的《齐民要术今释》第一册正式出版。他把这本书寄赠给日本朋友西山武一。当时他还不知道这位日本著名的汉学家和中国农业科学史专家正在与另一位日本汉学家合作校勘《齐民要术》，并拟以日译本出版。西山武一等收到赠书后，对石声汉极表称赞，并指出"今释校注严谨，不但是'贾学'（即对贾思勰所撰《齐民要术》的研究）之幸，且有助于日中文化交流"。同时还特别说明，他们校勘《齐民要术》的工作暂时停止，等待石声汉的今释本出版后，将参考进行修订，再行出版。1958年5月，《齐民要术今释》第三分册出版后，西山武一等才完成了他们的校注翻译。

　　（3）1958年石声汉教授致西山武一教授的信（摘引）（参见渡部武：贾学的创始者们，石声汉教授纪念集，1989：41～46。）

西山武一教授:

去年拜奉，尊译齐民要术上册，甚为感谢。所引拙稿，殊蒙推奖，惶愧惶愧。拙作《齐民要术今释》已于去年十一月全部脱稿。第一分册已印行，前曾寄呈两本，第二分册（卷4—6）预计三月发行；第三分册（卷7—9）正在"Proof—reading"中，大致五月可印出；第四分册（卷10）大致四月或五月可以read the proof。如有需要，可以考虑在五月间将第四分册之Proof Sheets寄上一份备参考。……唯仍望保持联系。

尊译244，"*[月+臣]"字作"副肾"未合。

"*[月+臣]"或"胰"，即日本之"*[月+革]脏"。

石声汉拜启

1958／1／20

原日本农林水产省综合研究所所长神谷庆治教授，1957年3月在为西山武一和熊代幸雄教授《校订译注·齐民要术》的"序文"中写的四段评论非常中肯和深刻。

"与其说西山和熊代两位先生历经18的努力，其毅力真正是超人的，还不如说呈现着两氏切切孜孜的身影。"（"両氏の十八年の努力は正に超人的であるというより他はないが、切々孜々たる両氏の影"）

"《齐民要术》至今仍有惊人的实用科学价值"（"本書は実用科学的価値が、驚くべき程高いこと"）。

"即使用现代科学的成就来衡量，在《齐民要术》这样雄浑有力的科学论述前面，人们也不得不折服。"（"現在の科学をもつてしても、要術は雄辨に物語る本筋の科学技術の前には、頭を下げざるを得ない問題にぶつつかるであろう。"）

"在日本旱地农业技术中，也存在春旱、夏季多雨等问题，而采取的对策，和《齐民要术》中讲述的农学原理几乎完全一致，如出一辙。"（この畑作農法に起って来る重大な斜面に、春旱、夏雨の問題がある。これへの最先端の農法の理論構造は、要術農学と完全に歩調を一にしているという驚くべき事実である。）

西山武一教授在《亚洲农法和农业社会》（东京大学出版会，

1969）的后记中写道："《齐民要术》不仅是中国农书中的最高峰，也是最难读懂的农书之一。它宛如瑞士的高山艾格尔峰（Eiger）的悬崖峭壁一般。不过，如果能够根据近代农学的方法论搞清楚其书写的旱地农法的实态的话，当明白'锄'一字的真正含义时，那么《齐民要术》的谜团便会云消雾散了。"（"[齐民要術]、一方では「農書中の最高峰」と評され、他方では「最難読書の一」と評される[齐民要術]は、あたかもアイガーの絶壁のようにわれわれを威圧していた。それを、われわれが、とにもかくにも、近代的理解の及ぶところまで近づけることができたとすれば、ひとえに、われわれが、その書の背景に、すなわち、日本と異なり華中南と異なる華北独特の乾燥風土風土に着目し、ここを「要術難読」の謎の結び目と見定めたことにかかっている。「锄」の一字の真の意味がわかるとき、[齐民要術]を包んだ謎は雲散霧消する。"）

3. 熊代幸雄（Kumashiro, Yukio）

熊代幸雄（1911-1979），原日本宇都宫大学农学部教授，是日本研究中国农业历史和《齐民要术》的知名专家和学者，20世纪40年代北京大学农学院《齐民要术》轮读会骨干会员。其代表性研究成果是与西山武一共同校订译注的《齐民要术》（东京大学出版会，1957）（图2-58）。西山·熊代氏的《校订译注齐民要术》首次出版时，上册（1957年出版）由西山武一完成，下册（1959年出版）由熊代幸雄完成，其间，与石声汉教授多次书信切磋交流，《校订译注齐民要术》也倾注了石声汉教授的心血，书信交流不断，石声汉教授的《齐民要术今释》对西山·熊代氏的《校订译注齐民要术》帮助极大。数十年来，中国学者与日本学者在《齐民要术》整理、校注、译释、研究中，充满友好的交流、合作，像石声汉《齐民要术今释》和西山·熊代氏的《校订译注齐民要术》这类同时攻关、内容相近的课题、项目，真如学术竞赛一般。1959年1月，熊代幸雄在《校订译注齐民要术》的"译者后记"中写道："像是从东西两侧攀登同一座大山，出乎意料地在山顶相会了。对石教授二十多年的努力和高见表示敬意"（"同じ山岳の東西からの攀者

が、図らずも山頂で相会したかたちである。石教授の二十数年に及ぶ
努力と高解に敬意を表する"。)

　　比较农业研究是熊代幸雄教授的专长，非常著名的著作是《比较
农业法》（熊代幸雄，御茶水书房，1969）。1954年熊代幸雄撰出
《有关旱地农法的东洋和近代的命题》（日本宇都宫大学学术报告特辑
〈1〉），熊代幸雄把《齐民要术》中旱地耕、耙、播种、锄治等项技
术，与西欧、美洲、澳大利亚、苏联伏尔加河下游等地的农业措施，作
过具体比较，肯定《齐民要术》旱地农业技术理论和技术措施在今天仍
有实际意义。

图2-58　西山武一、熊代幸雄共同校订译注的《齐民要术》

　　熊代幸雄教授学贯东西，知识博大精深，所著颇丰，有关《齐民要
术》和中国农业史的研究成果非常多，如果打开日本著名搜索引擎http://
www.searchdesk.com和日本国立情报学研究所网站http://ci.nii.ac.jp搜索
"熊代幸雄"的话，下列研究成果会立刻显示出来：

　　齐民要术の日中の今釈について，熊代幸雄[著]，[アジア経済研究
所]，1971.

　　齊民要術：校訂譯註，賈思勰撰，西山武一、熊代幸雄訳，アジア経
済出版会，1984.4第4版；

比較農法論：東アジア伝統農法と西ヨーロッパ近代農法，熊代幸雄著，御茶の水書房，1974.6第3刷.

中国農法の展開，熊代幸雄，小島麗逸編，アジア経済研究所1977.2，アジア経済調査研究双書，238。

熊代幸雄先生の学風とその業績，渡辺信夫，中国研究月報（378），34-37，1979-08-25.

熊代幸雄作为日本有名的农业经济学家，主要从事比较农业史的研究。曾与西山武一合译《齐民要术》，代表作是《比较农法论》。他与小岛丽逸合编有《中国农法的展开》一书。他在《比较农法论》中写道：

"对农法应是从阶段与类型两个侧面来掌握，而更便于领会其在时空两者应处的地位及维度"。

关于旱地农业和湿润农业，在农学领域里有各种提法。欧美之农业基本上属于旱地农业。据美国Utah大学的J.A.Widtsoe教授在1910年所下的定义，"据现代的解释，干燥农法（Dry—Farming）就是在降雨量二十英寸或者在其以下的土地上，实行不灌溉而以常利为目的的生产有用作物的农业"，依日本熊代幸雄教授的见解，中国传统的旱地农法（"农法"为日本学术界惯用的术语，意思近于农耕方式）——亦即以《齐民要术》所代表的农法——跟欧美的近代旱地农法（Dry—Land-Farming）或干燥农法相比较，二者都以保墒为基本原理，所不同的是，欧美的近代旱地农法是以营利为目的之机械化农业，而中国传统旱地农法是以畜力和手工操作为主的精耕细作的农业。

关于中国的北方旱地农法同南方湿润农法或水田稻作的关系，熊代幸雄和西山武一两位教授的见解是基本上一致的。他们都认为中国北方旱地农业的集约、手工操作的基本原则贯穿于中国南方乃至整个东亚的湿润地区水田稻作里面。依西山教授的说法，北方旱地农法集约手工操作的原则，转移到南方的水田稻作里来，脱胎换骨，由"耕耘就是湿润"（Tillageis moisture）变质为"耕耘就是肥料"（tillageis manure）。按所谓"集约.手工操作的原则"指的就是我国传统的"精耕细作"。又，Tillageis moisture意即我国谚语说的"锄头底下三寸泽"。

以上熊代、西山两位教授的见解可以说相当精辟。可是北方旱地农业也同样重视培肥土壤,历史上其施肥技术也在进步。我们应该这样理解:就是说,不分南、北方,或不分旱农、泽农,精耕细作是中国传统农业的精髓,这是第一个层次;而北方旱地农业相对地注重保墒,这是第二个层次。这样,中国传统农业(或传统农法)这一概念就统一起来了。

熊代幸雄教授曾与小岛丽逸合著《中国农法的展开》,农法的概念是日本人首次提出的,主要是指农耕方法以及农耕方式;但它除探讨人们有关土地利用的技术和经济活动外;也涉及影响栽培技术的因素和其他一些同经营管理有关的经济条件,以及农业生产物的利用方法等。其第一章是《论中国旱地农法中精耕细作的基础:兼评它在世界史上的意义》,涉及《齐民要术》的观点非常之多,摘要如下:

"依据中国框型犁而形成的犁耕农法,很早就在年降雨量500~600毫米的干旱地区出现。把这样旱地农法加以定型化了的是在六世纪前半叶问世的《齐民要术》。上述的作物交替轮换方式在该书里也得到了体现贯彻。'岁易'的'易'字含义,已不是中国古代实行过的'易田'(指土地利用时的交替乃至休闲),而应转义理解为种植作物的相互交替。

在《齐民要术》阶段的耕地(有别于施行灌溉的园圃,这里是指地下水位较低的旱田),做为谷类作物前茬的那些交替作物,主要是绿肥和豆科作物。舍饲或养畜业几乎是和作物交替方式同时也趋向定型化了的。施肥的基础较为狭隘,通常只限于专门种植商品作物的园圃。当部分原来栽培在园圃里的作物,也就是说,由于广泛而较多的需求,促使一些集约茎叶作物(如大麻、瓜以及其他油料作物等),也会改种到原来只种植谷类作物的大田里来,这时的前茬作物经常有可充作轮茬作物的绿肥,并在大田中开始出现了施肥的现象。《齐民要术》的卷头《杂说》就已有对谷类作物施肥的记载。总之和施肥范围的扩大相适应,把前茬作物的绿肥加以省略,而通过施肥来种植集约茎叶作物,再进而对谷类作物也施加肥料,而使这些谷类作物的种植周期循环更为缩短,这样就把前茬绿肥—谷类作物的种植顺序,改变成伴随有施肥的谷类种植。由于作物类别的周期缩短,这就意味着有可能从作物轮换交替方式过渡到谷物施肥连作方式(即在施加肥料的前提下,同一块地里可连年种植谷类作物）。可见这种施肥连谷种植方式，明显地是从作物轮换交替方式演变而来的。

作为东亚、中国农法特征的这一施肥连谷方式，不仅提高了土地利用率，而且也成为开展多熟种植的转机。和人力、中耕的耕耘集约化相适应，追肥也普及到了谷类作物的种植，再加上间混作和移栽方式的补充加人，使土地利用达到了相当高的程度，也就是说能最大限度地来有效的利用空间。

以人力操作的耕具（镢、锹等）来补充犁耕的这种用框型犁的条播、中耕农法在深耕性上虽有缺点，但却能以精细的耕耘，通过精耕细作来使耕地尽量扩大，在这基础上再开展集约的农法。限于框型犁的耕耘性能，人力操作的耕具不仅起了补充的作用；有时甚至竟代替了犁。这就是在犁耕的深度达不到要求时，就径直用镢或锹来刨挖。

西欧以小麦为例，在以小麦为主粮的英格兰，这一比值在中世纪是略小于4，到了近代则提高到11~16，也就是说，每公顷的播种量为200千克左右，产量则在700~2800千克。

与此相对应，在6世纪前期中国华北的旱地农业生产，小麦与粟的播种量相近，每公顷都是200千克左右，但缺少精确的产量的记载。但如前茬为绿肥时，则做为主要谷物的粟，每公顷播种量虽仅为200千克，但产量却可高达4万千克。即使在最差的土地，每公顷也能收5 000千克。粟的比率倍数如表所记，当为200倍，有关麦类的数据有稞燕麦每公顷产量约为14 000千克，和瞿麦约40 000千克的记录，如折算成比率倍数，前者为44倍，而后者竟达200倍之高。

总之，在中国如以《齐民要术》所载的比率和单位面积产量的数据，与欧洲相比则高出10倍以上。水稻是以太湖南岸的桐乡县为例，用明末的《沈氏农书》和做为它的补充《补农书》，以及可反映同处情况的方志《海盐图经》等书中的有关数据加以推算出来的，即通常每公顷播种量是125千克（约合1 500~1 8000千株），产量是4 200~8 400千克，两者相比是30~60倍。又据陈恒力《补农书研究》中的分析，清代和民国时期的生产水平都低于明末，这是和当地农业生产的重点发生了变化，转以蚕桑为主有关。新中国成立后到了第一个五年计划实行时期，才又恢复到明宋的水平。

中国旱地农法中的谷类种植集约化的这一传统，是在相当恶劣的栽培条件下，沿着竭尽人力所能最大限度地来维持人口及生活要求的这个方向发展起来的。依据欧洲的农法，中世纪的产量与播种量的比率虽然仅为3-4倍，但它却是向着和耕种与谷物相比，而更多的依赖于家畜育成比率的方向前进的，从而显示出它是有畜农业的这一特点。这也是东亚、中国从大田耕圃的直接产物中来摄取为营养所必需的糖类、蛋白、油脂等，从而形成以'曲'为特点的文化类型，并在这一基础上展开的农耕文化的终极原因。

综上可见，中国旱地农法是可把水田农法也包括在内的中国农法发展的原始型态和动力。这些基本特点，对在极度恶劣条件下推行的现代旱地农法，即使从整个中国范围来评价，也是应该予以肯定的。旱地农法的精耕细作传统在山区农业及其限界条件下，在从事耕作时又有所发挥的事例颇多。

熊代幸雄教授的英文水平在日本相关学者中屈指可数，与中国的石声汉教授一样，擅长于用英语撰写本专业的研究论文，同样的研究成果，用英文撰写与用母语撰写在欧美的影响力、与世界的相关研究的接轨与沟通，效果大不一样。熊代幸雄教授在西山武一与熊代幸雄共同编译的《校订译注齐民要术》（亚洲经济出版会，1957）著作中，撰写了"Empirical principles of Dry-Land-Farming in the 'Chi min yao shu' compared with the modern experimental principles，By Dr.Y.Kumashiro"（旱地农法中东洋的与现代的命题），这一论文使西山武一与熊代幸雄共同编译的《校订译注齐民要术》，在西方更加有名，白馥兰（Bray Francesca）在李约瑟指导下进行的《齐民要术》，除了参照石声汉的《齐民要术概论》英文版以外，也参考了熊代幸雄教授的校订译注本及本篇英文论文。熊代幸雄教授与中国农业大学的董恺忱教授学术交往密切，由董恺忱教授译成的熊代教授的中文论文在中国传播很广，篇数也多，其中，《论中国旱地农法中精耕细作的基础》（熊代幸雄著、董恺忱译，《中国农史》，1981年第1期），基本都是分析讨论《齐民要术》的旱地耕作体系，被广泛引用和被读者所熟知。

4. 渡部武（Watabe, Takeshi）

图2-59 渡部武教授在东海大学作学术报告

渡部武（1943-）（图2-59、图2-60），1943年出生于东京，1971年毕业于早稻田大学大学院博士课程，任安田学园教谕，日本东海大学文学部东洋史研究科原教授，日本著名中国农业技术史、文化史研究专家，日本"天野本研究会"骨干会员。1943年生于东京，早稻田大学博士课程毕业，现任日本东海大学文学部特任教授、中国农业博物馆外聘教授，中华农业文明研究院咨询委员会外籍主任委员，曾任东海大学东洋史研究室资深教授、文学部学部长。长期从事中国古农书、农业技术史和西南民族传统文化与生活技术研究，著述丰厚。代表作有：《东西文化交流史》（雄山阁），《中国前近代史》（雄山阁），《中国正史的基础研究》（早稻田大学出版部）。

图2-60 渡部武教授在给学生上《中国农业技术史》课

　　无论在日文还是中文网站，搜索"渡部武"，其《齐民要术》著书和学术论文非常之多，如渡部武《贾学的创始者们》（石声汉教授纪念集，1989：41～46），渡部武《石声汉教授对中国古农书研究的成就及其对日本汉农学界的深刻影响》（农业考古，1986<1>：413～417）。渡部武《中国の稲作起源》，六興出版（与陈文华氏共同编著，1989年），《中国の甘藷栽培技術書が日本に及ぼした影響について》，（周一良先生八十生日紀念論文集，社会科学出版社），《東アジアにおける甘藷栽培技術書の成立とその書誌学的研究》（平成34年度文部省科学研究費補助金、一般研究C報告書），《天野元之助と中国古農書研究》（2003年，日本経済史研究所開所70周年記念論集；経済史再考，思文閣）等。

　　出于对《齐民要术》及中国古农书的热爱，渡部武教授对中国的相关来客每次都给予热情接待，2011年11月10日，北京故宫博物院研究所罗随祖先生一行四人，造访了日本东海大学东洋史学科渡部研究室，罗随祖是中国收集、回归、保存《齐民要术》残本的有功之臣、在中国古代史研究上很有造诣的罗振玉（1866-1940）的孙子，渡部武主持学术交流研讨会（图2-61），也让学生们与罗随祖先生交流互动。早在1911年，罗振玉到日本，曾往访高山寺，并据高山寺藏本影印，题《北宋齐民要术残本》，包括《齐民要术》的卷五、卷八（缺最后半页）。罗振玉以高山寺藏本校对当时较为流行的中江権署刻渐西村舍本，于第八卷即发现"讹夺至众"，第五卷更是"尚多桀误"。1914年罗振玉在日本，借高山寺本用珂罗版影印，编入《吉石庵丛书》中，院刻残本始得流通。罗振玉，江苏淮安人，祖籍浙江上虞，清末奉召入京，任学部二等谘议官，后补参事官，兼京师大学堂农科监督。1890年，罗振玉在乡间教私塾。甲午战争之后，他深受震动，认为只有学习西方才能增强国力，于是潜心研究农业，与蒋伯斧于1896年在上海创立"学农社"，并设"农报馆"，创《农学报》，专译日本农书。自此与日本人交往渐多。1898年又在上海创立"东文学社"，教授日文，与梁启超齐名的大学问家王国维便是东文学社诸生中的佼佼者。《齐民要术》北宋崇文院刻本，孤本残卷现存日本，有杨守敬影描本，存北京中国农业科学院图书馆。1914年罗振玉将杨守敬影描本以珂罗版印行。

图2-61 渡部武主持学术交流研讨会让学生们与《齐民要术》
回归收藏有功之臣罗振玉之孙罗随祖先生交流互动

　　渡部武对中国的贾学创始者们特别尊重和敬仰（图2-62），对《齐民要术》研究的佼佼者"东万"、"西石"、"南梁"、"北王"可以说是顶礼膜拜。渡部武曾以《贾学的创始者们》为题著文说，"特别使我感到要拜读石声汉先生著作的原因还有一个，那就是先生做学问的方法论中继承了明清以来的考证学。……石先生虽然是生物学专业的自然科学家，然而，据说对汉代的《焦氏易林》古音韵作出了出色的研究，先生真是农书研究的最适人选，其文本校勘工作非常严谨。……（古书）其中的误写，由于石先生的严密校勘而得以订正。……石先生的最大功绩可以说是这本《齐民要术今释》。……在中国以石先生为首，万国鼎、王毓瑚、梁家勉、李长年、缪启愉等各先生进行了'贾学'的开拓工作……不远的将来，由于后人的努力，在石声汉先生开拓的'贾学'土壤中必将获得丰硕的果实。""石声汉教授的《中国古代农书评介》提供了中国古农书的便览，不能不使我们衷心感谢。"这位日本汉农学家还把石声汉注释的《四民月令校注》《中国古代农书评介》译成日文出版。渡部武教授还惊叹石声汉在《齐民要术今释》中所体现的"作为自然科学者所磨练的分析能力，不随从别人而展示独自的境地。"尊石声汉为"使用现代科学方法分析《齐民要术》内容的先驱者。"

图2-62　石声汉著《中国古代农书评介》渡部武译为《中国农书述说2100年》，在日本东京思索社出版

　　渡部武教授始终高度评价《齐民要术》，他认为："《齐民要术》真可以称得上集中国人民智慧大成的农书中之雄，后世几乎所有的中国农书或多或少要受到《要术》的影响，又通过劝农官而发挥作用。""《齐民要术》是中国古农书的最高峰。"2009年10月，日本秦汉史研究学会第21次大会"战后秦汉史研究的总结与展望"主题研讨会在静冈大学召开，渡部武先生在研讨会上发表了《关于中国古农书和传统农具研究的回顾与展望》（中国農業史研究の回顧と展望—中国古農書と伝統農具研究を中心として）的纪念讲演，从中国古农书研究的历程、图像资料和中国农业史的研究、中国传统农具调查三个方面对中国农史、中国古农书及代表作《齐民要术》等的研究作了全面的分析和解读，堪称掌握中外相关研究的中国通和《齐民要术》通，在《齐民要术》相关研究的分析中，渡部武从中国古农书的系统和分类、从《齐民要术》看日本与中国的古农书研究、日本、中国和欧美的研究者及成果方面进行了详尽的总结和表述（图2-63）。

图2-63　郭文韬著《中国传统农业与现代农业》，渡部武译为《中国农业的传统与现代》，在日本东京农文协社出版

　　渡部武教授曾是日本"天野本研究会"骨干会员，渡部武教授对天野教授极为崇拜和尊重，有很深的感情，他说："天野教授是日本研究《齐民要术》的最具代表性的权威人物。天野先生去世之前一年即1979年，以农林省农业综合研究所中国研究室的山本秀夫和亚洲经济研究所的小岛丽逸（现大东文化大学教授）为中心，成立了《天野本研究会》，通常称为天野读书研究会，通过精读天野氏的著作，如《后魏贾思勰齐民要术的研究》《中国古农书考》等，开始对中国古代和近代农村社会进行再探讨和重新论证。现在，《天野本研究会》继续由东京大学社会科学研究所的田岛俊雄教授和流通经济大学的原宗子教授承办，展开了新的活动"。

　　渡部武说："1987年，我作为海外研究员滞留上海复旦大学时，与田岛俊雄教授住在同一间宿舍，被邀请参加这个研究会。归国后，参加每月一次的《天野本研究会》，虽然是中途加入，但总算读完巨著《中国农业经济论》。这个轮读会的形式是尽量搜罗天野先生所用资料的原始出处，从中体会天野氏的论证过程，并加以评论。通过参加这个轮读会，我掌握了天野氏研究方法的一部分，获益匪浅。我期待能在不久的将来由适合的研究者做出对天野先生所有业绩的解说评价和对天野先生本人的评传。为了纪念天野先生，我写了《天野元之助博士的留给我们的礼物》、《天野元之助与中国古农书研究》两篇文章，有幸的是，我也曾是天野研究轮读会成员、参加了该会十分有意义的学术活动。还被南京的中国中华农业文明研究院聘请为外籍学术咨询委员会委员，我感到十分光荣"。

确实，中国各地留下了渡部武教授不知疲倦的忙碌身影，到处都有渡部武先生精彩的学术报告，近年他把时间和精力主要放在了云南。除了用书信与中国相关学者来往以外，还借每次访华机会专程来北京、南京、广州、武功、上海、成都、重庆、昆明等地与中国同行密切交流，在缪启愉教授健在时，渡部武教授还多次前往南京农业大学，与缪启愉教授切磋中国水利史研究中的学术问题。2010年，渡部武教授又前往曾经学习过的复旦大学，在历史地理研究中心作了精彩的学术报告。

渡部武教授不但对中国《齐民要术》相关学者热情接待，对欧美的农业史学者也相敬如宾。法国的社会科学高等研究院（EHESS）的弗朗西斯·萨班教授（Francoise Sabban）是中国、欧洲古典美食专家，给渡部武与弗朗西斯·萨班作交流翻译的是同一个研究院的日本学专家费许尔（Charlotte Von Verschuer）女士，萨班教授主要从事宋代史及中国饮食文化的研究，欧洲的饮食文化研究造诣也很深，特别对通过复原中世纪的食谱和料理，融入烹饪实际来取悦客人的课题非常感兴趣，她丈夫瑟文迪（Silvano Serventi）也对欧洲文化史和饮食文化特别感兴趣，夫妇共同关心的课题有两项成果：《The Medieval Kitchen. Recipes from France and Italy, 2000》（中世纪的厨房：来自法国和意大利食谱，2000）、《Pasta.The Story of a Universal Food, 2002》（面食：最普通食物的历史，2002）。另外，萨班教授也精通古汉语，对晋代束皙的《饼赋》有详细的研究，但最终目标是想把《齐民要术》中饮食文化的有关章节译为法文。近年，她作为日法会馆的馆长访日，收集了日本关于《齐民要术》研究的的相关资料，还努力策划更大规模的饮食文化研讨会，成功完成重任后2008年秋天回国，回国前，渡部武教授带领萨班夫妇共同访问了位于横滨的金泽文库（图2-64）和位于京都的高山寺，在名库和名寺中，萨班教授看到了《齐民要术》的高山寺本和金抄本，感到非常的高兴。期待着几年后《齐民要术》的部分法文翻译就能出版发行。

图2-64　金泽文库新馆　地址：神奈川県横浜市金沢区金沢町142

5．田中静一（Tanaka Seiichi）

田中静一（1913-2003），1913年出生于广岛县，在日本力行会海外学校学习农业和语言学，1941年来中国东北从事地区食物资料与加工利用的调查研究工作，自来到中国直至终战，在满洲担任营养指导和中国食品研究，次年1942年即有《满洲野菜读本》、《满洲野菜贮藏加工读本》、《满洲食用野生植物》等出版。其后，田中先生一直致力于食文化和日中食文化交流的研究工作。战后在东京生协联担任事务局长，中国研究所所员，2003年在东京去世，终年90岁。

日本雄山阁1989年出版了田中静一、小岛丽逸、太田泰弘共同编译的《齐民要术，现存最古老的料理书》（图2-65），其中对农、副、畜产品的加工，酿造和食品加工用日文作了详尽介绍。日本最著名的食书出版机构东京柴田书店分别于1987年、1991年出版了他的力作《一衣带水：中国料理传来史》（图2-66）、《中国食物事典》（图2-67）。田中先生在日中两国食文化界均享有很高声誉。几乎可以说，任何一个对中日饮食文化交流史和两国食文化往来感兴趣的人，都会对田中静一先生有所知闻。甚至也可以说，是否读过田中静一先生的书，是能够作为中国当代食文化研究者阅历程度与学科深度如何的一种界标的。

图2-65　田中静一、小岛丽逸、太田泰弘共同编译
《齐民要术，现存最古老的料理书》雄山阁出版（旧版）

图2-66　田中静一著《一衣带水:中国料理传来史》

图2-67　田中静一编著《中国食物事典》

田中静一在《一衣带水：中国料理传来史》中正确的指出：整个20世纪80年代以前，所有中国大陆、港、台以及日、韩等更广阔世界范围中国食文化研究者，都无一例外没有提供时限比第二次世界大战结束更早的"满汉全席"出典文献依据资料。他冷静而正确的指出：20世纪60-70年代中国香港、澳门及台湾、日本、新加坡、中国大陆、韩国等国家和地区餐饮业鼓噪流行的所谓"满汉全席"是中国历史上并不存在的"虚妄的饮食"。配合并事实上起着支撑餐饮业"虚妄"创造作用的，是研究者们的无根据、无限张大的"虚妄"研究。这种严肃科学的研究态度和正确的结论，在研究者们对"满汉全席"问题整体迷失的时态中，是极其难能可贵的。它表明了一个学者学术精神和学术作风的严肃纯正，而这一点，恰恰是中国当代学林最匮乏因而最可珍贵的，田中静一先生是我们的榜样。

日本国筱田统先生、韩国李盛雨先生分别是两国食文化研究开拓人，20世纪中期即以食学辉煌成果播誉世界学林，均为大师级学者，分别于十余年前逝世。两位大学家不仅是各自民族国家食学的开拓者、奠

81

基人、大师，而且同时也是中华饮食文化研究的开拓者、奠基人和大师级学者。20余年前，有关学者在谈到中国饮食文化研究发展经历过的历史过程时把这一研究过程概括为4个历史阶段：20世纪以前忽略研究阶段，20世纪40年代以前的初略涉及阶段、20世纪40年代至70年代"海外瞩目，先著一鞭"的近现代研究兴起阶段、20世纪70年代以后以中国大陆研究者队伍为主体群开始形成以来的阶段。其中第三个阶段是具有决定意义的，中国大陆研究者正是继海外研究者之后，并最终与海外研究者汇合一道形成了中华饮食文化研究的庞大的跨国研究队伍，研究领域不断扩大，研究成果日积月累，中华饮食文化研究的时代文化热潮很快形成。

　　田中静一先生是可以与筱田统先生、李盛雨先生并列于这个历史阶段前沿的三位最伟大的中华食文化学家之一。中国饮食文化学者和中日文化交流学界会永远敬仰怀念田中静一先生。

图2-68　田中静一、小岛丽逸、太田泰弘共同编译
《齐民要术，现存最古老的料理书》雄山阁出版（再版）

田中静一是中日饮食文化交流史研究的开拓者，他对于中国饮食文化传播、尤其是日本接受中国饮食的史学研究所作的贡献表现在基础史料的整理编辑、工具书的编撰和全面的研究等方面，《一衣带水—中国料理传来史》既是他的代表作，也是封山之作。

无论是在中国还是在日本，很久以来，饮食文化研究往往作为文史学者的副业偶尔为之，主攻饮食文化的学者屈指可数，至于饮食文化交流的研究者更是凤毛麟角，田中静一先生（1913-2003年）就是一位以中国饮食文化为研究基盘，致力于日中饮食文化交流研究的代表性人物。以饮食文化研究著称的文化人类学教授、日本国立民族学博物馆前馆长石毛直道博士评价道："田中先生最谙熟中国的食物及其历史，从古代菜肴到面条，通俗易懂地总结了饮食的日中文化交流史。"

田中先生毕业于日本粮食学校罐头科和营养科，年轻时在中国东北研究食物，著有《满洲蔬菜读本》（国民画报社，1942年）和《满洲蔬菜储藏加工读本》（国民画报社，1943年），与清水大典合编《满洲食用野生植物》（国民画报社，1943年）等。田中先生对于中国饮食文化研究所做的贡献是多方面的，首先就是最基础的史料整理方面。他与另一位中国饮食史研究者筱田统博士把自己收集的中国古代饮食关联文献汇编为《中国食经丛书》（东京·书籍文物流通会，1972年），首次对于中国古代饮食文献作了大规模的整理，为研究者提供了方便。同时，田中先生也致力于中国古代饮食文献的研究，著有《中国古代食经一览——南朝、隋、唐》、《江户时代的中国料理书12种》、《日本最初的中国料理书》等（在本书提到的文章，除了特别注明出处的以外，均收录在《一衣带水—中国料理传来史》里，请参照）。另外，在《料理书及关联书籍部分》、《<古今图书集成>食货典饮食部中两次以上引用书名》、《茶书部分》、《酒书部分》中，对于中国历史上的饮食著述作了统计。他不仅自己在日本整理饮食文化的基础文献，对于中国的相关工作进展也非常关心，在《关于中国烹饪古籍丛刊》一文中，对当时中国商业出版社《中国烹饪古籍丛刊》中已经出版的特点作了如下的总结：①全部有注释，部分有现代汉语译文；②包括了日本比较少见的一些清代文献；③收录了饮食类以外的饮食关联文献；④价格低廉，但是简体字排印使得不懂中国语的日本人难以利用。

筱田统先生的中国饮食文献研究也非常著名，著有《食经考》（《中国中世科学技术史研究》，角川书店，1967年）、《近世食经考》（《明清时代的科学技术史》，同朋社，1970年）。两位中国饮食文化研究大家的中国饮食文献研究并不冲突、重复，相比之下，田中先生的研究着眼于日本保留的中国食经，这点恐怕是他的研究视点上的最大特色。就拿《中国古代食经一览——南朝、隋、唐》来说，他评估了残留在日本的中国古代食经的价值，考察了中国食经流传到日本的状况和保留在日本的中国文化，对于唐代以前的中日交流、中日目录学著作中的食经作了考证与比较研究。在《江户时代的中国料理书12种》中，田中先生对江户时代的12种中国料理书作题解之外，还通过与中国食经的比较，指出其中资料的可贵之处。比如在《唐山款客之式》的解题中，强调了"满汉席"名称的出现早于中国清代李斗《扬州画舫录》中的"满汉全席"。在不属于文献研究论文的《江户时代的中国料理和食品》里，也把文献个性视为重要内容，指出与中国相比江户时代的日本料理书的6个特色：大量的插图本，饮食场所的环境描绘非常细致，记载从客人到来至餐饮结束的整个过程、接待法，详细记载座次，完整记载所有食品的数量和内容，菜名与材料名的日语读法与现代无异。

田中先生的文献研究并没有停留在版本目录学的层面上，在《日本最初的中国料理书》一文中，在研究明治末期的两部中国料理书《日本家庭用中国料理法》和《实用家庭中国料理法》的同时，进一步考察了横滨中华街与中国菜的传人、广东籍华侨在明治时期对于传播中国菜所作的贡献等，伴随着中日建交，中国菜最终被东京接受。这是由文献研究展开的中日饮食交流研究的实例之一，《随园食单》则是在研究饮食文化交流时考察饮食文献的传人与普及所起的作用。田中先生认为昭和初期是日本最终接受中国饮食的时代，中国饮食店繁荣的原因是中国菜味美量大，在经营上有菜馆与面馆两立的特征。因为《随园食单》成了技术指导的重要著作，所以其传人与普及对于中国餐饮在日本的繁荣起到了很大作用。

在日本的中国学界，有特别注重古文献解读的传统，因为这是学术研究的根基，是研究能力的基本标志。鉴于《齐民要术》的有关部分是中国最早的烹饪纪录，田中先生倾注了大量的精力。尽管中日学者的《齐民要术》研究取得了相当的成就，但是仍然没有根本解决难读难懂的问题，尤其是从饮食史的角度上看仍有许多有待进一步研究的问题。于是包括田中先生在内的小岛丽逸、太田泰弘、小崎道雄、佐藤达全、鸭田文三郎、中村璋八、西泽治彦等中国经济、发酵食品学、佛教文化、中国食物史、畜产加工、古汉语、文化人类学等专业的学者聚集一堂，重新译注《齐民要术》中有关饮食部分，他们在田中先生的注释的基础上，分工合作，在1997年由雄山阁出版了《齐民要术—现存最古老的烹调书》。在众多的《齐民要术》注译中，这是唯一一部从饮食角度的研究成果，尤其烹饪技术研究的含量很高，并且确实如同他们在注释之初所期待的，在容易理解上有一定的突破。

与资料集一样，工具书的编撰同样具有学术总结的意义，并且是为后辈同仁提供方便的工作。1970年，书籍文物流通会出版了田中先生等主持编写的《中国食品事典》，因为中日邦交尚没恢复，资料匮乏，存在问题较多。1991年，先生对是书做了全面改订，由柴田书店出版了新版《中国食物事典》。虽说受当时研究水准的限制，存在着一些问题，但是从整体上可以说资料收集得比较完整，除了中国与日本的研究著作，还吸收了一些欧美的研究成果，书末所附参考文献是最切实的证明。26张图、62张表反映了该事典资料性之强；各类目次加上事项、书名、人名索引为使用者提供了极大的方便，证明了编撰者的专业素养。全书分谷物、谷物加工品、豆类、豆类加工品、蔬菜·野菜、菌类、咸菜、果实、家畜·家禽、家畜·家禽加工品、食用野生动物、蛋及其加工品、乳、乳制品、鱼、虾·蟹、贝、藻、水产加工品、油脂、调味料、特殊材料（干货）、药膳原料、香辛料、酒、茶、点心、其他等28类，比较完整地囊括了中国食物。

田中先生对饮食研究所做的贡献是多方面的，在中日饮食文化交流方面的研究尤为学界称道，其中的《一衣带水—中国料理传来史》（柴田书店，1987年）则是他的代表作。从饮食文化传播的角度研究中国与日本饮食的关系是田中先生最具代表性的研究视野，不时把朝鲜半岛的饮食也囊入研究中，使得他的研究成为名副其实的东亚饮食文化交流史课题；他追踪着日本移民的足迹，把研究的视野扩大到了南美，融通古今地探讨饮食文化的传播与受容。因此，除了史学的考察，文化人类学的基本理念与方法也贯穿在《一衣带水》全书中。

在《一衣带水》的前言里，田中先生例举了伴随日本移民在巴西发生的饮食生活等诸方面的变化，如蔬菜的种类和食用量的增加、大米消费的增长、生鱼片的食用、寿司·天妇罗·糯米团·豆腐·咸菜的消费、接受方便面和酱油等。这些现代的文化现象促使他考察古代中国对于日本饮食的影响，在《<周礼>与<礼记>》一文里，探讨了在日本有文字记载之前中国饮食经过朝鲜传入日本的问题。而在《唐代与奈良时代》一文中，则通过分析日本早期的汉文献，考察了从公元645年大化改新到公元794年奈良时代结束这段时期里日本所接受的中国饮食。

田中先生对于日本文献中的中国饮食的研究填补了中国饮食文化史、尤其是中国饮食传播史的一块空白，在这方面的研究不仅有前面提到有关饮食文献的论述，还有大量对于具体食品以及饮食文化现象的考证，如对于《<庭训往来>与<禅林小歌>》这两部早期非饮食类著作所反映的中国饮食作了考证；《长崎的中国料理》着重考察了长崎最具代表性的中国饮食——卓袱料理；《江户时代的中国料理和食品》不仅统计了江户时代所著关于日本的12种中国料理书中的103种中国菜肴和食品，还指出点心数量远远超过菜肴的原因是受材料和调味料的限制。

田中先生的中日饮食文化交流的研究非常全面，从论文题目上就可以充分反映出来，如《大豆和豆腐》《面类的出现和传播》《索饼·素面·馄饨》《酱》《粉·臼·果子》《饺子和拉面》《中国蔬菜的传播》等；不仅仅是食品原料和菜肴，对于茶、酒也给予了很大的关注，专门写了《茶的变迁与接受》、《酒以及酒书》。

在一些研究中，田中先生除了饮食史的检讨，还深入发掘更加深层次的社会原因，超越了单纯饮食史考证的层次。在《明治时代的中国料理》中他首先总结了明治时代中国料理书的5个特征，即江户时代料理书中的菜名、材料名都使用中国名称，而明治时代则使用日本名称；江户时代料理书的作者是武士、学者，明治时代的作者是店主、厨师；与日本、欧美菜相比，中国菜的介绍居次要地位；没有中国菜美味的宣传；没有专门介绍中国菜的书籍。进而指出导致明治时代不重视中国菜的根本原因是，伴随着近代中国的衰落而由欧洲蔓延开来的蔑视中国的思潮，日本开始全面崇拜欧洲。

田中先生所涉及的饮食文化研究课题非常广泛，不愧是日中饮食文化交流史研究的开拓者，《一衣带水》"不仅对于中国饮食，就是对于理解日本饮食也是一部必读书"（石毛直道语）。深入的研究还有待后人的努力，就拿满汉全席的研究来说，虽说从来就受到多方关注，但是自从满汉全席传播到了日本，饮食行业与新闻界的联手炒作使得满汉全席的话题陡然增温，是日本战后中国饮食的一大焦点。这自然引起田中先生的研究热情，作了《满汉全席与饮茶》的研究，简单考证了满汉全席的由来，指出它并非清朝的宫廷菜肴，客观严肃地研究具有正本清源的清凉剂作用。显然这不是几千字所能阐释清楚的问题，之后赵荣光教授作了系列研究，出版了《满汉全席源流考述》（昆仑出版社，2003年），其中也进一步研讨了田中先生的研究成果，将满汉全席的研究提高到一个新的深度。先驱者的研究应该得到充分的利用与尊敬。

田中静一可谓是最早开展中日食物学史专项研究的著名学者。1970年，田中静一在书籍文物流通会正式出版了《中国食品事典》。这是中国食物史上一部很有影响的大书。1972年，田中静一又与筱田统合作出版了《中国食经丛书》上、下册。1976-1977年期间，田中先生监修了《世界的食物》鲜篇）一集15卷，由日本著名的朝日新闻社出版，向全世界发行。该书内容广泛，图文并茂，印刷极其精美，对读者很具吸引力。1987年，田中先生的大作《一衣带水——中国食物传入日本史》由柴田书店出版。该书史料翔实可靠，论述极其严谨，是一部具有很高学术价值的著作。此后，田中先生又于1991年编著出版了《中国食物事典》一书。该书内容极其丰富，对食品的名称、产地、发展过程等作了比较详细、认真的考证与叙述，在海内外影响颇大，现已译成中文，在中国发行。

6. 小岛丽逸（Kojima, Reiitsu）

小岛丽逸（1934-）（图2-69），1934年出生于长野县，1956年毕业于一桥大学经济学部，先后任日本亚洲经济研究所研究员、大东文化大学教授，2004年从大东文化大学定年退休，日本"天野本研究会"会员。主要成果有：《<齐民要术>概论》（齐民要术：现存最古老的料理书，第一章，田中静一、小岛丽逸、太田泰弘共著），《中国的经济和技术》（劲草书房），《新山村事情》（日本评论社），《Urbanization and Urban Problems in China》（The Institute of Developing Economies），《巷谈日本经济入门》（朝日新闻社），《中国的经济改革》（劲草书房），还曾与熊代幸雄合编有《中国农法的展开》一书。

图2-69　小岛丽逸教授

2008年10月，小岛丽逸教授在接受中国中央电视台《齐民要术》摄制组的采访时（图2-70），对《齐民要术》中的饮食文化给予高度评价。

图2-70　2008年，小岛丽逸教授接受CCTV《齐民要术》摄制组专题采访

他说"从很早以前就很全面系统地阐述了农业理论的农书《齐民要术》，是一部非常了不起的农书，在今天日本的饮食文化中，比如酿酒、酱油、大酱等这些食品中，都深受《齐民要术》的影响。这些影响恐怕在日本的饮食生活中是永远无法消失的"（第七集，五味调和）。

"在欧洲罗马文明、阿拉伯文明这些有悠久文明的地区，相比较饮食文化，亚洲地区的发酵文化将各种饮食材料进行发酵，以便供人吃喝，这方面特别是亚洲地区是非常突出的，在这方面最早系统地记载和表现出来的恐怕就是《齐民要术》吧"（第十集：走向世界）。

7. 太田泰弘（Ohta Yasuhiro）

太田泰弘（1930- ），1930年出生于东京都，1952年毕业于东京理科大学理学部，1953年至1990年在味之素株式会社勤务、任食文化中心主任研究员。1979年参与发起"食文化事业"，以此为缘从1992年开始担任文教大学国际学部教授（图2-71），讲授"比较食文化论"课程。与田中静一和小岛丽逸共著《齐民要术：现存最古老的料理书》，参与其中共6章的撰写。并于2008年出版《日本食文化图书目录》（Nichigai Associates出版社，图2-72），1995年出版《食文化入门》（共著，讲谈社）。

图2-71　太田泰弘教授

图2-72　太田泰弘编
《日本食文化图书目录》

8. 小林清市（Kobayashi Seiichi）

小林清市（1949–1997），原日本山口大学教育学部副教授，1949年8月23日出生于日本爱知县宝饭郡一宫町，1956年4月一宫西部小学入学，1965年4月爱知县立时习馆高等学校入学，1969年4月京都大学农学部林学科入学，1973年4月千趣会株式会社入社，1978年4月京都大学文学部哲学科中国哲学史专业学士入学，1981年4月京都大学大学院文学研究科硕士课程哲学（中国哲学史）专业入学，1984年4月京都大学大学院文学研究科博士后期课程哲学（中国哲学史）专业入学，1987年4月至1992年3月京都大学文学部研修员，1992年4月就任京都大学文学部助手，1993年4月转任山口大学教育学部讲师，1997年4月升任山口大学教育学部副教授，同年5月24日因脑溢血而去世，享年47岁。

**图2-73 小林清市著《中国博物学的世界：
以〈南方草木状〉、〈齐民要术〉为中心》（2013版）**

英年早逝的小林清市毕生致力于博物学研究，他的遗稿由京都大学人文科学研究所武田时昌教授整理为《中国博物学的世界》（小林清市《中国博物学的世界：以〈南方草木状〉、〈齐民要术〉为中心》，东京：农文协，2003年）结集出版（图2-73），由京都大学名誉教授、龙谷大学山田庆儿教授作序文，由武田时昌教授作解说。此书主体部分为《南方草木状》译注和关于《齐民要术》的4篇专题论文，在第三部分"中国博物学纵览"则收录7篇学术札记：《陆疏素描》《吃虎豹怪树之话》《清朝考证学派的博物学》《经学者的昆虫观》《魏晋时代的蝉》《中国古代的昆虫观》《关于雁之四德》等，更能显示小林先生的研究趣味和深厚功力。诚如武田教授在后记中所概括，小林主张"以中国博物学为素材，把它当做意味更广的中国思想史的研究对象"，他实际上是想把博物学与思想史奇妙地融合起来，把博物学作为中国思想史研究之道（approach）。

小林清市除了专著《中国博物学的世界：以〈南方草木状〉、〈齐民要术〉为中心》（农文协，2003年）外，还编写了《<齐民要术>中的五谷和五木》（山田庆儿编，《中国古代科学史论》，1989年3月），《从<齐民要术>看酿造的咒术》（《中国思想史研究》第12号，1989年

12月），《从<齐民要术>所得出的味》（中村璋八博士古稀纪念，东洋学论集，汲古书院，1996年1月）。《<齐民要术>中家畜的病》，（山田庆儿、栗山茂编《历史上的病和医学》，思文阁出版，1997年3月）而且，小林清市可谓研究《齐民要术》科班出身，在京都大学文学部读硕士时的硕士论文是《从昆虫角度看<齐民要术>》（1984年1月），这是日本第一位以《齐民要术》研究为题目和内容获得京都大学硕士学位的研究生。

9. 山田庆儿（Yamada Keiji）

山田庆儿（1932- ），1932年3月7日出生于福冈市，日本科学史家，京都大学名誉教授、国际日本文化研究中心名誉教授，研究方向是东亚科学史。1955年毕业于京都大学理学部，1959年获得京都大学大学院文学研究科西洋史学专业硕士学位，1959年10月就任京都大学人文科学研究所助手，1966年4月同志社大学工学部副教授，1970年5月京都大学人文科学研究所助教授，1978年4月京都大学人文科学研究所教授，1989年3月京都大学退休，1989年4月国际日本文化研究中心教授，1995年2月京都大学名誉教授，1997年3月国际日本文化研究中心名誉教授，龙谷大学客座教授。

山田先生在科学史领域建树良多，虽无研究《齐民要术》专著和论文，但只要涉及东亚科技史和中国科技史，几乎都要提及和叙述《齐民要术》的相关内容，廖育群教授曾将其论著编译为《古代东亚哲学与科学文化》（辽宁教育出版社，1996），山田庆儿教授的论著以科学史见长，诸如《科学与技术的近代》（朝日选书，1982），《西洋近代科学与东洋の方法》（作陽书房新社，1999），《从技术看人类历史》（编集小组SURE，2010），《中国科学与科学者》（京都大学人文科学研究所，1978），《中国古代科学史论》（京都大学人文科学研究所，1989）等，其中值得一提的是《东亚的本草与博物学世界》（《东アジアの本草と博物学の世界》，京都：思文阁，1995），文集大量引证《齐民要术》中提及的植物种类，所收山田庆儿本人撰写的导言及《关于本草的分类思想》最有启发性，关于幕府和江户时代日本博物学的几篇论文也值得一读。山田指出，本草不仅是中国的药物学，同时也是以药物的视点把握人类周边物类（动物、植物、矿物）的一种博物学。类书和本草书中的分类思想，实际上是中国传统知识人阶层所构造的世界像，分类形式正是世界像的表现。这个关于人类活动诸领域的重层构造，既体现了官僚制支配下的生活与生产组织，中国社会构造对于秩序的维持，也包含了传统知识人的自我认识。

小林清市的专著《中国博物学的世界：以〈南方草木状〉、〈齐民要术〉为中心》的序文由山田庆儿教授撰写。

10. 原宗子(Hara Motoko)

原宗子，女，日本流通经济大学经济学部教授，日本"天野本研究会"会员（图2-74）。爱知县人，爱知县立旭丘高校毕业后，进入庆应义塾大学文学部本科毕业、在学习院大学大学院获得硕士博士和博士学位，1983年进入流通经济大学经济学部，先后就任助手、讲师、副教授、教授，至今从事教学与研究32年。授课内容主要有：外国史概说（东洋史）、历史学入门（东洋史）、历史学特殊讲义（东洋史）。研究方向是中国环境史（农业史、社会经济史、思想史等）。研究课题是：古代中国环境实态复原与历史事实的相关关系研究，人类社会历史变化原理的解明，亚洲特别是中国今日的环境问题和对策，中国农业史的世界性研究者天野元之助博士的学问体系相关情报整理等。

图2-74　原宗子教授

　　研究业绩主要有：《古代中国の開発と環境—『管子』地員篇研究—》（研文出版、1994，2001に第2版）；《環境から考える東アジア農業—歴史的過程と現在—》（編著：勉誠出版、1999年）；《流通経済大学，天野元之助文庫》（流通経済大学出版会，2003）；《生産技術と環境》（講座《世界歴史》4　岩波書店　1998）；《土壌から見た中国文明》（《四大文明——中国》（NHK出版、2000）。

　　特别应该指出的是，原宗子教授对天野元之助教授的研究给予了一如既往的鼎力支持与帮助，早在1975年，天野先生好友、时任日本亚洲经济研究所研究员、后任大东文化大学教授的小岛丽逸先生倡议，鉴于天野先生学识渊博、水平高深、在中国农业史研究和古农书研究方面独树一帜，在世界上也享有极高威望，而且有庞大的藏书和资料占有，又有出类拔萃的研究业绩，于是发起成立了"天野本研究会"，研究会成员都是热爱中国农业史和古农书研究的天野先生的好友和同行，定期去天野住宅看望问候天野先生，温馨地、私人性质地讨论相关学术问题，时任东京大学社会科学研究所教授的田岛俊雄（Tajima toshio）先生担任天野本研究会取缔役，成员发展到40多人，比较知名的如小岛丽逸、渡部武、田岛俊雄、并木赖寿、天野悦夫、原宗子、小池田富男等，开展了卓有成效的学术活动，定期召开学术讲座，每次讲座题目、报告人、主持人都在网上公开，推动了中国农业史和以《齐民要术》为代表的古农书的更深入研究，20世纪70-80年代以来，"天野本研究会"的会员有多人又有《齐民要术》新的研究成果问世，而且还向包括中国在内的世界上各国研究同行提供珍稀的研究资料。天野先生1980年去世后，由于天野教授著作等身、中国古农书藏书量大，教授原来的助手、友人、日本流通经济大学（茨城县龍之崎市平畑120）教授原宗子女士，在天野先生好友们的全力支持下，在天野先生孙子天野弘之的协助下，归纳、整理了天野先生研究著作、藏书、遗物和手稿，在日本流通经济大学专门辟出地方，成立了"天野元之助书库"，将住宅位于大阪府枚方市菊之丘12号的教授藏书室全部按次序移至茨城县龍之崎市平畑120号的日本流通经济大学，部分书籍就在原宗子教授的办公室，原宗子教授费尽心血，与日本各古籍书店联系，凡是发现与天野教授有关的书籍一律收购，以免散失，甚至将天野早年曾工作过的地方日本京都大学人文研究所的一部分天野先生研究资料和书籍也一并收集起来，并联系好流通经济大学图书馆馆长生田保夫教授进行统一藏书，作为大学馆藏的一部分加以充分利用，馆藏名称是"天野书库"（图2-75），在大学图书馆网页，点击"检索目录"，输入"天野元之助文庫目錄"，就可阅览，在原宗子教授网页上也可进入（图2-76），由于藏书目录宽泛、内容十分丰富，广受国内外相关学者利用，中国中央电视台2008年拍摄十集电视纪录片《齐民要术》，还专门取道茨城县龍之崎市的日本流通经济大学，以及京都高山寺、京都国立图书馆、筑波大学中央图书馆等地，采访了原宗子教授（图2-77），摄制了"天野元之助书库"和《齐民要术》研究的许多珍贵镜头。对于网上"天野元之助文库"的开通、专题研讨会和讲座的举行，中国农业展览馆农业研究所曹幸穗教授、中国社会科学院经济研究所的李根蟠教授，都分别发去了热情洋溢的祝贺信。

图2-75　日本流通经济大学的天野元之助书库

リンク集	
中国出土資料学会	近年出土した資料について、歴史・言語・哲学・医学等、多分野の研究者が情報交換・交流を図る学会。
「流通経済大学・天野元之助文庫」	日本の中国農業史研究の草創期を知ろう。
田島俊雄教授（東京大学）	中国現代経済・農業関係の最新研究状況を知りうる。
黄虎洞伯泉斎（大東文化大学）	幅広い中国文化への論及あり。美的華麗さも注目。関連サイト情報非常に豊富。
矢吹晋チャイナ・ウオッチ・ルーム（横浜市立大学）	政治・外交・経済、その他、現代中国の諸問題に関連する豊富な情報が得られる。
長江流域文化研究所（早稲田大学）	長江流域各地の学術的調査に基づき、歴史・文化・民俗などに関する、高質の報告が公開されている。

图2-76　原宗子教授的网页

图2-77　2008年，原宗子教授接受CCTV《齐民要术》摄制组专题采访

　　原宗子教授对天野元之助教授十分尊敬，无论天野教授的生前还是逝后，都为天野研究本会作了大量工作，倾注了宝贵的心血（图2-78、2-79）。原宗子教授说："日本研究《齐民要术》第一人可以说是天野元之助教授，这是当之无愧的。他1980年在大阪去世，天野教授的著作

有《后魏贾思勰齐民要术的研究》、《中国古农书考》等，我是天野先生生前的好友、天野研究轮读会成员、天野教授遗留文件书籍我们都妥善地保存着。关于天野氏著作的正确目录，由我和东京大学的田岛俊雄教授整理出来，与旧藏书目录一起命名为《流通经济大学天野元之助文库》，已经于2003年3月由流通经济大学出版会刊行。天野元之助文库实质上就是根据著名学者天野原之助教授本人意愿及其后代的支持帮助，以及我们这些他的生前好友和门人等发起组建的。"

图2-78 原宗子教授的网页中"天野元之助书库"

图2-79 "天野元之助书库"中影像资料

原宗子教授说："中国等国家经常有代表团来访问我们大学和我的研究室，每次我都详细介绍天野元之助文库的创建沿革及收藏情况，在《齐民要术》等学术研究上发挥了重要作用。例如2007年11~12月，陕西师范大学历史研究中心李令福教授就到我的研究室来作客座研究员，在日本期间，李令福研究员先后访问了我们流通经济大学图书馆、东京大学的综合图书馆及经济学部、社会科学研究所、东洋文库、天野元之助文库，完成与我合作研究课题"基于农业和都市多角度的中国古代环境史研究"的资料收集工作，还多次参加了《齐民要术》读书班。"

2008年10月，原宗子教授在接受中央电视台《齐民要术》摄制组的采访时，对《齐民要术》如数家珍，侃侃而谈。说：

"《齐民要术》关于农业方面的精耕细作的方法，对日本的农业都有很强的指导意义。从这点来说，《齐民要术》对日本的影响是非常巨大的"（第一集：食政为首）。

"事实上在《齐民要术》中，在农地里生长的农作物也就是经济作物，怎样进行贩卖作了详细地记载，对农作物的原价格进行了计算，利润有多少，原来的成本是多少，原来花费了多少，种出的作物能卖多少钱，做了这样的计算，就农业经营的价格计算作了记录"（第二集：敢为人先）。

"《齐民要术》还写到了一种食品，它就是日本人最喜爱的寿司。从中国传入日本很多食品，比方说寿司，全世界都认为寿司是日本餐饮文化的代表，但实际上寿司在《齐民要术》中都有详细记载"（第七集：五味调和）。

"就像齐民要术里所记载的，对畜牧业要认真保护，同时尽可能减少大规模化农业耕种开发，将每一块分散的农田精耕细作，尽可能减少对农业环境不好的影响，这样对于我们21世纪新农业的思考也有重要的启迪作用"（第十集：走向世界）。

近年来，原宗子教授与中国农业史研究单位的学术联系极为密切，先后到北京大学、清华大学、中国农业博物馆、南京农业大学中华农业文明研究院、华南农业大学农史室、西北农林科技大学农业历史研究所、中国科学院地球环境研究所、陕西师范大学、西北历史环境与经济

社会发展研究院、山西大学中国社会史研究中心等相关院校讲学，继续
探讨《齐民要术》和中国古代环境史研究，中国到处都留下她的身影。

11. 薮内清（Yabuuchi　Kiyoshi）

薮内清（1906-2000），日本的天文学者和科学史（中国科学史）
学者（图2-80），20世纪40年代北京大学农学院《齐民要术》轮读会骨
干会员和日本京都大学《齐民要术》轮读会骨干会员。最初为天文学的
研究者，受新城新藏的影响，转行研究古代中国的历法。1906年2月12日
出生于兵库县神户市，先在旧制大阪高等学校（现大阪大学）理科丙类
就学，1929年毕业于京都帝国大学理学部宇宙物理学科，同年京都帝国
大学副手，1935年东方文化学院京都研究所职员、研究员，1948年京都
大学研究员，1949年京都大学人文科学研究所教授，开展共同研究，将
中国科学史的研究提高到世界水平，1967年京都大学人文科学研究所所
长，1955年担任日本天文学会副理事长。1969年从京大定年退休，名誉
教授。1969-1979年龙谷大学教授，1970年被授予紫绶褒章和朝日奖，
1972年获得科技史学者最高荣誉美国George Sarton Medal奖，1983年被
选为日本学士院会员。

图2-80　薮内清教授

薮内清是日本屈指可数的中国科技史研究专家，对《齐民要术》评价非常高，在《中国、科学、文明》（梁策、赵炜宏译，中国社会科学出版社，1987年）一书中指出："我们的祖先在科学技术方面一直蒙受中国的恩惠。直到最近几年，日本在农业生产技术方面继续延用中国技术的现象还到处可见。"并指出："贾思勰的《齐民要术》一书，详细地记述了华北干燥地区的农业技术。在日本，出版了这本书的译本，而且还出现了许多研究这本书的论文。"可见，已经实现工农业现代化的日本，仍很重视《齐民要术》等中国农学古籍的研究。

从1930年到1970年，以京都大学人文科学研究所中国科学史研究班为中心展开的研究取得了长足的发展，把日本的中国科学史研究推向了一个新的阶段。其中，贡献最大的就是这个研究班的班长薮内清教授。薮内清于1929年毕业于京都大学宇宙物理学专业，1967年出任京都大学人文科学研究所所长。1972年美国科学史学会授予薮内清科学史学家的最高荣誉Sarton金奖。薮内清一生著书甚丰，主要代表著作有：①《支那（注：支那是日本对中国的蔑称，此处只是按原题目引用）の天文学》（恒星社，1943）；②《隋唐曆法史の研究》（三省堂，1944）；③《汉書律曆志の研究》（与能田忠亮合作，全国书屋，1947）；④《中国の天文曆法》（平凡社，1969）。另外，在中国数学史方面，薮内清还出版了以下著作：《支那数学史概說》（山口書店，1944）；《中国の数学》（岩波書店，1974）。在科学文明总论方面有《中国古代の的科学》（角川書店，1964）；《中国の科学文明》（岩波書店，1970）；《中国文明の形成》（岩波書店，1974）等。薮内清在中国科学史领域中，主要对中国历算学，即关于中国古代天文学和数学的关系进行了许多开拓性的研究。日本学者认为，薮内清的研究，为日本学者对中国古代天文学以及历法理论的理解提供了一种可能。薮内清没有把自己的研究限定在某一个领域内，而是对中国科学史的总体展开了研究，特别是对其整体的发展进行了大量的研究。在日本，首先运用这种研究方法研究中国科学史的是薮内清。他在1970年的《朝日新闻》上这样写道："中国天文学史的研究与年代学的研究不同，它不是历史的辅助学科，它和政治史、经济史一样，是一门独立的学科。在古代文明中，天文学一直属于高层次的科学。而且深深的染上了世界各种文明时代所具有的特色。构成中国天文学史主流的是历法的研究和以占星术为目的的天文观测。为什么这个领域得到了如此高度的发展，在这个领域里曾经进行了哪些研究，这些都是我最初感兴趣的问题。"薮内清在方法论上的一个贡献是：他认为中国天文学的研究，不应该仅仅看作是历法理论的研究，而应该作为中国文明所特有的文化现象来把握，其研究对象应该包括历法以及所涉及的政治思想。他认为中国的历史是一部革命频发的历史，革命后的新朝廷为了使民心一新，最好的办法就是改历。改历的主要目的是为了证明新政权的正统性。太初改历就是这方面的一个明显例证。因此，研究中国历法必须要从政治思想的深度来分析和考察。薮内清的天文学史研究领域及其广泛，从殷商到清代，同时对印度，伊斯兰，古希腊等天文学史也进行了研究。薮内清在这样一个广阔的领域内，对中国天文学史的全过程进行了独到的研究，取得了为世人注目的业绩。

日本学术界认为，薮内清之所以能够取得如此丰硕的研究成果，主要与他的研究方法密切相关。他不仅继承了京都大学宇宙物理学的创始人新城新藏的现代科学研究方法，而且研究的精密程度又超过了新城新藏。薮内清通过一个个单独问题的分析观察，最后得到了对中国古代天文学总体的正确认识。同时，京都大学的中国学的研究方法也给予薮内清很大影响。当时，京都大学的中国学问主要来源于3个方面：即江户汉学、清朝考证学和法国汉学。京都大学学风的最大一个特点是重视文献考证。薮内清的学生时代，正值京都大学的全盛时期，也是汉学家辈出的时期。当时的教授有中国文学大家狩野直喜、中国史学大家内藤湖南、中国科学史方面则有小川琢治和新城新藏等著名教授。另外，对薮内清的研究给予很大影响的还有三上义夫，以及薮内清参加的狩野直喜主持的汉籍共同讲读班。同时，为了科学史研究，薮内清主持的科学史班先后花费了20年的时间，集体研读了《齐民要术》、《天工开物》、《梦溪笔谈》、《物理小识》等相关书籍，在此基础上主编并出版了《天工開物の研究》（恒星社，1953），《中国古代科学技術史の研究》（京大人文研，1959），《中国中世科学技術史の研究》（角川書店，1963），《宋元時代の科学技術史》（京大人文研，1967），《明清時代の科学技術史》（京大人文研，1970）等。薮内清和他的研究班在中国科技史研究方面取得了前所未有的业绩。

12. 筱田统（Shinoda Osamu）

筱田统（1899–1978）（图2-81），1899年出生于大阪，食物史学专家，毕业于日本京都大学。1926年留学欧洲，1929年任京都大学讲师，之后以陆军技师身份在中国各地从军。1948年大阪学芸大学（現大阪教育大学）教授，从营养生理学转入食物史研究。东亚東食物史的开拓者、尤其是中国食物史研究的第一人者。著作有《寿司读本》、《大米文化史》、《中国食物史》等。

图2-81　筱田统教授

筱田统对《齐民要术》的饮食文化和食品加工很有研究，治学经历丰富，筱田统是日本的中国饮食文化史研究的开拓者，日本京都大学《齐民要术》轮读会骨干会员。筱田统1899年生于大阪，1910年移居京都，除了留学和从军被派到中国以外，一生都是在京都度过的。学生时代，就读于在京都的第三高等学校，立志研究当时尚未充分开拓的生化学，为了具备良好的科学素养，首先进入京都帝国大学理学部化学科学习。毕业后，为了研究生理学，又进入帝大研究生院的理学部动物研究科。

攻读研究生期间的1926年，以洛克菲罗财团国际研究员、日本文部省在外研究院的身份在荷兰的Utrecht大学动物学教室、德国的慕尼黑大学化学教室、意大利的纳波利水族馆留学，1928年回国。在此期间以消化酵素的研究取得Utrecht大学的理学博士。

1929年，在京都帝国大学取得理学博士，到1938年，作为讲师，在同校理学部讲授比较生理学、酵素学，在平安女子学院教授家事科学，在京都高等蚕丝学校讲授动物生理生态学。在此期间，在国内外的学会期刊上发表了生化学、酵素学、蚕丝化学、昆虫生理学等方面的学术论文。其中尤为引人注目的是撰写了10篇科学地研究烹饪的学术论文，包括关于红薯在烹饪过程中发生的生化变化的一些列研究论文在英国Biochemical Journal（生物化学杂志）发表。因为在平安女子学院教授家事科学，萌发了对于烹饪的学术关心，与之后的饮食史研究有着密切的关联。

筱田作为普通的学人走过了这样的道路，但是1938年被强制征兵，成为一名陆军技师，一直到日本战败都在中国东北、华北从事昆虫防疫工作。其间，作为研究者的兴趣并没有消失，利用因军务走访中国各地的机会调查各地的风俗习惯。年轻时由阅读中国典籍而产生了亲切感，被派往中国后学习掌握了现代中国语。晚年因患癌症而住院时，中国友人曾去病室探望，他正在听录音带欣赏京剧，这是他通晓中国语的一段小插曲。

从中国回国后，1946年在京都大学农学部参与应用植物学研究，1947年就任大阪学艺大学教授，转向研究家政学，特别集中与饮食史的研究。因为在中国战场负伤，留下了后遗症的原因，使得需要体力支持的实验科学的研究变得困难，于是转向了年轻时就感兴趣的历史。他一方面以学艺大学为据点，调查日本的饮食文化；一方面参加京都大学人文科学研究所科学技术史共同研究班，利用研究所收藏的丰富中国典籍开展研究。1966年从大阪学艺大学退休后，到1969年为止在四条学院女子短期大学执教。其间作为日本风俗学会理事致力于振兴饮食史研究，培养了大量的后学。1978年去世，享年79岁。

筱田先生以前，在这个领域积累了研究成果的学者主要是青木正儿，但后者对中国文化研究的主要领域是中国文艺，饮食文化研究只不过是其"副业"。20世纪70年代后期以前的日本学界，普遍轻视饮食文化，在这种情况下，筱田基于"生活史是社会史的一部分，饮食史作为生活史的一部分，应该能够成为学术研究的一个领域"的信念，展开了不仅中国，甚至包括朝鲜半岛、日本在内的东亚饮食历史的研究。

筱田的研究不仅涉及历史学、民族学、民俗学、地理学等人文社会科学，还使用了烹饪科学、生物学、农学等自然科学的方法，使得饮食文化论成为一门综合性的学问，这与筱田前半生作为自然科学家的经历有着密切的关系。

在中国食物史的研究方面，日本学者进行了许多深入研究，筱田统是这个领域的创始人。筱田统1923年毕业于京都大学化学系，后来又改学动物学，曾经留学欧洲，1928年在京都大学理学部任职，担任比较生理学等科目。筱田统也是京都大学科学史研究班的成员，主要代表作有《中国食物史》（柴田书店，1974）（图2-82）；《中国食物史の研究》（八坂书店，1978）；另与田中静一合编《中国食经丛书》上、下、书籍文物流通会，1972），这是一部关于食物史的史料集，这几部著作都大量引用和分析《齐民要术》中的饮食文化论述和观点，筱田统认为中国食物史的研究作为社会史的一个领域，是正确理解中国文化和社会的不可缺少的一个环节。筱田统基于生活社会史的角度，运用化学和动物学的专长，对中国古代食物的变迁进行了详细的考察。

图2-82　筱田统著《中国食物史》

　　筱田统对中国饮食文化史的研究非常痴迷，是日本京都大学人文科学研究所中国科学史研究班的成员，同时也是京都大学《齐民要术》轮读班成员，筱田统1923年毕业于京都大学化学系，后来又改学动物学，曾经留学欧洲，1928年在京都大学理学部任职，担任比较生理学等科目。筱田统也是京都大学科学史研究班的成员，主要代表作有《中国食物史》（柴田书店，1974）；《中国食物史の研究》（八坂书店，1978）；另与田中静一合编《中国食经丛书》上下册、书籍文物流通会，1972，图2-83），这是一部关于食物史的史料集。筱田统认为中国食物史的研究作为社会史的一个领域，是正确理解中国文化和社会的不可缺少的一个环节。筱田统基于生活社会史的角度，运用化学和动物学的专长，对中国古代食物的变迁进行了详细考察。

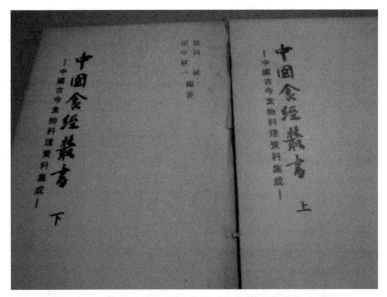

图2-83　筱田统·田中静一合编《中国食经丛书》上下册

　　筱田统对中国饮食史的研究，始于20世纪40～50年代。1948年，他在《学芸》杂志第39期上发表了《白干酒——关于梁的传入》一文，引起了学术界的注意。次年，他又在《东光》杂志第9期上发表《小麦传入中国》一文。此后，他相继发表了《明代的饮食生活》（1955）、《鲊年表（中国部）》（《生活文化研究》第6集，1957年版）、《中国古代的烹饪》（《东方学报》第三十集，1959）、《中世食经考》（收于薮内清编《中国中世科学技术史研究》，1963）、《宋元造酒史》（收于薮内清编《宋元时代的科学技术史》，1967）、《豆腐考》（《风俗》第八集，1968版）等，这些文章后来结集成《中国食物史研究》一书（八坂书房，1978版）。此外，筱田统教授还著有《中国食物》一书。

综上所述，天野元之助、西山武一、熊代幸雄、渡部武、田中静一、小岛丽逸、太田泰弘、小林清市、山田庆儿、原宗子、薮内清、筱田统等只不过是众多研究《齐民要术》的日本学者们的一个缩影，可以说，《齐民要术》虽成书于中国，但收藏、整理、研究此部巨著的日本社会各界人士、团体以及研究此部巨著的日本学者却趋之若鹜，前仆后继，历朝历代，生生不息。这说明《齐民要术》的本身是划时代的无价之宝，仅从日本一个国家就可以影射出《齐民要术》的伟大性和世界性。日本民族是一个对东西方文化兼收并蓄而且注重实用的民族，正因为《齐民要术》本身在世界农学史、世界农业科学技术史、世界农产加工和食物史、世界农业经济、经营史、世界农业哲学思想和方法论史以及世界生物学史上的不可动摇的崇高地位和实用价值，才使日本有对《齐民要术》收藏、整理、校注、译释和研究的热潮和痴迷，这里除了日本学者对"贾学"的兴趣外，《齐民要术》蕴合着的深湛的科学内涵是关键所在，这正是我们中华民族的骄傲。同时也应看到，中华民族是既有光辉灿烂文化、有长期人文积淀的民族，又是历经磨难的民族。由于扶桑气候宜人，少霉蚀之害，贵族、寺院严护有法，而汉籍故土以前却兵荒马乱不断，书厄接踵，典籍损毁严重，以至许多珍本在国内已无处寻觅，因此才出现在中国久已埋没的北宋崇文院《齐民要术》原刻本，在日本高山寺藏有第五、第八两残卷，虽不完整，却已是稀世之珍的现象，这不能不令人嘘唏不已。国盛国泰才能民安，同样国盛国泰才能书安、版本安，在保护国宝级文化财产上日本有许多值得我们学习的长处。另外，宝贵的文化遗产，是生产力的一种，其社会效益和经济效益是不可估量的，继承者可能是本民族，但决不仅仅是本民族，科学技术无国界。同时，我们决不应妄自菲薄，我们的祖先为后人创造了像《齐民要术》这样的光辉灿烂的古代文化，我们应尽最大努力将其发扬光大，古为今用，使祖国的宝贵文化遗产得到充分整理和挖掘。

近代日本的中国科学史研究、中国农学史研究以及《齐民要术》研究主要具有以下一些特征：一是研究者的数量大为增加；二是研究题目的多样化；三是将中西方文化与技术进行比较研究，兼收并蓄。它反映了中国科学史、农学史、《齐民要术》的研究在日本的中国学以及中国史学界所占有的重要位置。导致这一繁荣局面出现的原因与发达时期的研究积累和李约瑟以中国科学为中心的文明论研究的影响密切相关。其中，在将李约瑟的研究成果介绍给日本的过程中，学者们翻译了以下的著作。

薮内清、東畑精一监译《中国の科学と文明》11卷（Science and Civilisation in China, 7vols, Cambrdge, 思索社、1974-1980）。

山田慶兒译《東と西の学者と工匠》上下（Clerks and Craftsmen in China and the West, Cambridge, 河出书房新社、1974-1977）。

橋本敬造译《文明の滴定》（The Grand Titratien. Science and Society in East ant West, London, 法政大出版会、1974）。

牛山輝代译《中国科学の流れ》（Science in Traditional China, Hong Kong, 思索社、1984）。

近半个世纪以来，日本的中国科学史研究者有很多人致力于研究中国科学思想史，包括《齐民要术》的科学思想研究，他们的目的在于通过对近代以前的科学知识的历史分析来看中国文明的本质。

六、日本对《齐民要术》版本的珍藏

日本东京大学、京都大学、早稻田大学、庆应大学、大阪大学、九州大学、北海道大学、名古屋大学、东北大学、农林水产省综合农业研究所等高校和科研机关图书馆都有《齐民要术》藏本。以日本早稻田大学图书馆为例，对《齐民要术》的山田好之版本（向荣堂刻）就保存的相当完整，在网上可以浏览。早稻田大学（わせだだいがく，Waseda University）创建于1882年，简称早大，是本部设在日本东京都新宿区的私立大学，地址是日本东京都新宿区户冢町1-104，学校以"学术的独立，学术的活用、造就模范国民"为校训，与庆应大并称"日本私立双雄"。其前身是大隈重信设立的东京专门学校；1901年改称早稻田大学，当时同时设置了专科部和大学部；1949年的学制改革，早稻田大

学随之成为新制大学。知名校友有村上春树、江户川乱步、以及野田佳彦、竹下登、海部俊树、森喜朗、小渊惠三、福田康夫等前日本首相，担任日本首相校友人数居日本高校第二。战后担任日本两院的议员的校友人数居日本高校第二。战后取得大律师资格的校友人数居日本高校第三。主要院系有政治经济学部、法学部、文学部、文化构想学部等。

日本早稻田大学图书馆珍藏的日本宽保四年（1744年）出版的题为势阳逸氓田好之（山田罗谷，山田好之，Yamada, Yoshiyuki）译注的《齐民要术》平安书林向荣堂寿梓刻本，共十卷，这是最早的日文译本，序题是：新刻齐民要术，和装，印记：小林藏书，横塘萍跡记（绿印），春田横塘旧藏。限于篇幅，在此仅出示卷一、卷二、卷三、卷九部分版面照片（图2-84~图2-88）。书中有《新刻<齐民要术>序》，山田罗谷刊印此书之原因，他在序中作了如下说明："我从事农业生产活动30多年，凡是民间生产、生活中的事，只要向《齐民要术》求教，并照着去做，没有不成功的。这是我历年来试行的经验结果。尤其是关于农业生产的具体指导，能与老农的宝贵经验相媲美的，非它莫属。因此我把它译成日文，并加以注释，刊印成新书行世"，译注者还加了假名、训点。

查找此版本《齐民要术》非常方便，早稻田大学图书馆的Database上，有日文与中文古典籍检索总目录（Japanese and Chinese Classics），除有《齐民要术》图片外，还有著者/译者，著者贾思勰的日文发音是 かしきょう，Ka Shikyo，译者是山田罗谷即山田好之（Yamada, Yoshiyuki）；著作名是《齐民要术》，其日语发音是せいみんようじゅつ（SeiMin YoJutsu）；出版事项：四条通富小路西江入町（皇都）：向荣堂，延享元年（1744）；关键词是：古典籍/农林水产–农业总记。

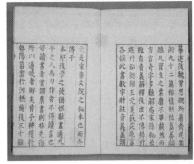
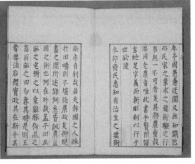

图2-84 日本早稻田大学图书馆珍藏卷一本

日本宽保四年（1744年）出版的题为势阳逸氓田好之（山田罗谷）

译注的《齐民要术》平安书林向荣堂寿梓刻本（卷一），这是最早的日文译本

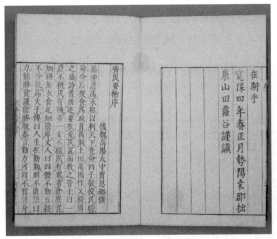

图2-85 《齐民要术》平安书林向荣堂寿梓刻本卷一之序

载有山田罗谷落款和《齐民要术》序

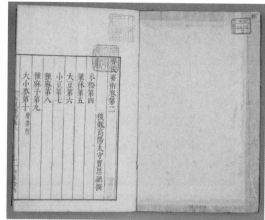

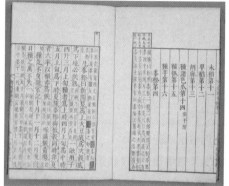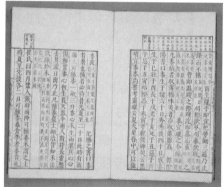

图2-86　日本早稻田大学图书馆珍藏卷二本

日本宽保四年（1744年）出版的题为势阳逸氓田好之（山田罗谷）

译注的《齐民要术》平安书林向荣堂寿梓刻本（卷二），这是最早的日文译本

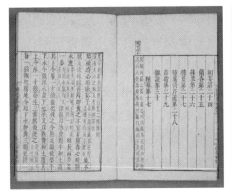
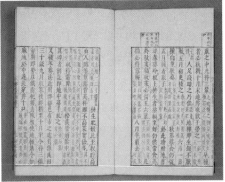

图2-87　日本早稻田大学图书馆珍藏卷三本

日本宽保四年（1744年）出版的题为势阳逸氓田好之（山田罗谷）

译注的《齐民要术》平安书林向荣堂寿梓刻本（卷三），这是最早的日文译本

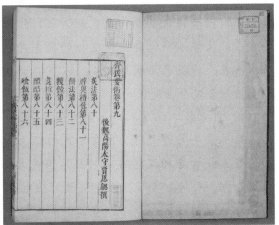

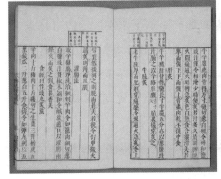
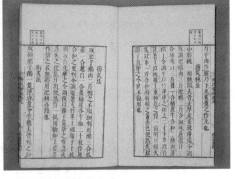

图2-88　日本早稻田大学图书馆珍藏卷九本

日本宽保四年（1744年）出版的题为势阳逸氓田好之（山田罗谷）

译注的《齐民要术》平安书林向荣堂寿梓刻本卷九，这是最早的日文译本

七、日本对《齐民要术》在日本的传播与接受

2008年6月19日至21日，在北京中国科学院自然科学史研究所举行了《中国传统工匠技艺与民间文化》学术研讨会，日本东海大学渡部武教授作了《关于<齐民要术>在日本的传播与接受》学术报告，摘译如下。

中国自古以来就视农业为国家经济的根本，重视农本主义。因此，从战国时代以至清朝，各类农书不断问世。世界上像中国这样拥有众多农书的国家，我们在其他地方是看不到的。中国农书对东亚的影响很大，朝鲜和日本以中国的一些农书为样本，将其应用到自己国家的农业实践之中，并模仿其写作形式著书立说。例如，南宋时代的楼璹和清代的焦秉贞所绘的《耕织图》，对日本绘画农书的产生以及绘画艺术均具有相当大的影响。此外，江户时代的宫畸安贞曾醉心于明代徐光启《农政全书》的研究，其著作《农业全书》作为权威性的农书而广为流传。笔者在此次学术研讨会上所选择的报告对象《齐民要术》一书，对日本学术及农业方面的影响也不小。以下将就《齐民要术》在日本的传播和接受做一个较全面地探讨。

1. 日本最早的《齐民要术》的记录

日本最早的关于《齐民要术》的记录，见于藤原佐世（？-898年）所著日本最古老的汉籍目录《日本国见在书目录》（公元889-898年成书）一书。公元875年，天皇家族的藏书楼"冷然院"遭受火灾，大量书籍被焚。藤原佐世受命调查其时尚传存于世的汉书典籍，经其努力，《日本国见在书目录》得以完成。此汉籍目录仿效中国《隋书·经籍志》的形式，全书分为经、史、子、集四部，合计1 579部、17 345卷。该书目对于人们了解迄至九世纪末究竟有哪些汉书典籍从中国传播到日本，极其重要。当时木版印刷术尚未普及，几乎所有的书籍都是手抄本，所录汉书典籍除了直接从中国传来之外，无疑也有在日本抄写的抄本。

在该目录的"农家"的条目中，收录了下面两部农书。

齐民要术　十卷　舟阳贾思勰。

兆民本业　三卷。

《齐民要术》本来是十卷本，此为足本。其著者名写作"舟阳贾协

思"，应订正为"高阳贾思勰"。《兆民本业》为唐朝武则天下令编纂的农书，所以在《新唐书·艺文志》里写作"武后兆人本业三卷"。笔者曾经撰写论文介绍《兆民本业》，其时中国农业博物馆的闵宗殿先生询问此书是否还有传存本。如果此书在日本尚有传存本的话，那将是一个可以跟《四时纂要》（唐末韩鄂撰）的发现相当的重大讯息。

在9世纪的日本，《齐民要术》和《兆民本业》如何被人们利用我们已不得而知。想象中并非是它被利用于农业的实践方面，而是与《北堂书钞》及《艺文类聚》等"类书"（一种百科事典）一样，被作为工具书使用。当时的日本贵族阶级必须具备的修养之一，是要能够巧妙地写作汉诗，此乃中国科举制度的影响。9世纪初在唐朝首都长安学习密教归国的僧侣空海（774—835年），曾写过一本以诗文作法和评论为内容的《文镜秘府论》，凭借此书他得以接近嵯峨天皇（786—842年）的文坛，其成为宗教界的权威者，当与此契机有关。空海写此书时，参考了六朝时代至唐代所著的几册作诗入门书（例如：沈约的《四声谱》、刘善经的《四声指归》、皎然的《诗式》和《诗评》、崔融的《唐朝新定诗体》等），然而却没有介绍韩愈及柳宗元等人的作品。这些作诗入门书在中国都是科举应试的参考书，对于唐代的知识分子而言，已是过时的书籍。然而在九世纪的日本，此类作诗入门书远比唐代一流文人的作品显得重要。

2. 有关北宋版《齐民要术》与金泽文库抄本《齐民要术》再发现的问题

说到《齐民要术》在日本被接受而不能不提的事情，是有关京都高山寺所藏北宋版《齐民要术》（现存卷五、卷八及卷一的残页）和镰仓时代金泽文库所藏抄本《齐民要术》（全十卷缺卷三）再次被发现的问题。

高山寺所藏北宋版《齐民要术》现藏于京都国立博物馆，被指定为国宝，通常不对外公开。而于辛亥革命之后来到日本的罗振玉却得到博物馆的许可，拍摄了影印本，收录于他的《吉石盦丛书》之中。与此不同，作为此书精密的手抄本则收藏于东京的国立公文书馆（即内阁文库）。在《改订内阁文库汉籍分类目录》的"子部农家类"的条目中，有如下记载。

"齐民要术，（高山寺藏北宋刊本）存二卷（卷五、八），后魏贾思勰撰，江户期写。"

笔者最初在国立公文书馆阅览本书时，尚不知道北宋版《齐民要术》被征藏到江户（现在的东京）的事情，所以当时认为一定要了解江户时期抄本的来历。幸而农学者小出满二公开发表了《关于〈齐民要术〉的异版（不同的版本）》（1929年）的详细论文，才使笔者得以大致了解其情况。根据此论文得知，在江户时代末期的18世纪30年代，此书从高山寺被借出寄送到江户，当地的汉学家们尽力抄写，完成了几部抄本，后来把北宋版归还给了高山寺。

另一方面，金泽文库抄本《齐民要术》的出现是在文永十一年，即公元1274年。当时，北条时宗（公元1251-1284年）控制镰仓政权，对蒙古族统治的元朝政权采取强硬的态度，导致当年蒙古军队入侵，并爆发了"文永之役"。就是在政局最不安定之时，北条实时（公元1224-1276年）通过小川僧正的介绍，从京都借到了《齐民要术》抄本，作成了又一部新的抄本，这就是金泽文库抄本《齐民要术》。被借用的京都抄本持有者是典药寮（负责宫中医疗、医药、药园等等的官府机构）的官员和气朝臣。和气氏所持有的这部抄本则是由康乐寺的僧正转让给他的，原典源自宋代的版本。

有关此抄本的由来，在金泽文库本第十卷的跋文中有如下记载："仁安元年（公元1166年）九月晦，于百济寺，以唐折本书了。"

据此可知，大概在北条实时作成抄本的一百年前，近江地区（现在的滋贺县）的百济寺里就收藏有唐本折本，也就是宋版的《齐民要术》。此外，在金泽文库抄本第一卷及第四卷的跋文中，亦记载着于建治二年（公元1276年）使用近卫府所藏的"折本"（指版本）对该抄本进行校订之事。因此可以判明，从12世纪到13世纪，确有若干部宋版《齐民要术》在日本流传保存。

镰仓时代，日本与中国之间的船舶海运往来频繁，不只中国许多优秀人才（特别是禅宗的僧侣）来到过日本，他们也将各种文物（特别是陶瓷与书籍）一起带到了日本。北条实时深入学习中国儒学，他读书广泛，涉及政治、法制、农政、军事、文学等领域。晚年之时，他在自己的领地金泽（现在的横滨市金泽区）建造别墅及佛寺（称名寺），并致力于许多书籍的抄写。例如对于中国的古典，除了《齐民要术》之外，还抄写了《孝经》《春秋》《群书治要》《尉缭子》《司马法》等。所谓的"金泽文库"，便是以他收集、抄写的书籍为基础而建立的。现在金泽文库已成为神奈川县立图书馆，面向市民开放。从北条实时的读书倾向来看，他抄写《齐民要术》的目的，显然不在农业实践方面，而是作为书斋中的"农业知识大全"的参考书来利用的。

在其后的16世纪的动乱时代中，金泽文库的书籍大多散失了，北条实时的金泽文库抄本《齐民要术》也不例外。但此书在天正年间（1573-1592年）被丰臣秀次（丰臣秀吉的姊姊之子）带出，于庆长十七年（1612年）由京都相国寺的僧侣奉献给德川家康（江户幕府的创立者，1542-1616年）。根据当时的记录，其书为《齐民要术》十卷，是全本，但是德川家康获得此书之后却将第三卷佚失了。德川家康是鲜有的好学的武将，即使是在战乱之中，他也积极招纳有实力的学者和学僧勤勉励学，同时还致力于古典书籍的收集、出版、整理与普及。他是日本最早使用铜活字印刷的开创者。他对重视文教政策的价值观，和与其争夺霸权的丰臣秀吉（1536-1598年）的价值观造成鲜明的对比。丰臣秀吉为了获取其喜爱的茶道陶瓷器及其制造的陶工（窑匠），竟然实施了侵略朝鲜的愚蠢行动。

德川家康喜爱古典书籍是出了名的，因此大量书籍聚集到拥有权力的他的住地，其藏书被称之为"骏河文库"，藏书量推算约为万册。在他死后（1616年），其部分藏书被移往江户城的红叶山文库（现在的内阁文库）保存，剩下的藏书被分成三份，按五、五、三的比例分送给德川家康的三兄弟（德川家族的尾张、纪伊、水户三家）。金泽文库本《齐民要术》由尾张（名古屋）德川家的蓬左文库所收藏，大约三百年间无人知其下落，直到1926年，在名古屋市图书馆举办的蓬左文库图书展览会上人们才再次见到它。

明治十三年（光绪六年，公元1880年），中国著名的书志学者杨守敬（1839-1915）应驻日公使何如璋（1838-1915）之邀访问日本，在日本住了四年。在此期间，他与次任的驻日公使黎庶昌（1837-1897，《古逸丛书》的编纂者）合作，对传存于日本的中国古典书籍进行调查，整理写作了《日本访书志》和《留真谱》两书。日本的书志学者森立之（号枳园，1806-1885年）曾对杨氏的调查给予了大力的协助，但是他所提供的关于金泽文库本所藏地点的间接信息（即由名古屋真福寺所藏之错误信息），却是导致本书延迟发现的重要原因。不过，根据杨守敬转达友人罗振玉的信息，实现了高山寺所藏北宋版《齐民要术》影印本的出版。

3. 江户时代中国农书的接受状况

在日本，中国农书被正式应用到农业领域，是在江户时代的元禄年间（1688-1704年）之后的事。众所周知，江户时代的政治体制是由德川氏掌握全部政权，天皇并没有实质的政治权力。各地方则由被称之为"大名"的封建诸侯割据，大名们基本上靠自给自足经济经营其领土并统治属民。元禄年间，各大名领土内的耕地面积扩达到一定的限度，小农阶层的农业技术体系确立了。其时不光是农民，就连大名们都非常热衷于农业增产技术的革新以及商品作物的种植。因此，日本以此时期为界，出现了很多农书。现在，我国的农文协出版社已刊行了《日本农书全集》全72卷，据说还要计划增补28卷，使之达到全100卷。而这个数字不过是江户时代农书的一小部分而已。

根据《日本农书全集》编辑之一的佐藤常雄的研究，江户时代的农书可以分类为以下两种类型：第一种是由居于村落领导者地位的"名主"（村落的领袖及该地区的行政代表）或富裕农民依据自己长年积累的农业实践经验所著的"地方性农书"；第二种是农学者或下级地方官员将其对农业现场的观察和从文献中得到的知识进行整理写出的"指导性农书"。所以前者也可以称之为"农民的农书"，后者也可以叫做"学者的农书"。地方性农书论述的是各个特定地方的农业，因此应用范围狭小，而且是以稿本或抄本的型态留存，所以不可能流传全国。相对而言，"指导性农书"是由农业总论及各种作物的栽培论构成，具备某种农学体系，而且有当时的出版界提携出版，因此能在全国范围内广泛流传。此外，指导性农书得以流行的另一个原因，还仰赖了庶民阶层的"读写算能力"（识字写算的能力）水平的提高。

著作指导性农书的三大著连家为宫崎安贞（公元1623-1697年）、大藏永常（1768-？年）和佐藤佪渊（1769-1850年），其中的宫崎安贞曾透彻地研究过徐光启的《农政全书》，著有《农业全书》（全十卷，1697）。此书不仅在整个江户时代都是最畅销书，而且成为农民阶层奉承的农业圣典。另外，《农业全书》序文的执笔贝原益轩（公元1630-1697年），则是精通中国本草学及农学的学者，而且是有名藏书家。贝原益轩凭借自己丰富的读书经历与农业观察经验，给予宫崎安贞关于自己对《农政全书》的理解的诸多建言。读贝原益轩的日记可知，除了《农政全书》以外，他还研读过《耕织图》、《花镜》、《齐民要术》、《天工开物》等农业及技术类书籍，而他在日记中对《天工开物》的记载，则为日本对此书的最早的记录。

江户时代延享元年（1744年），名为山田好之（号罗谷）的人出版了《齐民要术》的训点本（训读汉文时，在汉文旁标示读法符号），他所依据的《齐民要术》版本是明末的《津逮秘书》本。他的经历几乎无人知悉，从其序文的内容来判断，出身地应为伊势地区（现在的三重县），他是一位具有汉学教养的农业研究家。他对《齐民要术》有如下很高的评价。

"本邦齐民悉知有治生之要术，偷亦有利哉。"

他继《齐民要术》之后，曾计划再出版《农桑辑要》《农圃六书》《农政全书》、《农桑撮要》《王氏农书》（《王祯农书》）《农桑通诀》（《王祯农书》中的（农桑通诀）部分），然而未能实现，不过山田训点本《齐民要术》于文政九年（公元1826年）加了别人的序文而被再版。此书在知识阶级之间或许有很多人阅读，然而却无农业实践应用的形迹。在日本，比较《齐民要术》，则《农政全书》更受欢迎，理由有二：第一，《农政全书》的作者徐光启为上海出身，该书记载了许多江南湿润地带的农业情报，这对于有相同气候的日本而言，更便于应用；第二，因为有宫崎安贞这样优秀的农学者，所以其书的翻译真切严谨。相对而言，山田本《齐民要术》的商品作物栽培部分及农家百科全书的内容，对于日本农业或许有一定程度的效用，然而对于当时日本的农学者及农民来说，要理解风土及气候迥然不同的华北旱地农法（保墒农法）的原理，可以说是极其困难的。关与旱地农法，日本学者正式开始研究是在进入20世纪之后，其研究的代表性人物，是西山武一、熊代幸雄以及天野元之助。

4. 西山武一、熊代幸雄的《齐民要术》日文翻译和天野元之助的《齐民要术》研究

1937年发生卢沟桥事变，日本军队占领华北，北京的大学相继西迁。翌年，在日本军队占领下的北京，临时政府将四个旧国立大学统合为北京大学重新开校，其下的农学院附设了农村经济研究所。该研究所的主要研究课题之一，就是"旱地农法的研究"。1941年，研究所组织"《齐民要术》轮读会"，研究会的会员有西山武一、熊代幸雄、山田登、锦织英夫、齐藤武、渡边兵力、原田正己等。几年后，西山武一回想当时的情况，作过如下叙述。

"《齐民要术》不仅是中国农书中的最高峰，也是最难读懂的农书之一。它宛如瑞士的高山艾格尔峰（Eiger）的悬崖峭壁一般。不过，如果能够根据近代农学的方法论搞清楚其书写的旱地农法的实态的话，那么《齐民要术》的谜团便会云消雾散。"

在轮读会的会员间，同时参考阅读了许维遹的《吕氏春秋集释》与Widtsoe的《保墒农法》（John A.Widtsoe, Dry Farming.ForSustainable Agriculture, 1910.）等书籍，但最有帮助的却是来自当地老农们的指教。《齐民要术》的著者贾思勰在序文中也谈到"询之老成"，这可以说是跨越时代的真理。

由于日本战败，西山等人的《齐民要术》研究在中国没有完成，战后在日本又重新开始。农业综合研究所（现在的农林水产政策研究所）的所长东畑精一，对他们的研究给予了全面的支持。东畑将金泽文库本《齐民要术》作为研究所的丛书影印出版，为这方面的研究提供了很大的方便。本书赠与了中国各研究机关，以此为契机，西山和熊代两氏也开始了与西北农学院古农学研究室的石声汉教授之间的学术交流，他们在日本和中国，分别完成了精细的《齐民要术》注译。

另一方面，满铁调查部（满铁是南满洲铁路有限公司的简称）优秀的调查员天野元之助，在受到日本军部的批判而被停职的期间，开始着

手研究中国的古农书。其书志学方面的研究成果，在战后汇集成为《中国古农书考》。本书是补充王毓瑚先生《中国农学书录》的重要工具书，许多中国农业史研究者都曾受益于此书。战后，天野在中国逗留了几年，1948年回到日本。归国后最初是在京都大学人文科学研究所从事《齐民要术》研究，当时研究会的负责人是薮内清教授，而实际推进研究的却是天野。此研究会也作了《齐民要术》的日文翻译，但在草稿阶段便中止了工作，终于未能出版。

以上是西山、熊代及天野等人对《齐民要术》研究的概况。凭借在中国当地农村的调查经验以解读《齐民要术》，是他们的共通点。他们从巧妙利用年间少许降雨量的土壤处理方法、农具体系以及轮作方式之间的相互关系中，发现了半干燥地带的华北旱地农法的特色。另外，熊代幸雄着眼于旱地农法中的人工中耕作业，把东亚农业的特色络结为"犁耕体系尚未展开之前的耰耕（Grabstock-und Hackbau）阶段的亚轮栽式农法。"

从上述可知，《齐民要术》传到日本的时间极早，通过本书，日本人学到了中国文化的许多内容。2007年9月，笔者在昭和农业技术研究会（附设于农林水产技术情报协会内）上作过这个题目的报告，参加者之中有西山、熊代两位先生的友人，他们对报告的评论如下。

"战后，在农业经济研究者之间，热心于讨论欧洲的农法体系，而不太重视亚洲的农法，因而熊代先生等对华北旱地农法的研究成果未能被充分应用。为了重新认识日本的农业，应该以《齐民要术》为基础，进一步地进行探讨。"

新中国成立之后，中国政府提出"向传统学习"的基本方针，全国的农业大学均开展了古农书的研究。目前，中国工业化急速发展，在这样的背景下，是否会迎来对贾思勰《齐民要术》再次有评价的机会？笔者对此深切关心。

八、日本的中国古农书及《齐民要术》藏书主要地点

藏书主要地点根据天野元之助所著《中国古农书考》（龙溪书舍，1975）记载的图书馆、文库、研究机关名单整理，天野手头占有材料多，不愧是日本研究《齐民要术》第一人者，不辞劳苦，数十年奔波于

古农书海之中，博览群书，刻苦钻研，勤奋耕耘，才取得出类拔萃的研究业绩。笔者又根据近年来的资料添加了若干地点，现将日本的中国古农书及《齐民要术》藏书主要地点列在下面。

（1）内阁。内阁文库（东京都千代田区北丸公园）（图2-89）。

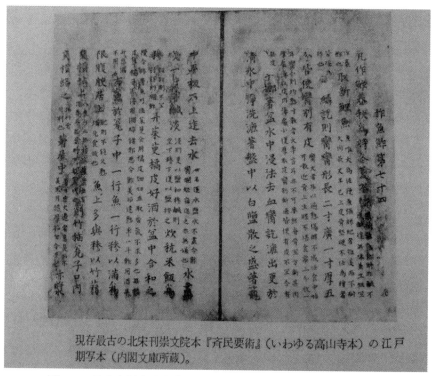

现存最古の北宋刊崇文院本『齐民要術』（いわゆる高山寺本）の江戸期写本（内閣文庫所蔵）。

图2-89　日本内阁文库所藏北宋刊崇文院本《齐民要术》高山寺本

（2）京博。京都博物馆（京都市东山区茶屋町五二七）。

（3）金泽。金泽文库（神奈川县横浜市金沢区金沢町142）。

（4）蓬左。蓬左文库（名古屋市东区德川町二丁目）。

（5）东研。东京大学东洋文化研究所（东京都文京区本乡七丁目）。

（6）东洋。东洋文库（东京都文京区本驹込二丁目）。

（7）国会。国会图书馆（东京都千代田区永田町二丁目）。

（8）静嘉。静嘉堂文库（东京都世田谷区冈本二丁目）。

（9）尊经。前田尊经阁文库（东京都目黑区驹场八五一）。

（10）农总。农业总合研究所（东京都北区西之原二丁目）。

（11）人文。京都大学人文科学研究所（京都市左京区北白川东小仓町）。

（12）京大。京都大学附属图书馆（京都市左京区吉田本町）。

（13）武田。杏雨书屋（大阪市东淀川区十三西之町）。

（14）天理。天理图书馆（奈良市圠之内）。

（15）冈山大。冈山大学农业生物研究所图书馆分馆（仓敷市中央二）。

（16）山口大。山口大学图书馆（山口市吉田）。

（17）早大。早稻田大学图书馆（东京都新宿区户冢町一丁目）。

（18）神大。神户大学图书馆（兵库县神户市滩区六甲台町一丁目）。

（19）流通大。流通经济大学（茨城县龙之崎市平畑120号）。

金泽大学（Kanazawa University），坐落在日本石川县金泽市，是于1862年建立，1949年开设大学教育的日本著名国立大学。在日本金泽大学图书馆，有日本、中国、中国台湾、中国香港的有关《齐民要术》方面的研究书籍，除了藏有《齐民要术》主要版本外，还有缪启愉《齐民要术校释》（明文书局），田中静一《齐民要术，现存最古老的料理书》（雄山阁），《齐民要术》（台湾商务印书馆），小林清市《中国博物学的世界：以<南方草木状><齐民要术>为中心》（農山漁村文化協会），张行孚《齐民要术农桑辑要》（台湾中华书局），石声汉《齐民要术选读本》（农业出版社），Lau, D. C.（Dim Cheuk），陈方正，何志华《齐民要术逐字索引》（香港中文大学出版社），汪维辉《<齐民要术>词汇语法研究》（上海教育出版社）等。

此外，大阪大学、学习院大学、追手门学院大学、佐贺大学、近畿大学、新泻大学、岛根大学、同志社大学、龙谷大学、丽泽大学等大学图书馆以及社团法人中国研究所图书馆，《齐民要术》的相关版本和书籍也很多。

日本的专家教授个人藏书也不可忽视，例如京都大学天野元之助教授的《齐民要术》等古农书收集和保藏就非常齐全，天野教授去世后，在其过去同事和友人、现任日本流通经济大学教授的原宗子女士和天野元之助教授孙子天野弘之先生的共同努力下，成功建立了"流通经济大学天野元之助文库"，以《齐民要术》等中国古农书研究书籍为中心，藏书8 000多册。2008年，中国中央电视台十集电视纪录片《齐民要术》拍摄时，曾多次采访日本流通经济大学原宗子教授和"天野元之助文库"

东畑精一（Tobata Seiichi，1899-1983）（图2-90）是原东京大学教授，日本农业经济学家，农学博士，研究方向是农业经济学，1961年曾著有《<齐民要术>与我》（《齐民要術とわたし》），收录在在西山武一、熊代幸雄共译的《齐民要术》里（图2-91）。东畑精一教授对研究《齐民要术》的名家非常尊重和敬仰，对西山·熊代氏的校订译注工作给予过极大帮助，对他们的研究给予了全面的支持，东畑精一作为农林水产省综合农业研究所所长，尽职尽责，将金泽文库本《齐民要术》作为研究所的丛书影印出版，为这方面的研究提供了很大的方便。本书赠与了中国各研究机关，以此为契机，西山和熊代两氏也开始了与西北农学院古农学研究室的石声汉教授之间的学术交流，他们在日本和中国，分别完成了精细的《齐民要术》注译。东畑精一对天野元之助教授的《齐民要术》研究也给予莫大支持，在天野元之助《中国古农书考》（图2-92）的序言中写道"天野元之助在漫长的生涯中曾遭遇多次剧变，使他吃了不少苦头。可是他从未中断过对中国农业和农书的研究，

而且不断取得进展。天野先生这种在逆境中仍然怀着'朝夕常清醇，日日是好日'的心情发奋工作，以研究学问为乐的精神，尤其值得我们学习和景仰"。1983年东畑精一去世后，在同事和友人的努力下，建成"东畑文库"。东畑精一1922年东京大学毕业后，直到1959年一直在东大任教，其间1946-1959年担任农林水产省农业综合研究所首任所长，"东畑文库"所有书籍为东畑精一生前的全部藏书。藏书的内容为在东京大学

图2-90　东畑精一教授

退职前1959年之前收集的德国农业、社会、经济学方面的学术书籍以及1926-1930年在德国、美国留学五年时间的学术书籍。其中，有许多中国古农书和《齐民要术》的主要版本。

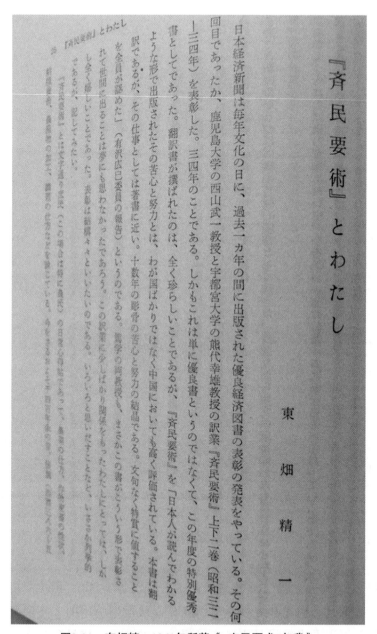

图2-91　东畑精一1961年所著《＜齐民要术＞与我》

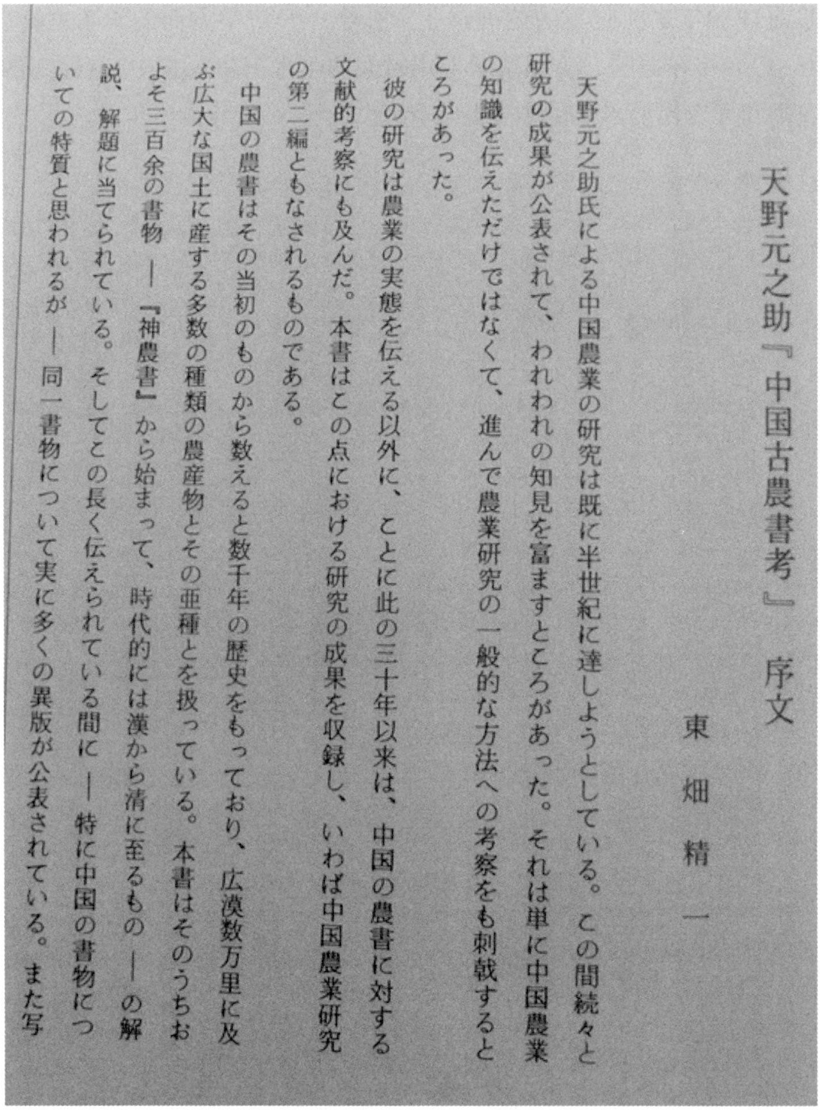

天野元之助『中国古農書考』　序文

東　畑　精　一

天野元之助氏による中国農業の研究は既に半世紀に達しようとしている。この間続々と研究の成果が公表されて、われわれの知見を富ますところがあった。それは単に中国農業の知識を伝えただけではなくて、進んで農業研究の一般的な方法への考察をも刺戟すると
ころがあった。

彼の研究は農業の実態を伝える以外に、ことに此の三十年以来は、中国の農書に対する文献的考察にも及んだ。本書はこの点における研究の成果を収録し、いわば中国農業研究の第二編ともなされるものである。

中国の農書はその当初のものから数えると数千年の歴史をもっており、広漠数万里に及ぶ広大な国土に産する多数の種類の農産物とその亜種とを扱っている。本書はそのうちおよそ三百余の書物――『神農書』から始まって、時代的には漢から清に至るもの――の解説、解題に当てられている。そしてこの長く伝えられている間に――特に中国の書物について――同一書物について実に多くの異版が公表されている。また写いての特質と思われるが――

图2-92　东畑精一为天野元之助《中国古农书考》所写序言

九、日本的《齐民要术》主要刊本

1. 西山·熊代氏共译的《齐民要术》所见刊本

在西山武一、熊代幸雄共译的《齐民要术》里，可以直接感受到两位教授的大家风范和严谨学术态度，仅从他们引用的《齐民要术》版本一览就可以看出编译日文《齐民要术》的浩繁工作量和艰辛程度，在

P.22的范例附录中，有"齐民要术刊本一览"，如图2-93所示。

（1）北宋·崇文院本（1023-1031）。天圣中诏刻（文献通考引自李涛，天禧四年诏刻）。

①高山寺本残缺本、卷五卷八存。京都博物馆藏。

②金泽文库抄本（1274）。文永11年，在金泽文库抄写，卷三失。名古屋蓬左文库藏。卷子本、行15字。

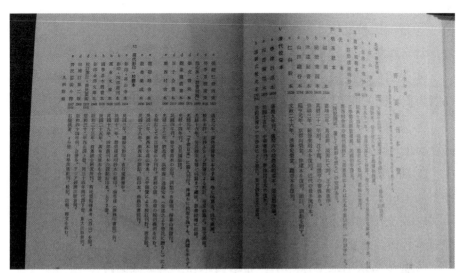

图2-93　西山武一、熊代幸雄共译《齐民要术》中"齐民要术版本一览"

（2）南宋·绍兴本（1144）。绍兴14年，张辚、龙舒私刻。葛佑之后序。

群碧楼藏明抄本。江宁邓氏群碧楼藏、民国初年发现。

（3）元本。渐西村舍本校刊商例《邵惠西，元本半页10行、一行18字》。

（4）明系统本。被定评为"误脱满纸，明显失去了原貌"。

①湖湘本（1524）：嘉靖3年、马直卿、刻于湖湘，王子衡后序。

②秘册汇函本（1603）：万历31年刻。沈子龙、胡震亨有后记。

③津逮秘书本（1630）：崇祯3年、秘册汇函本复刻。近代最多的流行本。

④山田罗谷本（1744）：延亨元年、京都向荣堂、津逮本复刻。附

有头注、训点。

⑤仁科干本（1826）：文政26年、浪华定荣堂、罗谷本复刻。

（5）清代校宋本。

①学津讨原本（1804）：嘉庆9年刊。黄琴六校农桑辑要本。张海鹏后记。

②四部备要本（1926）：民国15年、中华书局刊。学津讨原本复刻。

③猪饲氏校北宋（1761，1845）：猪饲彦博根据一宋本校订。东京静嘉堂文库藏。

④张绍仁校南宋（1821）：道光元年、黄尧圃藏校宋本的手临、卷七66篇为止。同文库藏。

⑤劳季言校南宋（未详）：校年未详。根据宋钞本及群书校订。卷五45篇为止。同文库藏。

⑥陆心源·《群书校补》：（1890）光绪16年、根据劳氏校宋本继校至卷七66篇为止。

⑦崇文书局本（1875）：光绪元年、《子书百家》编入刊行，根据津逮本校改，无典引。

⑧观象庐丛书本（1888）：光绪14年刊。吕吴调阳跋。

⑨百子全书本（1915）：民国4年刊。崇文局本的附有石印、训点的复刻。扫叶山房发行。

⑩渐西村舍本（1896）：光绪22年、根据刘恭甫、洪琴西过录宋本（由朱述之赠与劳氏）校订学津本，由中江权属刊行。袁昶跋、收入恭甫的校刊商例。

⑪龙溪精舍本（1917）：民国6年、根据高山寺本、太平御览校订渐西本刊行。唐宴跋。

⑫丛书集成本（1936）：民国28年、渐西本的训点、铅印本。商务印书馆刊。

（6）现代影印·校译本。

①影印·高山寺本（1914）：民国3年、罗振玉影印。吉石庵丛书中。

②影印·四部丛刊本（1922）：民国11年、群碧楼藏明抄本的影印。涵芬楼（商务印书馆）刊。

③万有文库本（1930）：民国19年、四部丛刊本的训点铅印本。上、下2册。

④国学基本丛书本（1936）：民国25年、万有文库本的合册。

⑤影印金泽文库本（1948）：昭和23年、农业总合研究所刊。附有齐民要术传承考（西山）。

⑥校订译注·齐民要术（1957，1959）：昭和32年西山译上册、同34年雄代译下册、东大出版会刊。

⑦同补订第二版（1969）：昭和34年合册本。亚洲经济出版会刊。

⑧齐民要术今释（1957，1958）：石声汉著、4分册、科学出版社刊。收入校记、注解、译文。

由西山·熊代氏共译的《齐民要术》所见刊本可知，《齐民要术》在日本共有26个版本，加上西山·熊代氏共译的《齐民要术》（上、下册）、同著合订版以及石声汉的《齐民要术今释》，共29个版本。西山武一和熊代幸雄查遍阅遍，彻底钻研，经过反复吃透、对比、校订，不断地与石声汉等中国专家请教交流，形成了著名的日文校订译注本《齐民要术》，在中国、日本乃至全世界，只要一提日文版《齐民要术》，无人不晓西山武一和熊代幸雄的大名，在做学问方面，西山和熊代教授为我们树立了很好的榜样。

2. 天野元之助《中国古农书考》所见刊本

天野元之助在《中国古农书考》的"北魏、贾思勰撰《齐民要术》十卷永熙·武定年间（532-544年）所作"一文中，从北宋天圣本（1023-1031年）、南宋绍兴本（张辚本二龙舒本，1144年）、明湖湘本（马直卿本）三个头绪进行展开，列出25种不同版本，并列出"齐民要术刊本系统表"（图2-94），它们是：高山寺本（京都博物馆藏），吉石庵本（影印本），金泽文库本（蓬左文库藏），影印金泽本（影印本），猪饲校宋本（静嘉堂藏），山田罗谷本（木板本），仁科干本（木板本），国学基本丛书本（活字本），万有文库本（活字本），四部丛刊本（影印本），群碧楼抄本（书写本），群书校补（木板本），张氏校宋本（静嘉堂藏），劳氏校宋本（静嘉堂藏），丛书集成本（活字本），渐西村舍本（木板本），龙溪精舍本（木板本），湖湘本（木板本），秘册汇函本（木板本），津逮秘书本（木板本），崇文书局本（木板本），百子全书本（石印本），观象庐丛书本（木板本），学津讨原本（活字本）和四部备要本（活字本）。

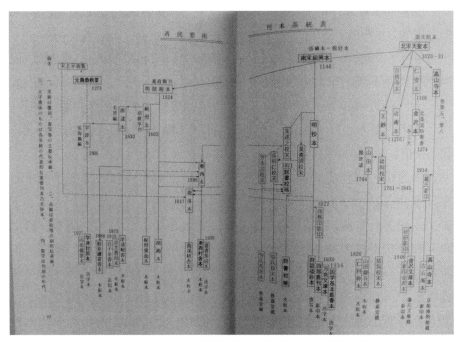

图2-94　天野元之助《中国古农书考》齐民要术刊本系统表

3．其他刊本

齐民要术校释，缪启愉著，明文书局（在金泽大学、近畿大学图书馆等均有收藏）。在日本的各相关研究中，常把缪启愉的《齐民要术校释》与石声汉《齐民要术今释》并列视为两个重要版本，可见石声汉和缪启愉在日本相关学者心中的地位。

十、日本各种百科辞典中大部分有贾思勰和齐民要术条目

1．国际大百科事典

齐民要術，せいみんようじゅつ（Qi-min-yao-shu, Ch`i-min-yao-shu）。

解说：中国の現存する最古の農業技術書。北魏の賈思きょう（かしきょう）著。10巻。92編から成り，五穀の種植法から酒，醤油の製法など農業生産物の加工までの広範囲に及ぶ農業技術を説く。正確精細で，東アジアの乾地犁耕農法の要点を尽している。

译文：中国现存最古老的农业技术书。北魏贾思勰著，10卷，92篇，阐述了从五谷的种植法、到酒、酱油的制法等农产品加工的农业技术，正确精细地强调了东亚旱地犁耕农法的要点。

2. 其他如

（1）数字化大辞泉

（2）百科事典我的维基百科

（3）世界大百科事典

（4）大辞林

（5）日本大百科全书

等大型工具书和词典、事典里均有贾思勰和齐民要术条目，其解说与《国际大百科事典》大同小异。

十一、日本各博物馆中有关《齐民要术》的藏品

1. 国立东京博物馆

国立东京博物馆位于東京都台東区上野公園13-9，是日本历史最悠久、馆藏品质及数量首屈一指的博物馆，始于明治5年（1872年）。博物馆收藏并展出日本及亚洲国家的绘画、陶器、雕刻、漆器等文物，其中包括87件日本国宝。其中，有楷书《齐民要术》八屏，解说是"中国清代著名的书画家、篆刻家赵之谦（1829-1884年）书，约书于清代同治八年（1869年），个人所藏，书法风格为赵之谦所独有，但以后被称为'北魏体'（图2-95）"。内容是《齐民要术》卷一、耕田第一中的一段："凡耕之本，在于趣时和土，务粪泽，早锄早获。春冻解，地气始通，土一和解。夏至，天气始暑，阴气始盛，土复解。夏至后九十日，昼夜分，天气地和，以此时耕田，一而当五，名曰'膏泽'，皆得时功。春，地气通，可耕坚硬强地黑垆土，辄平摩其块以生草，草生复耕之，天有小雨复耕和之，勿令有块，以待时。所谓强土而弱之也。春，候地气始通：橛木长尺二寸，埋尺、见其二寸；立春后，土块散，上没

橛，陈根可拔，此时二十日以后，和气去，即土刚。以时耕，一而当四。和气去耕，四不当一"。

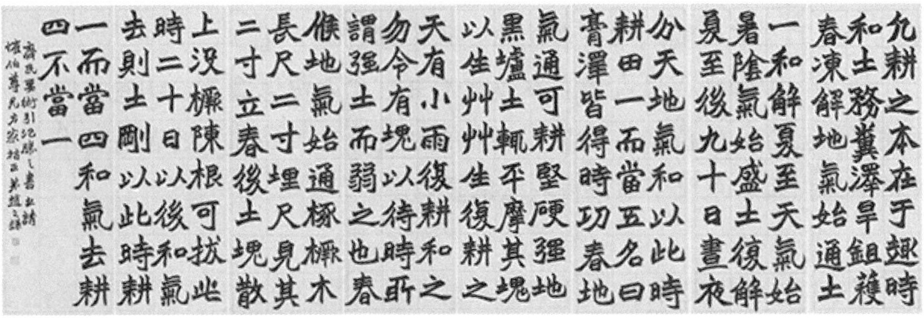

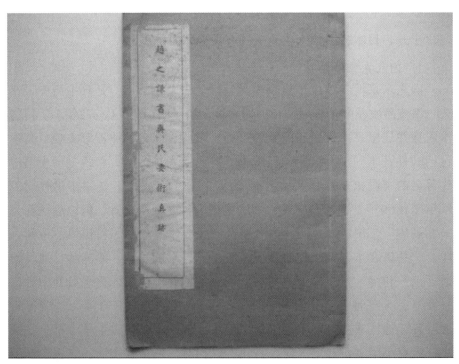

图2-95　中国清代著名的书画家赵之谦楷书《齐民要术》八屏

2. 大阪历史博物馆

大阪历史博物馆位于大阪市中央区大手前4-1-30，博物馆的文物陈列中有"赵之谦书齐民要术真迹"（图2-96、图2-97）。

图2-96　赵之谦书齐民要术真迹

图2-97 赵之谦书齐民要术真迹字体

3. 国立京都博物馆

国立京都博物馆中有西川宁教授收集的《北魏贾思伯碑图版·释文》（图2-98~图2-100）。西川宁（Nishikawa Yasushi，1902–1989年），字安叔、号靖闇，1902年出生于东京。日本著名书法家、汉学家、书法理论家。明治时代大书家西川春洞（1847–1915）第三子。自幼濡染书法，学习书学。尤其钦慕清代书法家赵之谦，精于六朝书。1938年至1940年，作为外务省特别研究员留学北京，研究中国古代文学、书法。回国后，继续追求造型性表现的独特的创作活动。1955年获日本艺术院奖，1969年成为艺术院会员，1985年被授予文化勋章，在日本以代表昭和书风的书法家活跃于书坛，有书坛"天皇"之称。另一方面，致力于中国文学金石学，中国书迹的调查研究，1960年以《西域出土晋代墨迹的书法史研究》获文学博士，除此之外还有许多著作，在书法史和书法理论两方面进行了实证性的研究。同时执教于庆应义塾大学，东京教育大学之余，对现代书坛的发展也贡献极大。

图2-98　国立京都博物馆　西川宁临贾思伯碑

图2-99 日本国立京都博物馆 西川宁临贾思伯碑

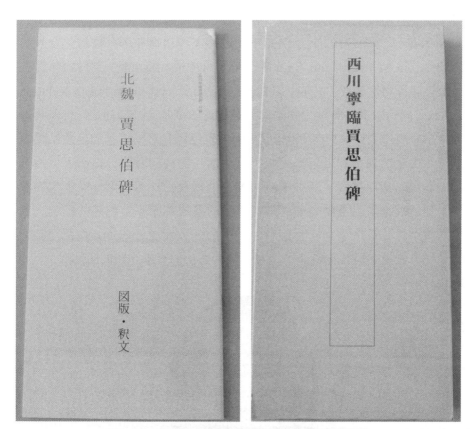

图2-100 日本国立京都博物馆 西川宁临贾思伯碑

第二节　《齐民要术》对欧洲的影响

一、达尔文与《齐民要术》

查尔斯·罗伯特·达尔文（Charles Robert Darwin，1809-1882（图2-101）），著名英国生物学家、进化论的奠基人，先后六次谈论并引证《齐民要术》这部"古代中国百科全书。"达尔文1809年2月12日出生于英国小城什罗普郡郡治Shrewsbury，1817-1825年在施鲁斯伯里私立中学就读，1825-1827年在苏格兰爱丁堡大学攻读医学，1828-1831年在英国剑桥大学攻读神学，1831-1836年随贝格尔号军舰环球考察，1837年开始写作第一本物种演变笔记，1859年发表《物种起源》。（On the Origin of Species）（图2-102）。1868年发表《家养动物和培育植物的变异》（Variation of Plants and Animals Under Domestication），1871年发表《人类起源和性选择》（The Descent of Man，and Selection in Relation to Sex）。达尔文是英国生物学家、进化论的奠基人，特别是有曾经乘坐贝格尔号舰作了历时5年的环球航行的宝贵经历，对动植物和地质结构等进行了大量的观察和采集，出版了著名的《物种起源》，提出了生物进化论学说，从而摧毁了各种唯心的神造论以及物种不变论。除了生物学外，他的理论对人类学、心理学、哲学的发展都有不容忽视的影响。恩格斯将"进化论"列为19世纪自然科学的三大发现之一（其他两个是细胞学说、能量守恒转化定律），对人类有杰出的贡献（图2-103）。

图2-101　查尔斯·罗伯特·达尔文（侧面照）

图2-102 1859年达尔文发表《物种起源》

图2-103 查尔斯·罗伯特·达尔文（工作照）

19世纪末，《齐民要术》传到欧洲，英国学者达尔文在其名著《物种起源》和《动物和植物在家养下的变异》中就参阅过这部"古代中国百科全书"，并援引有关事例作为他的著名学说进化论的佐证。他在《物种起源》中谈到人工选择时说："如果以为这种原理是近代的发现，就未免与事实相差太远。……在一部古代的中国百科全书中，已有关于选择原理的明确记述。"达尔文在广泛参阅中国农书的基础上，为生物进化论提供了可靠的科学依据。在当今欧美国家面临农业危机的状况下，《齐民要术》更是引起欧美学者的极大注视和研究，说它"即使在世界范围内也是卓越的、杰出的、系统完整的农业科学理论与实践的巨著。"在达尔文的三部主要著作《物种起源》《动物和植物在家养下的变异》《人类起源和性选择》中，以《齐民要术》为主，先后引证或提到中国有关的材料一百余处，涉及猪、羊、马、驴、狗、鹅、兔、鸡、金鱼、家蚕、小麦、水稻、杏、桃、香蕉、甜瓜、菊花、蔷薇、牡丹、竹、雪松等多种动植物。

确实，6世纪时北魏农学家贾思勰的《齐民要术》（533-544）是中国农史上的一部重要代表作。全书92章共11万字，论及各种谷物栽培、农具、畜牧、兽医、农作物及食品加工、蔬菜、果树及茶竹等各个方面，堪称古代中国农业百科全书。此书除在中国流传外，还在日本、韩国等亚洲国家以及欧洲各国有广泛影响。

需指出的是，19世纪英国伟大生物学家达尔文（Charles Robert Drmwiae）在奠定与充实其生物进化论过程中广泛涉猎了中国资料，在这过程中他阅读了18世纪法文版《中国纪要》（法文为：Memoires sur les Chinois，作者金济时Jean-Paul-Louis Collas，在达尔文的著作中称Jesruits，1767-1781年在华，法国人，耶稣会传教士，天文学家）有关科学技术的一些卷，并通过此书了解了《齐民要术》中关于人工选择的思想，而且予以引用和高度评价。这个事实至今仍不为很多学者所了解，因为达尔文并没有明确说明他引用的中国书名。要解决这个问题，需对中西文史及文献作深入考证，首先是查阅《中国纪要》原著。但此著当前属于罕见书籍（rare book），较难看到，又是用18世纪古体法文印的。达尔文著作的汉文译者没有进行这种考证，故译文间有不准确之处。1990年，中国科学院自然科学史研究所潘吉星教授撰文《达尔文与<齐民要术>，兼论达尔文论述的某些翻译问题》，目的在于通过研究《中国纪要》法文原著、达尔文英文原著及《齐民要术》汉文原著后加以综合对比，从而展示达尔文涉猎《齐民要术》的具体过程，并对达尔文某些论述提供新的译文。这项研究是潘吉星教授1987年春夏之交在美国进行的，得以利用那里的丰富藏书，使工作顺利结束。

达尔文于1868年发表的《动物和植物在家养下的变异》（The Variation of Animals and Plants under Domestication）一书（以下简称《变异》），第二十章"人工选择"谈到人的时尚对选择的影响时写道："现在我要阐明，我们大部分有用动物的几乎任何特征由于满足时尚、迷信或某种其他动机的需要，都曾受到重视，并且因而被保存下来。"他接下说："With respect to sheep, the Chinese prefer rams without horns; the Tartars prefer them with spirally wound horns, because the hornless are thought to loss courage. 笔者拟将这段话译为；"关于绵羊，中国汉族人喜欢无角的公羊；蒙族人喜欢带螺旋形角的公羊，因为无角被认为失去勇气。"但汉译本将文内的Chinese译为"中国人"，将Tartars译为"鞑靼人"，笔者以为不妥，故改译为"中国汉族人"及"蒙族人"。19世纪以前，西方人一般用Tartar，称蒙族人或满族人，这种用词是不当的。达尔文因引用18世纪文献，只好用Tartar一词，但我们中国人不可再沿用。中国是多民族国家，Chinese在这里只能译作汉族人，否则蒙族人或满族人便成为"外国人"了。看来翻译达尔文经典著作，要像达尔文那样广泛涉猎各国史。这本身就是文科与理科结合的综合性研究工作，而不只限于单纯生物学著作的翻译。达尔文在那段论述后，脚注中标明参考文献：Memoires sur les Chinois [by the Jesruits], 1786, tom XI, P.57。译为：耶稣会士著《中国纪要》，1786，卷11第57页。

Memoires sur les Chinois是达尔文自己为《中国纪要》取的简称，似不够规范，因为法国人用的规范简称是Memoires concernant les Chinois。顺便说，达尔文标注的一些参考文献，常自己取简名。又如香港英文刊物《中日研讨》规范简称为Notes and Quiries on China and Japan，达尔文自己则简称为China Notes and fries。这给后人研究多少带来困难。根据达尔文的提示，查阅了《中国纪要》卷11第57页，这正是前面谈的金济时（Jean-Paul-Louis Collas）论绵羊的报道文章。文内他引证《齐民要术》及《便民图纂》中养羊部分，结合自己在华见闻介绍养羊技术。但他将自己见闻与中国农书所述混在一起叙述；有时将《齐民要术》不同地方的论述概括起来，在一处予以提要式说明，不仔细研究，难以分辨。然而他文内的基本思想是以《齐民要术》为纲的。文内称"Mais comme ditle livre Tsi-Min-Yao""但正如《齐民要（术）》，所说"之后隔一大段又称"我曾读过廷瑞学士的著作《便民（图纂）》"，在这里用了两部农书的简名，因邝璠字廷瑞，于明弘治六年（公元1493年）中进士，故金济时称其为"廷瑞学士"，说明他汉学根底很深。接下他便于文内写道："要留作种羊的羊羔，这时要锯去角，要是找不到生来就不带角的羊羔的话。汉族人通常喜欢不带角的公羊；但蒙族人在沙漠里放牧，则不依此法行事；在山里放牧的汉族人也不依此法。因为在他们看来，公羊不带角就失去勇气，就不会毫无畏惧地前进，也不会大胆地带领羊群，他们喜欢带螺旋形角的公羊。"这正是达尔文引证的内容。不过如前所述，金济时这里把农书所述及其见闻放在一起讲的。关于汉人对羊角的看法，引自《齐民要术·养羊第五十七》；"抵（公羊）无角者更佳。有角者喜相低触，伤胎所由也。"《便民图纂》卷十四"养羊法"引《齐民要术》亦云："抵无角者更佳；有角者喜相触，伤胎所由也。"然按《齐民要术》本义，汉人喜欢不带角的公羊不是出于时尚，而是怕圈养时伤害受孕的母羊，金济时（Jean-Paul-Louis Collas）对此未予说明。至于蒙族人喜欢带螺旋形角的公羊，乃金济时实地见闻，因他曾奉乾隆帝（1736–1795年在位）谕旨至华北、西北及中南考察养羊，在蒙古牧区停留过。由此我们可以说，达尔文已触及到《齐民要术》所述之部分内容。

达尔文《变异》第二十章"人工选择"中又写道："In the great work on China published in the last century by the Jesuits, and which is chiefly compiled from an ancient Chinese encyclopedia, It is said that with sheep 'improving the breed consists in choosing with particular care the lambs which are destined for propagation, in nourishing them well, and in keeping the flock separate'. The same principles were applied by the Chinese to various and fruit-trees." 达尔文在此用了 "ancient Chinese encyclopedia"（古代中国百科全书）一词，这段话译为："在上一世纪耶稣会士们出版了一部有关中国的大部头著作，这部著作主要是根据古代中国百科全书编成的。关于绵羊，书中说'改良品种在于特别细心地选择预定作繁殖之用的羊羔，对它们善加饲养，保持羊群隔离。'中国人对于各种植物和果树也应用了同样的选择原理。" 脚注中注明出处：Memoires sur les Chinois, 1786, tom XI, p, 55, [1780], tom V, p. 507。同样是《中国纪要》法文版卷十一第55页及卷五第507页，但卷五未注明年代，故我们此处补入[1780]。此处所引卷十一仍是金济时谈绵羊那篇报道，而卷五第507页所载之文题为《各种事物琐记》（Notices sur differens objects），也是篇较长的文章，其中谈到植物及果树栽培，材料也取自《齐民要术》，执笔人估计仍是金济时（Jean-Paul-Louis Collas）。我们对这位法国耶稣会士颇有好感，因为他在中国写的大部分作品都是质量较高的科学技术方面的论文，因而也被达尔文所看中。

从达尔文上述那段话口气上看，他心目中的"古代中国百科全书"不是指《中国纪要》，因为他已经用"一部有关中国的大部头著作"来称呼此书了，他所指的是《中国纪要》所引证的其他中国著作，而在此处主要是指《齐民要术》。贾思勰的这部书也确可称当"古代中国百科全书"而无愧。但我们要对达尔文的话略予说明，虽然他所阅读的《中国纪要》有关科学的卷取材于《齐民要术》，但就整个这套16册丛书而言，情况并非如此。就卷十一该文而言，书面材料主要来自《齐民要术》，虽亦引《便民图纂》（邝璠著），但《便民》所述亦不出《齐民》范围。《齐民要术·养羊第五十七》云："羊羔，腊月、正月生者留以作种，余月生者还卖。……所留之种，率皆精好，与世间绝殊，不可同日而语之。"这是论种羊之选择。又说："寒月生者，须燃火于其边。夜不燃火，必致冻死。凡初产者，宜煮谷豆饲之。"这是讲对种羊羊羔善加饲养。又指出羊很容易生疥，而"羊有疥者，间别之。不别，相染污，或能合群致死。这是讲保持羊群的隔离。金济时（Jean-Paul-Louis Collas）将这些内容概括在一起予以综合叙述，这便是达尔文用引号引述的那一段话。那段话是金济时（Jean-Paul-Louis Collas）法文原文的英译，但材料及思想却直接来自《齐民要术》。我们已将金济时（Jean-Paul-Louis Collas）据以作出概括的依据在此处逐一列出了。显然从《齐民要术》叙述中是可以引出那段结论性的话的。

《齐民要术》不但养羊时明确应用了选择原理，而且还将这种普遍原理推广应用于各种植物和果树。例如在谈到枣、桃树留种时该书说："常选好味者留栽之"、"选取好桃数十枚，孽取核"收作种，"诸菜先熟〔者〕，并须盛裹，亦收子。"贾思勰此处还明确使用了"选择"这一术语。金济时在《中国纪要》卷十一第55页对《齐民要术》这些内容再予概括后写道："我们已报道了中国人在改良、提高和完善果树、谷物、蔬菜及花草方面所用的普遍（选择）原理，而他们养羊时所遵循的不过是这个普遍原理的一项运用和引申而已。"达尔文注意到这段话的分量，因而在他论养羊那段话后，特别将这段话用变换的口气"中国人对于各种植物和果树也应用了同样的（选择）原理"载入《变异》之中。稍有不同的是：金济时说中国人栽培植物时所用普遍选择原理，在养羊时得到运用及引申；而达尔文说中国人养羊时所用选择原理也应用于栽培植物。口气稍异而实质内容仍相同，都是就《齐民要术》而言者。由于金济时只给出《齐民要术》的音译，达尔文不懂得Tsi-Min-Yao-Shu这些法文拼音的含义是什么意思，所以他只好称之为"古代中国百科全书"了。

表明达尔文论及《齐民要术》的另一事例，还见于《变异》第二十四章论风土适应的那一节，其中写道："The common experience of agriculturists is of some value, and they often advise persons to be cautions in trying the production of one country in another. The ancient agricultural writers of China recommend the preservation and cultivation of the varieties peculiar to each country."这段话汉文意思是："农学家们的普遍经验具有某种价值，他们常常提醒人们当把某一地方产物试在另一地方栽培时要慎重小心。中国古代农书作者建议栽培和维持各个地方的特有品种。"脚注中写道："关于中国，参见《中国纪要》，1786，卷十一第60页（For China, see 'Memoires sur les Chinois', tom XI, 1786, p.60）。达尔文这里再一次引证金济时的报道中带有结论性的叙述。像往常一样，金济时首先通读《齐民要术》不同章节对某一问题的论述，吃透其精神后再在一处加以概括的说明。导出此处结论的依据来自《齐民要术·种蒜第十九》，其中说："并州（今山西）豌豆度井径（今河北）以东，山东谷子入壶关上党（山西），苗而无实。皆余目所亲见，非信传疑，盖土地之异者也。"又说："今并州无大蒜，朝歌（今河南）取种，一岁之后，还成百子蒜矣。其瓣粗细正与条中子同（蒜瓣只有蒜苔中珠芽那样小）。"这就是提醒人们把某一地方产物试在另一地方栽培时要慎重小心。贾思勰有时用民歌"男儿在他乡，那得不憔悴"作形象比喻。可见达尔文这里所说"农学家"及"中国古代农书作者"，仍是指贾思勰及《齐民要术》。

种种证据显示，早在1840-1850年，达尔文起草其划时代杰作《物种起源》（The Origin of Species）时已涉猎了《齐民要术》，因为他这时看到《中国纪要》。在1859年《物种起源》英文第一版第一章中，他有一段最值得我们注意的话："It may be objected that the principle of selection has been reduced to methodical practice for scarecely more than tree-quarter of a century; …But it is very far from true that the principle is a modern discovery，1 could gave several references to works of high antiquity. in which the full importance of the principle is acknowledged, The principle of selection I fund distinctly given in an ancient Chinese encyclopedia."这里达尔文用了"ancient Chinese encyclopedia"（古代中国百科全书）一词，我们把这段话译为："将选择原理系统地付诸实践，不过是最近75年来的事；……但是，如果以为此原理是一项近代的发现，就未免与事实相差太远。我可以举出某些认识到此原理之充分重要性的古代参考文献。……我在一部古代中国百科全书中发现明确地提出了选择原理。"潘吉星教授认为现行译本对这段文字译得不尽如意（《物种起源》，达尔文著，谢蕴贞译，科学出版社，1972），主要是达尔文所说"1 find"（"我发现"）没有在译本中强调出来，才决定严格按达尔文原话重译一遍。这是达尔文第一次提到"古代中国百科全书"，而且用它证明他的一个重要观点，即人类应用选择原理饲养动物和栽培植物由来已久。

然而达尔文没有在脚注中指明他这一观点的文献出处。这是因为他无法把早已收集到的大量文献及实际证据都容纳在这部首次阐明生物进化论的纲领性著作中，否则此书篇幅要显得过大，拖长出版时间，而朋友们都催促他早日出书。1982年，潘吉星教授在剑桥大学达尔文档案卷中看到他为准备《物种起源》的写作而记下的大量读书笔记，当时匆忙浏览的大笔记本就有20多册，令人眼花缭乱。可以说达尔文在《物种起源》中发表的每一重要意见，都有一系列证据作为后盾，尽管他没有一一列举出来。他把这项工作留在下一步进行。1868年的《动物和植物在家养下的变异》（Variation of Plants and Animals Under Domestication）和1871年的《人类的由来及性选择》（The Descent of Man and Selection in Relation to Sex）两部书在某种意义上就是为此目的而发表的。在这两部书中达尔文进一步充实并发展了他的进化论学说，而且公布了在《物种起源》中来不及列举的证据及文献资料。可以有把握地说，他在《物种起源》中首次谈到明确提出选择原理的"古代中国百科全书"就是指《齐民要术》。1859年他虽未标明文献出处，但1868年却给出答案。如前所述，《齐民要术》论养羊及果树、蔬菜、谷物栽培时都明确应用了选择原理、使用"选择"这一科学术语。达尔文在起草《物种起源》时已对18世纪法国耶稣会士金济时在《中国纪要》中发表的报道作了读书笔记，而且《齐民要术》的科学思想给达尔文留下深刻印象。

表明达尔文起草《物种起源》时读过金济时报道文章的另一证据，是他在该书第五章论风土适应时的一段论述。他写道："How much of the acclimation of species to any peculiar climate is due to mere habit, and how mush to both means combined, is an obscure question. That habit or custom has some influence, I must believe, both from the incessant advice given in agricultural works, even in the ancient encyclopedia of China, to be very cautious in transporting animals from one district to another". 由于这段话同样至关重要，而现有汉译本未准确表达达尔文原意，潘吉星教授在给出原文同时，翻译如下："物种能适应于某种特殊风土有多少

是单纯由于其习性，有多少是由于具备不同内在体质的变种之自然选择，以及有多少是由于两者合在一起的作用，却是个朦胧不清的问题。根据类例推理和农书中甚至古代中国百科全书中提出的关于将动物从一个地区迁移至另一地区饲养时要极其谨慎的不断忠告，我应当相信习性有若干影响的说法。"

在这里达尔文像在《变异》中谈风土适应那样再一次提到"古代中国百科全书"，而且他根据其中提供的事例及思想解决了一个朦胧不清的问题：即物种的习性对其是否能适应某种风土有一定影响。达尔文对此说法深信不疑。很显然，使达尔文获得这一理论认识的灵感来自《中国纪要》卷十一第55页的下面一段话："我曾读过廷瑞学士（邝璠，1465-1505年，字廷瑞，今河北任丘人，明弘治六年（公元1493年）进士，著有《便民图纂》）的著作《便民》，而我本人也观察到，在江南，绵羊头部与身体其余部分比例匀称，毛很细；而邻近省份的绵羊则头部较小，身躯肥大，羊毛下垂。在山西，河谷里生长的羊腿短，而山上的羊则腿长。其结论是，土壤、气候、空气、饲料对这些动物产生了影响，不是谁想改变就能改变的。因此把外地的品种赶到本地饲养势必要冒风险，而且会引起退化。"同页另一处也指出，若使羊群离开其原来的生长环境，它们便不再象先前那样肥美、健壮，这同饲养是否精心没有关系。

上述那段话意思很清楚，当羊的习性已经适应于其生长环境的风土并已经根据所在环境影响具有相应的体质以后，如果再突然把羊群赶到另外一个地区饲养时，就要冒使其退化的风险。这就向人们发出了忠告。达尔文在《物种起源》中说"古代中国百科全书中提出的关于将动物从一个地区迁移至另一地区饲养时要极其谨慎的不断忠告"，正是金济时报道文章中所述"把外地的品种赶到本地饲养势必要冒风险，而且会引起退化"这段话的变换提法。从这里我们找到了达尔文的思想源泉。正如前面所说的，达尔文在《变异》中谈到中国农学家"常常提醒人们当把某一地方产物试在另一地方栽培时要慎重小心"时，指的是植物，而且标明此材料引自《中国纪要》卷十一第60页。这是就《齐民要术》提醒人们将并州豌豆移到井径、山东谷子移至上党及朝歌大蒜移至并州后"苗而无实"或长势不好的忠告而发的议论。此处达尔文又注意到《中国纪要》卷十一第55页还提醒人们将动物从一地移至另一地会引起不良后果的忠告，这样他就触及到一个问题的两个方面，作了全面阐述。但需要指出，《中国纪要》虽引《齐民要术》及《便民图纂》二书，但实际上全部材料来自《齐民要术》一书，因凡《便民》所云者均引自《齐民》。

然而当我们再查《齐民》及《便民》时，却没有看到有关江南羊、山西羊及将羊移到外地冒风险的论述，这些则是金济时的实地观察。由于他将中国农书所载及实地观察放在一起叙述，使达尔文一时无法分辨，遂将金济时在中国的观察当成中国农书所载。金济时的观察结论有一定道理，但也不排除经过人的努力将外地动物品种引进本地后使之逐步适应新的风土环境而成功繁育的可能性。不管怎样，在达尔文心目中他认为是触及到"古代中国百科全书"所述的内容，而这样的百科全书还是指《齐民要术》。经过仔细研究，我们的这一判断与事实不会有什么出入。由此可见，1840-1850年当达尔文起草《物种起源》阶段通过查阅法文版《中国纪要》已首先与《齐民要术》结下因缘。这可能是他较早涉猎的中国著作，而且1859年《物种起源》首版问世时他以"古代中国百科全书"的名义两次提到《齐民要术》，给以很高评价。后来当《动物和植物在家养下的变异》出版时，达尔文又在书中4次提到贾思勰的这部农业百科全书。他先后6次谈论并引证《齐民要术》，表明他对此书的偏爱和敬仰。

19世纪英国伟大生物学家达尔文同6世纪中国伟大农学家贾思勰研究家养动物和植物时，在认识伟大的选择原理重要性方面找到共同语言，产生思想上的共鸣。他们二人虽相距1 300年，却不断进行历史对话。贾思勰在九泉之下遇到了数万里之外的英国知音者。达尔文正是以《齐民要术》的论述为有力证据，驳斥了西方那种把选择原理看成是近代发现的不正确说法，并且从正面阐述了古人如何运用这项原理。《齐民要术》在达尔文经典著作中始终起着积极的作用。通过本文的考证，我们已经使达尔文涉猎《齐民要术》的过程逐步明朗化，自1859年《物种起源》诞生154年以来一直有待解决的问题基本上获得澄清，这是使人欣慰的。但不应忘记18世纪法国人金济时在达尔文与贾思勰之间沟通思想的桥梁作用。我们对这位200多年前热心向西方介绍中国科学的法国汉学家的业绩表示欣赏。

二、李约瑟博士与《齐民要术》

李约瑟（Joseph Needham，1900–1995年），世界著名科学家。李约瑟博士是英国剑桥大学生物化学教授、英国皇家学会会员，并长期担任英中友好协会会长。他同时精通历史学科与自然学科，"不仅在某一特定学科取得了卓越成就，而且还有一种在短时间内精通一门崭新学科的非凡天才，"尤其在中西文化方面具有渊博的学识。他集才智与造诣于一身，以其科学巨著《中国科学技术史》（《Science and Civilization in China》，台湾译为《中国的科学与文化》）奠定了其在世界科学界和史学界的崇高地位（图2-104、图2-105）。

图2-104 年轻时的李约瑟博士

图2-105　李约瑟博士

1954年，李约瑟出版了《中国科学技术史》第一卷，轰动西方汉学界。他在这部计有34分册的系列巨著中，以浩瀚的史料、确凿的证据向世界表明："中国文明在科学技术史上曾起过从来没有被认识到的巨大作用"，"在现代科学技术登场前十多个世纪，中国在科技和知识方面的积累远胜于西方"。李约瑟一生著作等身，被誉为"20世纪的伟大学者"、"百科全书式的人物"。

李约瑟于1900年12月9日，出生于英国伦敦南区的一个小康家庭。1914年夏，入爱尔兰诺普顿郡昂德尔公学学习。1918年10月，入剑桥大学冈维尔-基兹学院选习生理学、解剖学和动物学，后改习生物化学。1921年，在剑桥大学霍普金斯主持的生物化学实验室工作。1922年夏，从冈维尔-基兹学院毕业。1924年9月13日，与同学多萝西·玛丽·莫伊尔（李大斐）结婚。1931年，出席伦敦第二届国际科学史大会，深受苏联代表马克思主义观点的影响；《化学胚胎学》三卷本在剑桥出版。1936年7月，任西班牙内战期间剑桥工会联合会之科学工作者协会代表。是年，在剑桥大学创办科学史讲座；任康福德-麦克劳林基金会司库。1937年，受来到剑桥攻读博士学位的沈诗章、王应睐和鲁桂珍（与李约瑟保持52年情人关系，有情人终成眷属，于1989年两人正式结婚）三位中国留学生的深刻影响，对中国古代文明发生浓厚兴趣，并刻苦学习汉语。1939年，与鲁桂珍合撰第一篇中国科技史论文《中国营养学史上的一个贡献》。1941年，当选为英国皇家学会会员（FRS）。1942年9月，受英国文化委员会之命执行援华任务；先赴美国华盛顿考察英国中央科学事务所，再赴印度加尔各答筹备援华事宜。1943年2月，由加尔各答经缅甸汀江抵昆明；以英国驻华科学使团团长身份，访问考察战时撤至昆明附近的众多高校与科研机构。3月21日抵达国民政府陪都重庆。6月中英科学合作馆在重庆正式建立，亲任馆长。是年夏，赴中国西部考察旅行；是年秋冬，赴西北旅行。1945年初，任英国驻华大使馆科学参赞；与李大斐合编《中国科学》摄影集在伦敦出版。是年秋，赴中国北部考察旅行。1944年2月，在重庆中国农学会的《中国与西方的科学和农业》的演讲中，首次提出近代科学为何在西方诞生而未在中国发生的著名的"李约瑟难题"。李约瑟以中国科技史研究的杰出贡献成为权威，并在其编著的十五卷《中国科学技术史》中正式提出此问题，其主题是："尽管中国古代对人类科技发展做出了很多重要贡献，但为什么科学和工业革命没有在近代的中国发生？"1976年，美国经济学家肯尼思·博尔丁称之为李约瑟难题。很多人把李约瑟难题进一步推广，出现"中国近代科学为什么落后"、"中国为什么在近代落后了"等问题。对此问题的争论一直非常热烈。1944年春夏，他赴中国东南部考察旅行；是年夏秋，赴西南部考察旅行。1946年3月，从中英科学合作馆馆长任上卸任；逗留南京、济南、北平、上海等地，经香港回国，旋赴巴黎任联合国教科文组织（UNESCO）自然科学部主任职。1948年，辞教科文组织自然科学部主任职，转任该组织名誉顾问；返剑桥在王铃协助下开始撰写《中国科学技术史》；与李大斐合编在华工作报告集《科学前哨》，在伦敦出版。1950年，发起成立英中友好协会，亲任会长（至1964年）。1954年，《中国科学技术史》第一卷导论由剑桥大学出版社出版。1956年，《中国科学技术史》第二卷科学思想史由剑桥大学出版社出版。1958年6月，与李大斐、鲁桂珍作第二次访华。1959年，任剑桥大学冈维尔一基兹学院评议会主席（至1966年）；《中国科学技术史》

第三卷数学、天文学和地学由剑桥大学出版社出版。1962年，《中国科学技术史》第四卷物理学及相关技术第一分册声学、光学和磁学由剑桥大学出版社出版。1964年7月3日，与李大斐、鲁桂珍作第三次访华。1965年5月15日，因英中友好协会分裂，发起成立英中了解协会，亲任会长。是年，《中国科学技术史》第四卷第二分册机械工程由剑桥大学出版社出版。1966年5月，任冈维尔·基兹学院院长（至1976年）。1968年8月，在巴黎第十二届国际科学史大会上被授予乔治·萨顿奖章。是年，又荣获意大利伦纳多奖；英国东亚科学史基金信托会成立。1971年8月，出席莫斯科第十三届国际科学史大会，被选为国际科学史和科学哲学联合会科学史分会主席（1972-1974年）。是年，被选为英国学术院院士（FBA）；《中国科学技术史》第四卷第三分册土木工程、水利工程和航海技术由剑桥大学出版社出版。1972年10月，与鲁桂珍作第四次访华。是年，任东亚科学史图书馆义务馆长，鲁桂珍任义务副馆长。1974年，《中国科学技术史》第五卷化学及相关技术第二分册炼丹术的起源及其性质由剑桥大学出版社出版。1976年，《中国科学技术史》第五卷化学及相关技术第三分册炼丹术（外丹）的发展与早期化学史由剑桥大学出版社出版。1978年5月，与鲁桂珍作第五次访华。1981年9月16日，与鲁桂珍作第六次访华。1980年，《中国科学技术史》第五卷第四分册化学仪器、炼丹术的理论与比较长生术由剑桥大学出版社出版。1983年6月，李约瑟研究所在剑桥成立，任义务所长，鲁桂珍任义务副所长。是年，《中国科学技术史》第五卷第五分册生理炼丹术（内丹）由剑桥大学出版社出版。1984年8月21日，与鲁桂珍作第七次访华；出席北京第三届中国科学史国际讨论会。9月中旬与鲁桂珍赴中国台湾省访问，并作多场学术演讲。10月20日李约瑟研究所新楼奠基仪式在剑桥举行。1985年，《中国科学技术史》第五卷第一分册纸和印刷由剑桥大学出版社出版。1986年9月，李约瑟研究所新楼主体建筑结顶。11月16日与鲁桂珍作第八次访华，出席北京《李约瑟文集》首发式。12月纪念李约瑟八十华诞论文集《中国科技史探索》（中文版）由上海古籍出版社出版。是年，《中国科学技术史》第五卷第九分册纺织技术、第六卷第一分册植物学分别由剑桥大学出版社出版。第六卷第二分册为农业分册（图

2-106）。1987年12月22日李大斐因病逝世。是年，《中国科学技术史》第五卷第七分册军事技术：火药的史诗由剑桥大学出版社出版。1988年，《中国科学技术史》第六卷生物学及相关技术第二分册农业由剑桥大学出版社出版。1989年9月15日，与鲁桂珍结为伉俪（图2-107、图2-108）。1990年2月26日，何丙郁任李约瑟研究所所长，李约瑟为名誉所长。7月日本福冈市授予第一届福冈亚洲文化奖特别奖。8月第六届中国科学史国际讨论会在剑桥大学罗宾逊学院举行，兼贺李约瑟九十华诞。9月4日在日本第一届福冈亚洲文化奖特别奖受奖纪念讲演会上发表长篇演讲。9月8日《中国科学技术史》中文全译本三册由科学出版社、上海古籍出版社出版。1983年，中国国家科委授予李约瑟中国自然科学一等奖。1992年6月13日，英国女王伊丽莎白二世签署授予"御前顾问"（CH）勋章。10月22日，女王在白金汉宫授予"御前顾问"勋章。1994年6月8日，当选为首批中国科学院外籍院士。是年，联合国教科文组织授予爱因斯坦奖。1995年3月24日，在剑桥寓所逝世，享年95岁。1996年，《中国科学技术史》第六卷第三分册畜牧业、渔业、农产品加工和林业由剑桥大学出版社出版。

图2-106　李约瑟指导、白馥兰执笔完成的《中国科学技术史》第六卷生物学及相关技术第二农业分册

图2-107　李约瑟第二任夫人鲁桂珍
年轻时照片

图2-108　《鲁桂珍与李约瑟》王钱国
忠著 贵州人民出版社

　　李约瑟的浩瀚巨著《中国科学技术史》，在世界上第一次以令人信服的丰富史实和论据，全面介绍了中国的科技成就。在书中对中国的科技成就给予了高度的赞扬、评价。他指出："中国的这些发明和发现往往是远远超过同时代的欧洲，特别是在15世纪之前更是如此（关于这一点，可以毫不费力地加以证明）。""谁要是不嫌麻烦，从头至尾读完这本书，我相信他会惊奇地看到，欧洲从中国汲取去的技术是何等的丰富多采，可是公元14世纪中后，欧洲人往往完全不知道这些技术的来源。"

　　李约瑟是20世纪的同龄人，原名约瑟夫·尼达姆，因崇拜中国古代哲学家老子（李聃），故冠"李"为姓，从此以"李约瑟"闻名于世。1942年，身为生物化学家的李约瑟博士随"英国文化科学使团"来华从事文化交流。1943年，他在河南大学初次接触道家经典《道藏》，便开始沉迷于道家学说。1942-1946年的中国之旅，使他加深了对中国的了解，并由此结下了终生不解之缘。用他自己的话说，就是"注定了我今后的命运，除了编写一本过去西方文献中旷古未有的中国文化中科

学、技术、医药的历史专书，我别无所求。"从此，李约瑟博士为编写
这部科学巨著倾注了全部心血，编制了全面的写作计划，阅读了浩如
烟海的中国古代典籍，做了浩繁的笔记，他把中国上下数百年的深奥古
文层层阐释，彻底消化之后再一一译成流利优美的英文，介绍给当今的西
方学人。他指出："中国文明在科学史中曾起过从未被认识的巨大作用。
在人类了解自然和控制自然方面，中国有过贡献，而且贡献是伟大的。"
从1945年着手编写《中国科学技术史》第一部开始，一发而不可收，从一
部扩展到七卷，共达30多部（图2-109）。他把中国介绍给世界，让世界
了解中国，把自己毕生的精力献给了中国科技史的研究。鉴于李约瑟教授
的突出贡献，毛泽东主席曾在1964年在北京会见过李约瑟博士及夫人（图
2-110）。1995年3月24日，李约瑟博士在伦敦逝世，终年95岁。中国科学
界专门召开了纪念会，著名科学家谢希德、杨振宁等撰写了回忆文章，江
泽民主席题词："明窗数篇在，长与物华新"，是对李约瑟一生贡献的
概括。确实，李约瑟的鸿篇巨制《中国科学技术史》的影响，是世界性
的，也是穿越时空的（图2-111，图2-112）。

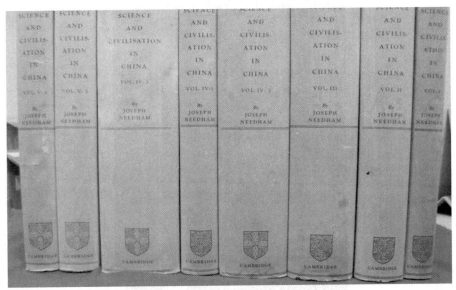

图2-109　李约瑟的科学巨著《中国科学技术史》

图2-110　1964年9月30日，毛泽东和英国著名科学家李约瑟及夫人交谈

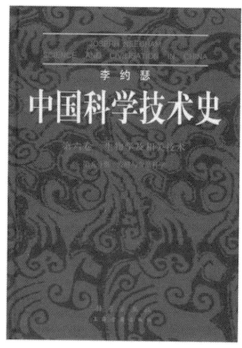

图2-111　李约瑟《中国科学技术史》中译本，科学出版社

　　李约瑟与万国鼎、石声汉、胡道静、梁家勉、王毓瑚等中国农史学家有长期的学术交往和深厚友谊，特别是与西北农学院的学术交流尤其频繁密切。说到李约瑟博士与西北农学院（现西北农林科技大学）这个话题，就不能不提到石声汉教授，共同的事业使得两位科学家结下长达数十年的友谊，其间有许多鲜为人知的故事。

图2-112　2008年李约瑟《中国科学技术史》中译本由科学出版社
上海古籍出版社出版发行

　　石声汉教授是我国植物生理学和农史学科的开拓者和奠基人之一，曾两度执教于西北农学院（现西北农林科技大学），把自己的后半生献给了学校的教学科研事业，深受师生爱戴。石声汉，湖南湘潭人，1907年生于昆明。1924年进入武昌高师（今武汉大学前身）生物系学习，后转中山大学生物系，1928年毕业。1933年考取第一届"中英庚款"公费留学生，赴英国伦敦大学理工学院读研究生，1936年获伦敦大学植物生理学博士学位。回国后谢绝了同济大学的聘请，毅然应聘刚刚成立不久、条件十分艰苦的西北农学院（现西北农林科技大学），"打算以毕生精力从事'科学救国'，想为作物需水问题找一点门径，替国家民族做点事情"（石声汉《自传》）。但由于日本侵华、国民党政府的腐败无能，他感到自己"科学救国"的理想无法实现，便于1938年在愤慨、惆怅、苦闷中离开了大西北。以后辗转于南方9省，先后任教于同济大学、武汉大学等十多所高校。解放后的1951年，受辛树帜院长之邀，重返西北农学院（现西北农林科技大学）工作，直到1971年6月28日不幸病逝。石声汉教授在西北农学院（现西北农林科技大学）时，除了承担植物生理的教学外，还领导和创建了学校植物生理生化教研室，为了解决西北地区农业生产中的干旱问题，他制定了"以水分为中心抗旱生理生化研究"的长远科研规划，提出以水分生理带动栽培技术研究，指明西北植物生理科研方向。石声汉教授学识渊博，勤于笔耕，著作甚丰，在国内外学术界享有很高的声誉。从1955年开始，石声汉教授又开始了古农史的研究工作。他和辛树帜等老一代学者创立了西农的古农学研究室，并任研究室主任。他先后对《齐民要术》《农政全书》《农桑辑要》等古农书进行深入的研究、校勘、注释、今释，出版了近百万字的《齐民要术今释》和130余万字的《农政全书校注》，在国内外学术界引起极大反响，李约瑟博士给以高度评价："由于他的两本著作，一本是关于前汉的农书，作者是氾胜之，另一本是关于六朝时期北魏贾思勰的不朽名著《齐民要术》，他在西方世界已很出名。因此，石声汉是不会被忘记的，而我个人将一直最深切地记着他。"李约瑟博士对石声汉《齐民要术今释》极其肯定和重视，直到石声汉去世多年后的1984年，李约瑟还趁法国梅塔耶博士访华之机，专门托其捎口信给西北农学院（现西北农林科技大学）古农学研究室，表达他热切希望《齐民要术今释》能够再版的心愿。英、德两国学者也分别根据石声汉的《齐民要术今释》本（图2-113），以自己本国文字翻译了《齐民要术》。

李约瑟和石声汉的友谊可以追溯到20世纪40年代初。当时石声汉任武汉大学生物系教授，由于日军侵华，武汉大学内迁到四川乐山（又名嘉定）。当时李约瑟正随英国"科学文化使团"在武汉大学活动，两人相识后，共同的事业很快使他们成为知己。李约瑟看到石声汉在抗战后方极端困难的条件下，千方百计创造条件，因陋就简建成的植物生理及病理学、真菌学实验室，由衷地赞叹石声汉教授"思巧过人"。石声汉曾陪李约瑟乘小木船沿岷江由乐山到宜宾，两人曾有许多轻松愉快的谈话。多年之后，李约瑟博士还深情地回忆到："有一天，我和他在一起时，他开了一个玩笑，此后一直留在我记忆里：当时有许多人在望楼工事旁的一条小路上走成一行，因为天下着雨，他们都打着伞，石声汉转身朝我说：'瞧，一行蘑菇在走路。'"在《中国科学技术史》第六卷（生物卷）第一分册（植物学）出版时，李约瑟博士特在扉页上题记：

"谨将本分册作为对陕西武功国立西北农学院植物和真菌学教授石声汉的纪念，以感激他那激励灵感、轻松愉快的谈话，并追忆嘉定雨中的'人蘑菇'……"

图2-113　再版的《齐民要术今释》

在此之后，就有了李约瑟博士的第一次西北农学院（现西北农林科技大学）之行。时间应该是在抗战结束前的1944-1945年间。遗憾的是，从现有的档案、资料和文字材料里，已无法查到准确的记载，更无从考证李约瑟博士此行的目的和行踪。西北农林科技大学农业历史研究所所长樊志民教授认为，或是受石声汉教授的影响，想亲临中国最早的农官——后稷"教民稼穑"之地，探寻农耕文化之源头；或是想探究那使石声汉这样学识渊博、造诣精深的洋博士放弃江南水乡而独钟黄土高坡的原因；或是想与辛树帜、周尧等一批既掌握现代科技知识又深暗古代农史的学者交流切磋；或是……这已成为留给西农人的"千古之谜"。但无论如何，李约瑟博士在抗战时期的西北农学院（现西北农林科技大学）之行是确有其事的，这可以从其第二次西北农学院（现西北农林科技大学）之行的言行中得到印证。

李约瑟博士的第二次西北农学院（现西北农林科技大学）之行是在1958年7月23—24日。当时正值左倾思潮泛滥成灾的"大跃进"年代，我国的外交政策是"一边倒"。李约瑟以生物化学教授和英中友协会长的民间身份，得到中国科学院的邀请访华，行程有兰州和天水等地。李约瑟始终惦记着老朋友石声汉，再三要求顺访西北农学院（现西北农林科技大学）并拜会石声汉教授，讨论《中国科学技术史》生物卷、农学卷编写问题。得到批准后，李约瑟一行4人于23日晚乘火车抵达武功（今杨凌），当晚在水保所的招待所休息。第二天一早，乘车赶到武功县（今武功镇）参观教稼台、后稷祠和姜嫄庙等历史遗迹，下午与石声汉会谈。在当时的历史背景下，石声汉已受到批判和冷遇，因此在会谈之前，领导专门找石谈话，规定了会见时的谈话内容。石曾提出拟以英文会话，但被拒绝了。这次会见仅安排了两小时，会见时又有其他人员在场，可以想象两位老朋友相见时感情上的沉闷与压抑，许多想说的话也只能是"尽在不言中"。即使在这种情况下，石声汉教授在结束谈话时，还是用英语对李约瑟博士说："我作为一个中国人，对你这样的伟大著作（指《中国科学技术史》）应该感谢。"对此，当时的陪同人员还颇有微词。会谈结束后，应李约瑟的要求，由石声汉等人陪同参观了学校的果园和校园。在汽车上，李约瑟谈到"武功解放后变化很大，只是觉得火车站到西北农学院的道路过去即是这样"。由此可见西北农学院（现西北农林科技大学）在李心中的印象。会见时李约瑟还提出会见周尧教授，但都遭到婉拒。这次会见虽然是短暂的，但老朋友毕竟得以相见，弥足珍贵。一回到北京，李约瑟博士即向中国科学院领导提出请求，派石声汉去剑桥与他合作三年，共同完成《中国科学技术史》的生物卷、农学卷。可惜在当时的背景下，这一计划显然是无法实现的。

图2-114　李约瑟博士

　　这次见面后，李约瑟、石声汉这两位志同道合的老朋友天各一方，只有"鸿雁传书"了。后来在《中国科学技术史》第二分册（农学）出版时，李约瑟又在扉页上题到："谨以本分册纪念武功西北农学院石声汉……没有他们开拓性的中国农史学著作，本分册是无法完成的。"1966年1月4日，李约瑟博士又致函中国科学院竺可桢副院长，提出把石声汉等8名中国科学家推荐为国际科学史研究院院士。孰料接踵而至的"文化大革命"的疾风骤雨，彻底割断了他们的联系。石声汉教授被打成"反动学术权威"，种种"莫须有"的罪名向他袭来，农史学研究工作则成了他最大的罪名，家被抄，头被剃，书被封，每天只能是到农场"劳动改造"。就是在这样恶劣的环境下，石声汉教授也一直没有停止过工作。每天批斗之余，他将多年整理、校勘古农书的心得体会写了约10万字的笔记，还对偶然得到的《焦氏易林》进行了认真的研究，写下了20万字的读书笔记。由于缺少稿纸，不少笔记是写在报纸边、烟盒纸上的。直到他最后因病住院和手术后的弥留之际，他仍惦记着自己的工作，对身边的亲人讲："希望手术后再有两三年时间，把《农政全书校注》重校一遍，争取出版。有条件的话，按计划再搞两部古农书。"

图2-115　李约瑟博士在办公室

　　此时远在剑桥的李约瑟博士虽然无法与石声汉联系，但他始终挂记着老朋友（图2-114，图2-115，图2-116）。1985年，西北农学院（现西北农林科技大学）农机系杨青教授赴英国伯明翰大学做访问学者，她所研究的课题是"秦始皇陵出土兵器的磨削加工工艺"。当时李约瑟已是世界著名学者，且年事已高，一般很少见客了。杨青抱着试试看的心情，给李约瑟博士写了一封信，介绍了自己的研究工作，并就有关问题提出请教。信发出后不久，就收到了李的秘书回复：李约瑟博士非常高兴会见你，希望到办公室会晤。见面后李约瑟首先问石声汉教授还在不在西北农学院（现西北农林科技大学），当得知石先生已病故的消息后，李约瑟心情十分沉痛。其后，李约瑟又听取了杨青研究课题的进展情况，回答了她提出的问题，并推荐了有关参考书籍，安排其助手与杨青保持联系。1990年，杨青教授再次随中国代表团赴剑桥参加"第六届中国科技史国际研讨会"，又得到已90高龄的李约瑟博士的热情相邀，到其家中做客。在他的家里，李约瑟再次深情地谈到石声汉教授，回忆他抗战时期和解放后两次到西北农学院（现西北农林科技大学）的经历。杨青介绍了学校的现状及古农研究室的发展，并赠送了学校的画册。当杨青邀请他再访西北农学院（现西北农林科技大学）时，他说"我老了，只能坐在轮椅上，跑不动了。欢迎你以后多来。"最后，李约瑟博士又打破其多年的惯例，高兴地和杨青合影留念。他这种异乎寻常的举动，令其身边的工作人员感到惊讶。杨青得此殊荣，也令与会的中外各国代表羡慕不已。这里面除了李约瑟博士始终关注中国科技史研究和杨青教授的研究成绩等因素外，李约瑟博士对石声汉教授的尊敬、怀念和深厚感情，以及他与西北农学院（现西北农林科技大学）那未了的情结，应是其中原因之一。

图2-116　辛勤耕耘半个世纪的李约瑟博士

时光荏苒，岁月如梭。李约瑟博士，石声汉教授这两位当代科学巨匠均已作古，斯人已去，风范永存，他们为科学而献身的精神，为事业而执着的追求，应当作为科学工作者的宝贵精神财富。他们那种真诚的友情和崇高的人格力量，成为中英科技交流历史中的一段佳话，并永远激励《齐民要术》的研究者们。

三、剑桥大学与伦敦大学的高材生

具有"剑桥气质"的李约瑟与西北农学院（现西北农林科技大学）石声汉教授结谊甚深，李约瑟博士的"中华情结"非常深，西北农林科技大学农业历史研究所与剑桥大学李约瑟研究所学术交往也非常密切。

二战期间，李约瑟先生作为英国驻华使馆的科学参赞和中英科学合作馆馆长，在中国西南地区进行了旅游、考察。结识了在大后方工作的科学家、工程师和医生们，本文的主人公之一石声汉教授亦在这时成为李约瑟先生的"知己"。有趣的是，石声汉、李约瑟博士后来共同致力于中国古代科技史研究，并且分别在东、西方都"很出名"。石声汉与李约瑟先生搭建的学术桥梁，沟通了西北农林科技大学农业历史研究所与剑桥大学李约瑟研究所之间的学术交往，几十年来绵延不断（图2-117）。近期随着人员来往的增多，其学术交流又进入一个高潮时期。

图2-117 李约瑟（左三）与石声汉（右二）的合影

　　李约瑟先生是在四川乐山见到石声汉教授的，时武汉大学西迁于此。石声汉教授在生物系任教，主要"从事植物生理及病理学，真菌学和农业科学教学活动"。在李约瑟博士眼里，石声汉教授是一位"有剑桥气质"的人，事实上石声汉先生在1933年11月至1936年4月确曾留学英国，并获伦敦大学帝国理工学院生理哲学博士学位（图2-118、图2-119）。在石声汉教授看来，李约瑟博士在中国有较长的生活与工作经历，尤其是对中国古代科技与哲学具有深深的"中华情结"。这或是他们一见如故并能长期交往的缘由所在。石声汉先生在这一时期的一句话与一副书法作品，赖李约瑟先生的记录与珍藏而得以留存至今，充分反映了石先生过人的文思、智慧与幽默。有一天，雨中有人在"望楼工事"旁的小路上撑伞成行而行，石声汉说"瞧，一行蘑菇在走路（Look, there goes a whole line of Homomycetes）"。此后这一玩笑一直留在李约瑟先生的记忆中，几十年后仍不忘向石先生的子女提及。1945年12月12日，石声汉给剑桥大学生物化学研究室（李约瑟当时在该研究室工作）写了一帧书法条幅。因李约瑟先生是生物化学家，石教授特意选录《列子.天瑞篇》中的一段妙文相赠："有生不生，有化不化，不生者能生生，不化者能化化。生者不能不生，化者不能不化，故常生常化。常生常化者，无时不生，无时不化。"（图2-120）石先生借诸子文言以表达现代生物化学的学科特征与内涵，充满辩证观点，意味无穷。该条幅曾长期悬挂于李约瑟研究所办公室，1990年著名农业考古学家陈文华先生参观该所时，曾拍摄照片回赠西北农业大学（现西北农林科技大学）农史研究所作为石声汉教授诞辰85周年纪念。

图2-118　1936年石声汉29岁获英国伦敦大学帝国理工学院生理哲学博士学位

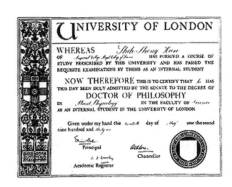

图2-119　　石声汉教授博士学证书与伦敦帝国理工学院侣证书

图2-120　　石声汉写给剑桥大学李约瑟生物化学研究室的一帧书法条幅

1958年7月至1959年12月间，中国科学出版社先后出版了石声汉教授的英文版《齐民要术概论》（图2-121）（A PRELIMINARY SURVER OF THE BOOK "CH'I MIN YAO SHU" AN AGRICULTURAL ENCYCLOPAEDIA OF THE 6th CENTURY）和《氾胜之书今释》（ON "FAN SHENG-CHIH SHU" AN AGRICULTURIST BOOK OF CHINA WRITTEN BY FAN SHENG-CHIH IN THE FIRST CENTURY B.C.）。在二书的英语译、释过程中，石声汉教授得到了李约瑟博士的鼎力襄助（图2-122、图2-123、图2-124）。现在西北农林科技大学农业历史研究所珍藏的《齐民要术概论》英译稿本中，有一册是李约瑟博士亲手批注、校订的。从书名拼法、动植物学名到具体的语法、用辞，都提出了自己的意见和建议。全书稿80余页，几乎每页都留下了李约瑟先生的笔迹（图2-125、图2-126）。石声汉教授在《齐民要术概论》英文版序言中满怀深情地感谢李约瑟博士所给予的启发与鼓励，并说李约瑟博士在书稿校订过程中给予了不可估量的关怀与帮助。数十年后重新翻阅故人手泽，先哲之间深厚的学术情谊令人感佩。今天我们带来了凝结着石声汉、李约瑟博士心血的《齐民要术概论》英译本书稿（图2-127），并准备将其复印本敬赠贵所，愿该书稿作为我们学术交往的历史见证而永存。李约瑟博士在了解了辛树帜、石声汉教授所从事的中国农业历史文献整理与农业科学技术史研究工作以后，给予了极高的评价，并且期望能由辛、石和他的同行们完成由他主编的《中国科学技术史·农业卷》。他们甚至共同商议，联合培养农业史研究生。李约瑟和他的主要合作者鲁桂珍，曾在"陕西武功西北农学院看望（过）石声汉"。20世纪60年代由于中国发生了"文化大革命"，中外学术交流受到了巨大冲击，农业历史研究陷于停滞状态，石声汉、李约瑟博士间的约定未能履行。《中国科学技术史·农业卷》，后来由白馥兰女士完成。李约瑟在致石声汉子女的信中说，该书引用石先生的"中文著作不下七或八处"。1981年盛夏，白馥兰小姐来华并亲赴西北农学院（现西北农林科技大学）考察、访问。当时的农业历史研究正处在恢复时期，交通与生活条件也比较艰苦。她返京后对陪同她的范楚玉研究员说，"我能够到石声汉先生工作和生活过的地方去瞧瞧，这就足以补偿我三天生活所吃的苦。"她的话，反映了剑桥同行对石声汉先生在学术上的成就与地位的认识与评价。1987年，时在李约瑟研究所的何丙郁先生应邀参加陕西省科技史学会成立大会，并且作了关于中国古代炼丹术研究的学术报告。会后相互介绍了彼此单位的学术研究概况。大概从李约瑟、白馥兰完成《中国科学技术史·农业卷》后，随着科技史研究领域的拓展、学术关注点的增多，农业历史研究已非李约瑟研究所的重点所在。这曾一度影响了西北农林科技大学农业历史研究所和李约瑟研究所之间的联系与交流。事实上从20世纪80年代以来，中国农业历史研究已经发生极其深刻的变化。西北农林科技大学农业历史研究所，继承辛树帜、石声汉时代既有传统，继续加强农业历史文献的整理与研究，将中国古代大型骨干农书基本整理完毕。这一成果曾获得中国科学大会奖。并在西北农牧史（张波1989年）、中国传统农业文化（邹德秀1992年）、秦农业历史研究（樊志民1997年）、中国农业灾害史（张波、卜风贤1999年）等领域有比较精深的研究，以此形成了西北农林科技大学农业历史研究所的特色。同时参与并完成了《中国农业科技史稿》、《中国农业百科全书·农史卷》、《中国农业通史》等全国性大型学术著作的编纂任务。目前，西北农林科技大学农业历史研究所在科学技术史、农业经济史、农业与农村社会发展等学科具有博、硕士学位授予权，大约有近50名研究生在读。

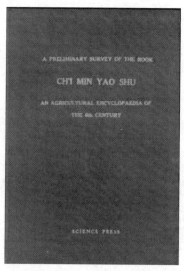

图2-121 石声汉教授的英文版《齐民要术概论》

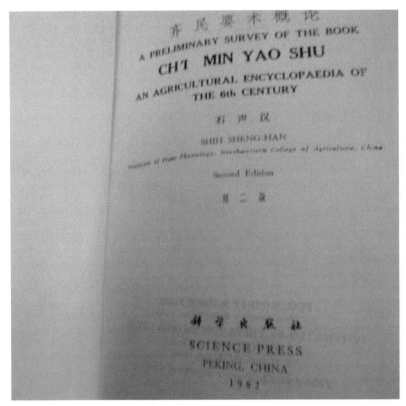

图2-122 石声汉教授的英文版《齐民要术概论》（1962年第二版）

图2-123 李约瑟博士写给石声汉教授的学术信件

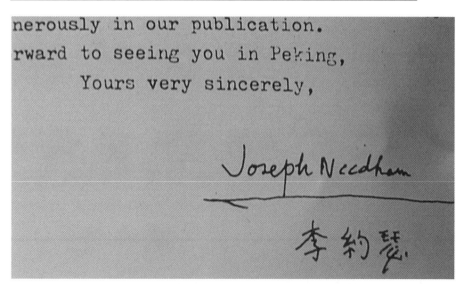

nerously in our publication.

rward to seeing you in Peking,

Yours very sincerely,

Joseph Needham

李约瑟.

图2-124　李约瑟博士写给石声汉教授的学术信件

图2-125　李约瑟博士

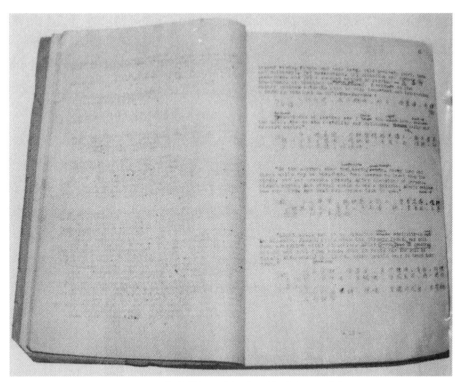

图2-126　李约瑟与石声汉合译的《齐民要术》

图2-127　英国李约瑟及《齐民要术》译文初稿

2002年1月至2003年1月，西北农林科技大学农业历史研究所卜风贤博士赴剑桥大学李约瑟研究所进行博士后项目研究，他所申报的《中欧灾荒史比较研究》课题获美国李氏基金会资助，形成近20万字的学术专著。最具关键意义的是，卜氏赓续了由石声汉、李约瑟博士建立的学术交往与联系。它表明西北农林科技大学农业历史研究所的新一代农史工作者已经成长起来，具备了同世界同行合作与交流的能力。

2004年3月至4月，西北农林科技大学著名农史专家张波副校长和樊志民所长应邀赴李约瑟研究所访问研究，标志着我们之间学术交流与联系的进一步密切。在访问期间，向英国同行通报了我们近期的学术探索与思考，内容涉及中国西部大开发的历史与现实意义、中国农史学科建设与研究现状、战国秦汉农业历史研究、中国古代农业与中华饮食文化等。

2007年8月，英国剑桥大学李约瑟研究所图书馆馆长莫弗特教授应邀来访，就两所学术研究与交流机制达成共识，并在我校农史研究所所长、中国农业历史博物馆馆长樊志民教授的陪同下考察了农史馆和珍本古籍特藏库，并饶有兴致地参观了昆虫博物馆。2008年，朱宏斌、邵侃博士赴剑桥大学李约瑟研究所访学一年，推进了高层农史人才的联合培养。

剑桥是英国令人神往的大学城。西北农林科技大学所在的杨凌地区，是后稷"教民稼穑"的农业圣地，是中国所进行的西部大开发的前沿阵地。和剑桥地区有些相似的是，杨凌也是由大学而发展起来的城镇。相似的优美环境、相似的清新的空气与相似的田园风光，既能静心于学术研究又能享受高品质的现代生活，于是也有了相似的东方"剑桥气质"与西方"中华情结"。

四、李约瑟与南京遗产室

李约瑟与南京农史学家的联系始于民国时期。1943年他以英国驻华科学使团团长身份来华援助，建立中英科学合作馆，对战时中国西南、西北地区教育科研机构进行了广泛的考察。因日寇入侵，内地许多大学西迁。当时成都逐渐成为中国战时的大学城，金陵、华西、齐鲁、燕京和金陵女大这几所学校相聚华西坝。

1943年6月，李约瑟访问了金陵大学。金陵大学农学院院长章之汉教授接待了李约瑟先生。李约瑟在考察金陵大学农学院过程中，了解到金大农经系农史研究室正在编纂《先农集成》，因此，他写信给当时农学院院长章之汉索取相关资料。章在回信中说："谢谢你5月10日关于《先农集成》的来信。这项工作战前早已开始。……我已吩咐农业经济系为你收集相关资料，一旦收集到后，我会再写信给你。"不久，李约瑟得到了一份《先农集成》编纂计划大纲的手抄稿以及章之汉本人撰写的《我国战后农业建设计划大纲》一书。1948年10月17日，李约瑟再次写信给章之汉，说："自四月离开巴黎联合国教科文组织自然科学处处长岗位后，一直全力以赴着手《中国的科学与文明》的编写工作"。从中国带回的相关图书资料给了他很大的帮助。他再次提到金陵大学编纂的《先农集成》，听说已经出版两卷，希望能够给他各寄一本。

李约瑟几次信中提到的《先农集成》是金陵大学1920年成立农业图书研究部之后启动的第一项重大工程。其目的有四：一是为农学者提供学术资料；二是整理祖国农业遗产；三是弘扬中国古代农学；四是促进改良农业与农村。当时负责这一工作的是万国鼎先生，参加者有陈祖梁、储瑞棠、胡锡文、黄为等10余人。

万国鼎，字孟周，1897年12月出生于江苏省武进县小新桥乡。1916-1920年，万国鼎就读于金陵大学，曾任金陵大学农林学会会长、《金陵光》编辑、学生自治会主席、五四运动议事部副主席、南京学生会金大学生代表等。

1920年，万国鼎留校担任助教，协助钱天鹤教授进行蚕桑教学研究推广工作，发表了第一篇农史论文。1924年1月，任金陵大学农业图书研究部主任，1932年任农业经济系教授、农史研究组主任。万国鼎是中国农史事业主要创建人之一。除致力于古农书的收集、整理、研究外，他在金陵大学最早开设"中国农业史"课程并着手编写中国农业史专著。

1954年4月，万国鼎调回南京农学院（现南京农业大学）农业经济系，任教授兼农业历史组主任。1955年7月，农业部批准南京农学院（现西北农林科技大学）成立中国农业遗产研究室，万国鼎为主任。1957年，中国农业科学院成立后，中国农业遗产研究室列入该院建制，成为国家专门的农业历史研究机构。在万国鼎的带领下，中国农业遗产研究室在全国范围内收集了一大批农史研究资料，加上20-30年代金陵大学农业图书研究部积累的资料，为农史研究的全面开展提供了良好的条件。他主持编写的《中国农学史》是我国第一部系统研究农业科技史的著作，堪称农史研究的里程碑。正在各项工作蓬勃开展之际，万国鼎不幸于1963年11月15日因病逝世，享年66岁。

1950年，李约瑟将草拟的SCC（《中国科学技术史》Science and Civilization in China的英文缩写）写作目录寄中国科学院竺可桢副院长，征询中国专家学者的意见，竺可桢热情给他回信并开列了一个专家名单，建议他与这些专家进行商议。如数学史：李俨、钱宝琮；天文史：刘朝阳；机械史：刘仙洲；农学史：万国鼎；中医史：李涛；建筑史：刘敦桢，水利史：张含英，等等。1951年3月23日李约瑟给万国鼎先生写信索取相关资料。

1954年，李约瑟《中国的科学与文明》第一卷出版后引起了巨大的反响，他也将全部身心都投入到了这一项目的研究工作。为了收集农业卷相关资料，1956年，他再给万国鼎先生写信，寻求帮助。万国鼎在收到李约瑟的信后，并回信。

李约瑟先生：

您的1956年7月31日来信早已收到了。您所说的那篇关于《齐民要术》的论文，最近始由南京农学院学报刊出，给我抽印本。现在把该抽印本另函寄上，此外还附寄了最近发表的关于中国农业技术史的拙作两篇。

您的大作第一册已拜读，第二册还没有看到。您以个人的力量，写作这样的巨著，确实令人钦佩。其中农业技术史部分，不知内容如何？很想早读为快。

1950年，中国科学院竺可桢副院长曾把您的信转给我，要我把有关中国农业史的参考资料告诉您。其时我对此项研究已中断了十六、七年，手边无书，而且农业史的头绪繁多，不知从何说起。因此抱歉得很，没有能给您写信。

1954年春，由于我国政府的重视和大力支持，我们开始积极整理祖国农学遗产，先从整理出版有关图书资料入手。专题研究在目前还只是点滴做一些。寄上的三篇拙作，就是这些点滴的一部分。此外，今年夏天我曾写了《　胜之书辑释》。对这部两千多年前的《　胜之书》加以注释考证，有一些新的发现。已于八月底付印。如果您对这部书有兴趣，我将一待出版，就寄一本给您。

我们在研究中国农业技术史的时候，很想得着有关国际农业技术史的资料，以便比较。

我很想能看到西方的古农书。古罗马Columella的著作有英译本。不知能否买到？或者向图书馆接洽影印或照相片。如果有可能，拟请您帮助我们接洽。其他古农书我们也希望能得到。

Amano Motonosuke先生的关于《齐民要术》的论文，已承他寄给我了。

此致

敬礼

万国鼎　10月30日

1958年，李约瑟访问中国。6月25日，专程造访中国农业科学院、南京农学院（现西北农林科技大学）中国农业遗产研究室。当时研究室已有研究人员15人。与李约瑟座谈的除万国鼎先生外，还有陈恒力、邹树文、胡锡文、宋湛庆、李长年等。李约瑟日记对座谈情况作了详细的描述，甚至画了一张草图，标示每个人所坐的位置、担任职务及特征。他和鲁桂珍坐在会议桌的一面，万国鼎、陈恒力坐在会议桌两头，其他人坐在另外一面。在陈恒力字名后注明"副主任，农业社会和经济史"，邹树文后面注明"留胡须，昆虫学"，李长年后面注明"论及大豆史"，宋湛庆后面则注明"秘书"。他们就中国农业历史及古代农书广泛交流了意见：探讨了大豆的起源与传播及其豆油的利用；讨论了中国古代的政治和经济制度以及它与欧洲国家的区别；探讨了中国古代在应用科学方面为什么比西方更为成功的原因。万国鼎、陈恒力等认为，农业对生产力和生产关系发展都有重要影响，是理解社会和经济的基本因素。正因为如此，中国农业遗产研究室正在着手编写中国农学史，包括各种作物的发展史。万国鼎还表示了愿意与西方农史学家在资料和研究方面进行合作，希望李约瑟博士寄送一些科路美拉、瓦罗以及其他西方农业史的著作。

同年，邹树文为《中国昆虫学史》一书出版事宜去北京商务印书馆，在中国科学院动物研究所所长陈世骧处再次与李约瑟相会，讨论了中国古代昆虫学发展过程中的诸多问题，如白蜡虫、野蚕、柞蚕等益虫的利用、害虫的防治、昆虫分类及相关知识的积累，等等。

1964年，李约瑟应邀再次来中国访问。令人遗憾的是万国鼎因病已于年前去世，接待他主要是胡锡文。在日记中，他记载到："8月27日晚，与南京农学院（现西北农林科技大学）胡锡文（Hu His-wex）等农史专家在宾馆聚餐。"胡锡文向他介绍了新近出版的油料和粮食作物及由遗产室编辑出版的《农史集刊》。他们谈到中国古代的绿肥，探讨了为什么中国的农田经过如此长时期耕种没有出现地力减退的问题。胡锡文介绍了遗产室正致力于收集整理方志中的农业资料。这一年，李约瑟从中国购买了一大批中国科技古籍运回英国，其中农业方面的有：《中国农业机械发明史》、《中国渔业史》、《管子地员篇校释》、《吕氏春秋上农四篇校释》、《农圃便览》、《蚕桑辑要》、《沈氏农书》、《农桑辑要》、《来耜经》等30余种。

在李约瑟研究所东亚科学史图书馆，能看到许多万国鼎及遗产室寄赠的农史论文和著作。可以看出，李约瑟对遗产室的研究成果非常重视。遗产室出版的著作或论文他尽可能收集。1966年，他写信给胡道静，说他缺遗产室编辑出版的《农业遗产研究集刊》第二辑和《农史研究集刊》第一集，希望胡帮助他购买。胡在回信中说："《农业遗产研究集刊》和《农史研究集刊》是两种刊物，您估计得不错。但是，《农史研究集刊》是继续《农业遗产研究集刊》的。……我正在旧书店中寻找，找到就寄送给您。"在1966年3月的信中提到《农史研究集刊》第一册已从旧书店得到并寄出，同时寄出的还有李长年《齐民要术研究》（农业出版社，1959）等。

五、白馥兰女士与《齐民要术》

1984年，李约瑟《中国科学技术史》（Science and civilisation in china）系列丛书第六卷第二部分"农业"在剑桥出版，其中占用很大篇幅介绍贾思勰的《齐民要术》，这部分是由李约瑟博士的助手、农史专家白馥兰执笔独立完成的（图2-128）。

图2-128　英国爱丁堡大学社会学与政治科学学院社会人类学教授
Francisca Anne Bray白馥兰

白馥兰，（1948-）号芳春，英国人，英国剑桥大学社会人类学博士，曾隶属于李约瑟团队，现为英国爱丁堡大学（University of Edinburgh）社会学与政治科学学院社会人类学教授，英文原名为：Francisca Anne Bray，1948年12月生于埃及首都开罗，1967年毕业于法国巴黎赛维耐学院，取得中国语一级学士学位，1973年毕业于英国剑桥大学吉顿学院，获自然科学学士学位，毕业后被东亚科学史基金委员会聘任为研究员，研究中国和远东农业技术发展史，主要是为李约瑟撰写《中国科学技术史》第六卷中的农业各章，1976年9月至1977年9月赴马来西亚正在从事大田耕作研究，取得实践经验。1980年夏访问了中国和日本的许多学术团体和著名学者，1981年被聘请为《中国农业百科全书》的特约顾问，先后发表有关中国农业史的论文有十多篇，1998年她到美国加利福尼亚大学任教，研究农业技术对社会生产、政治文化等方面的影响，曾任美国圣巴巴拉加州大学（Santa Barbara）人类学系教授，常年受邀到美国俄勒冈大学等高校及科研院所讲学，也多次到中国的清华大学、北京大学、北京师范大学来讲学，人类学出身使她在注意农业技术、科技史问题的同时，从来没有放过文化与人类社会学的研究（图2-129~图2-132）。

图2-129　著名中国科技史专家、英国爱丁堡大学社会人类学教授
白馥兰女士(Francesca Bray)做客清华大学讲学，2010年4月

图2-130　著名中国科技史专家、英国爱丁堡大学社会人类学教授
白馥兰女士(Francesca Bray)做客北京大学讲学，2010年4月

图2-131　著名中国科技史专家、英国爱丁堡大学社会人类学教授
白馥兰女士(Francesca Bray)做客北京师范大学讲学，2010年4月

图2-132　著名中国科技史专家、英国爱丁堡大学社会人类学教授
白馥兰女士(Francesca Bray)做客美国俄勒冈大学讲学，2013年4月

　　白馥兰在编写《中国科学技术史》（农业卷）过程中，参考了大量的中外文献，吸收了前人的研究成果，加上自己的实践与研究，完成了农业部分的写作。据对书后所附"文献目录"的粗略统计，参考文献总数达1 356种。其中1 800年前的中、日文书籍达265种；1 800年后的中、日文书籍和论文达315种；西文书籍和论文达776种。其中又以石声汉、王毓瑚和天野元之助的著作对她的影响最大，Bray在扉页赠言中写道，没有那些关于中国农业史的先驱的工作，本卷的完成是不可能的。因此，农业部分在某种意义上来说是东西方关于中国农业史研究的集成之作。白馥兰是著名人类学家、汉学家，亦是中国科技史研究领域的佼佼者之一，中国的读者最初关注她是因为阅读她所编写的李约瑟《中国科学技术史》农业卷。在科技史界关注农业的学者中，白馥兰是国外汉学界用力较深的中国农史学者，作为一个典型的国外学者，白馥兰做中国科技史研究的优势即是独特理论视角与对中西比较的关注。

　　白馥兰，作为英国人成为中国通、特别是中国农业史通、贾思勰和《齐民要术》通，是非常难能可贵的。曾撰写多部关于中国农业史，科学史，技术史和医药史的著作，其中有：Science and Civilisation in China, VI. 2, Agriculture《中国科学技术史，卷六，第二部分：农业》（剑桥大学出版社，1984）；The Rice Economies：Technology and Development in Asian Societies《粮食经济：亚洲社会的技术与发展》（布莱克维尤出版公司，1986）； Technology and Gender：Fabrics of Power in Late Imperial China 《技术与性别——晚期帝制中国的权力经纬》（加州大学出版社，1997）等。其中，F.Bray（白馥兰）作为李约瑟博士的助手，在研究中国农业史的同时，专门深入研究过《齐民要术》，她对《齐民要术》的研究成就在欧美乃至全世界都非常有名，影响巨大，在李约瑟主编的《中国科学技术史》第六卷的农学分册（由白馥兰撰写，英国剑桥大学出版社，1984）中，贾思勰《齐民要术》被引用50多处并有专节叙述。书中可以看到受石声汉英译版《齐民要术概论》的较多影响。白馥兰在撰著中对贾思勰的身世背景作了一般叙述，侧重于《齐民要术》的农业技术体系构建，就种植制度、耕作水平、农器组配、养畜技艺、加工制作以及中西农耕作业比较进行了阐说。表明贾思勰《齐民要术》在西方的影响在逐渐扩大，研究水平在不断提高。
白馥兰的《CH'I MIN YAO SHU》由中国科学院自然科学史研究所研
究员、博士生导师曾雄生教授译成中文，先后于2002年在《法国汉学》
上发表，并于2003年在《中国经济史论坛》网站上上传，点击率和阅读
量非常大，此前，曾雄生教授也专门介绍过白馥兰的研究《齐民要术》
的业绩，如："评李约瑟主编白馥兰执笔的《中国科学技术史》农业部
分"，《农业考古》（1992〈1〉，170~174），收入王钱国忠主编《李
约瑟文献五十年：1942-1992年》下册（贵州人民出版社，1999年，第
662~671）。现将F.Bray（白馥兰）的《Ch'i Min Yao Shu，齐民要术》
节选如下：

"现代农学中，生命科学的基本原理被用来解释农业的全过程
（processes），而后这些原理又通过试验用于改进农业生产（perform-
ance）。同样，在中国传统中，农业也是一种科学，这种科学将（有关
自然力及过程的）宇宙哲学知识运用于种植禾稼。其从业者，无论是饱
读诗书的耕读世家，还是目不识丁的农夫，都要努力地将抽象的宇宙论
原理与他们对所处环境和所用技术的细致的经验的理解协调起来，使土
地获得丰收。像《齐民要术》这类的农书，作者是个受过教育的人，本
身又是个农民，就可以用来清晰洞察自然理论和自身经验，书本知识和
实践经验是如何产生和交织的。

尽管有关农事的早期著作，通过引文，部分地保留下来，《齐民要
术》是完整保留至今的最早的中国农书。其行文简明扼要，条理清晰，
所述技术水平之高，更臻完美。其结果是这本著作长期使用至今还基本
上是完好无损。

《齐民要术》的作者，贾思勰，在北魏（386-535）后期担任过中级
官员，其书中所述的自然条件表明他生活在河北或山东一带，他的杰作
大约是在公元530-540年之间完成的；除此之外，有关他的生平事迹所知
甚少（Herzer 1972）。

《齐民要术》是本百科全书，同时又是一本手册（Sabban 1993：
104）。十万余字的篇幅，写得条理分明。在贾为他的目录可能引起不
便而致歉的时候，这表明此类目录并不像后来一样，符合当时的行文标

准。此书系统地讨论了当时中国北方典型的耕作技术、作物栽培、动物饲养，以及食品加工的方方面面。贾思勰在序言中对书名作了解释：此书叙述普通大众或农民（齐民）所需之基本技术（要术）。下面是作者对他的书的介绍：

今采捃经传，爰及歌谣，询之老成，验之行事，起自耕农，终于醯醢，资生之业，靡不毕书。号曰《齐民要术》。凡九十二篇，分为十卷。卷首皆有目录，于文虽烦，寻览差易……。

鄙意晓示家童，未敢闻之有识，故丁宁周至，言提其耳，每事指斥，不尚浮辞。览者无或嗤焉。

当时的文风讲究雕琢、华美和引经据典。尽管贾思勰的行文风格的确是平白而专业，但他的书并非为指导一字不识的农夫所写，而是为同道的地主们而作。因此，尽管他为他的行文致歉，但字里行间还是看得出他是一个很有文字素养的人。作为那个时代的一本典型的著作，书中大约有一半是由引文组成的，这些引文来自约160种著作，时间跨度在《齐民要术》成书之前的7个世纪（石1962：7）。

贾并没有将他的参考文献限制在农学著作之中，而是广泛地引述史书、自然哲学书、宇宙（天）学和预言，有关神怪的著作，如《神仙传》（神仙的生平，题为4世纪道教炼丹家葛洪所撰），以及自然知识的书籍，如《南方草物状》（南方地区植物和物产状况，题为晋代学者徐衷，现在只能通过引文得知）。在《齐民要术》中，涉及农作物和牲畜的每一章，典型地都是从讨论品种或种类及其俗名和学名开始，引证语源学著作和百科全书，如《尔雅》（近似准确，Approximation of what is correct. 疑为周代作品，约公元300年时经郭璞补注），《方言》（地方话辞典，公元前15年，杨雄撰），和《广志》（有关奇异事物的广泛记载，Extensive records of rermarkable things，一本四世纪后期的著作，郭义恭撰）

根据惯例，贾在引文中，加上了自己的注，并以双行小字列出，他也用同样的方式对自己叙述作详细的说明。（在下面的译文中，圆括号中的为石氏的注释，方括号中的为我的评语。）

保存至今的农学专门著作中，没有比《齐民要术》更早的，但《齐民要术》中大量引文的出现，又清楚地表明，贾吸收了悠久而丰富的农学传统。《汉书艺文志》中记载了"农家"著作9种，114篇，有些为战国时人所作，其他则为西汉时所作（Bray，1984：51）。除了散见于其他书中的引文之外，所有这些现均已失传，但它们中的绝大多数都似乎为贾思勰所熟知，事实上，《齐民要术》中的引文，是诸多此类著作重要的或唯一的资料来源，其中也包括东汉崔寔写于公元前160年前后的《四民月令》，可说是《氾胜之书》和《齐民要术》相距五百多年间流传至今的唯一一部综合性农书，被之后的《齐民要术》大量引录。

《氾胜之书》是《汉书艺文志》中所著录的农家著作之一，成书约在西汉。据"艺文志"载，是书原本有18篇（相比之下，《齐民要术》是10卷），尽管贾思勰一而再地大段引用，但据石声汉的辑佚，这些段落加在一起也只够一本薄薄的小册子，内容包括有关实际操作中详细周到的说明（石，1959）；这表明，《氾胜之书》中也包含了大量的前人著作的引文。请考虑下面一段《吕氏春秋》（公元前239）引自题为《后稷[周代王室的开山祖]书》的引文：

子能以窖为原乎？子能藏其恶而挹之以阴乎？……子能使粟圆而薄糠乎？子能使米多沃而食之强乎？为之若何？凡耕之大方，力者欲柔，柔者欲力。息者欲劳，劳者欲息，棘者欲肥，肥者欲棘，急者欲缓，缓者欲急，湿者欲燥，燥者欲湿……五耕五耨，必审以尽。（《吕氏春秋》，夏纬英1956：27。）

《齐民要术》中也引了这一段，紧接着便是一段来自《 胜之书》的引文：杏始华荣，辄耕轻土弱土。望杏花落，复耕。耕辄蔺之。……土甚轻者，以牛羊践之。如此则土强。此谓弱土而强之也。《氾胜之书》，引自《齐民要术耕田第一》。

《后稷书》不见于《汉书艺文志》著录，所以贾思勰，甚至是（胜之），看到的可能不是第一手资料。但它却是引自一本非常有名且广为阅读的自然哲学著作——《吕氏春秋》。我们可以推断贾或许并没有直接接触到所有他所引用的著作，有时是转引他人的引文，使用他并没有直接接触到的材料，并依次将相关的材料悉数抄下，这是一种常见的典型的中国著述方式，在这种方式中，早期著作中的主张被引述，跟着是按历史年代顺序下来的，由后来作者所作的注释、点评、补证以及批评，最后是以作者自己的观点作总结。尽管是来自引文的引文，我们仍然惊诧，6世纪早期一位不甚显赫的官员，已经接触到，记下笔记，甚至可能是拥有（无论是他自己的或是其他人的手抄本）如此之多的材料，这些材料在那时只是以手稿的方式传抄着。但在这方面，贾对于他的那个时代来说，并不是异乎寻常，而只是个典型的作者，并且这也可以反映出，印刷术发明之前，在中国，知识传播（intellectual network）和知识产生（production of knowledge）的某些有趣的现象。

关于田庄和农民的农业，向来就有争论，即《齐民要术》写作时，如其书名所可能表示的那样，心中是想着小农，还是想着写成一本大庄主的手册（Kumashiro 1971，Herzer 1972），换句话说，贾思勰写作的时候是把自己当作官员，还是当作地主。但是，正如贾所明白无误地声称的那样，他是为有益家童而写作的（缪启愉认为"童"并非是指贾的子弟，而是他的奴隶；1988：8）。如此广泛的操作事项在贾的书中视为理所当然，也证明他写作时，心中想的是一个集中管理的大田庄。

对于一个西方的农学史家来说，他也许会大惊小怪，这也是一件值得讨论的事。在希腊、罗马和欧洲的农学传统中，大田庄向来就是技术创新之源。尽管像加图（Cato）、科路美拉（Columella）、麦格翰（Gervase Markham）这样一些作家，他们觉得知识的传录具有普遍的效益，并将给大众福祉做出贡献，但他们的写作还是为了他们的同道，而非为了农民。在中国很重要的官修公用类农书，在欧洲没有。认为国家应该促进改进小农农业，或者认为这是一种适当管道，通过它去促进农业，这种观念是非常奇怪的。但在中国，至少自战国时期开始，就已成为一项基本国策，尽管我们还不能肯定地说出任何最早的为改进小农农业而刻意撰写的农书，如同后来一些大型的和深具影响的著作。

历朝列代的的中国政府几乎都要颁布政策鼓励和改进小农的农业。这种策略既符合儒家为民福祉的政治统治伦理，也符合法家的通过直接向农业生产者征税，以尽可能地扩大国家税收的原则。从国家的角度来看，强有力的地方地主可能是中央政府最危险的对手。更有甚者，当富有之家积累起大量土地的拥有权，这不仅剥夺了农民的财富，增加了租金的支付，使农奴的负担加重，社会地位降低，而且它还在政府与人民之间构筑起障碍，并导致了税收的减少。再从农民的角度来看，当土地供不应求的时候，作为一个独立的自耕农，要想丰衣足食，是既困难又冒险，一旦出现社会动荡，他们就要请求依附于强有力的地方地主。

整个西汉一代，国家通过立法相当成功地控制了地主所有制，并推行了向农民分配土地的制度；兴建起了水利灌溉工程，并向农民传授多种改进农业的方法，使生产力得到了很大的改进。但这也同时提高了土地的价值，在东汉和随后的分裂时期，中央政府不能阻止田庄农业的扩张。尽管北魏和其后的大多数朝代，包括唐代，都试图维护定期向农民分配土地的制度，但这项土地制度，对于大田庄，与其说是一种威胁，更不如说是一个可怜的不堪一击的对手。

拥有大量的土地和劳力的田庄，在社会动荡时能生存下来并保护他们自身，在和平年代经济走上正轨时，他们可以将大片的土地转入商业生产。获利并非简单地与农场的面积成比例，因为在华北的环境条件下所发展起来的农业制度（农法），规模经营有着明显的优势（Bray 1984：587-97）。《齐民要术》提出了华北经营农业的最佳方案，而且事实上那个时期最佳方案需要具备充足的畜力、劳力和专门设备供应的大农场。

贾所提倡的复合作物轮作制，也是那些只有小块土地仅能养家糊口的农民所难以企及的。贾所叙述的技术，不仅要大量使用劳力，同时也要大量使用涉及范围广泛的各种专门畜力农具。尽管基本的主粮作物粟在作物种植中占据重要的地位，贾也主张大面积地种植经济作物，如红花和林木：

一顷收子二百石，输与压油家，三量成米，此为收粟米六百石，亦胜谷田十顷。《齐民要术 蔓菁第十八》。

北魏时的一顷（100亩）约相当于现代6公顷，汉代时规定一家百亩，而事实上的平均数接近70亩。从贾对各种食物产品及数量和质量的描述中，我们可以看出，贾视野中的农场要比农民所掌握的小块面积大出很多倍，如，酿"春酒"法中就总共要用谷子180石，而制作大量使用的被称为"曲"的辅料，更要用到上千石的谷物，这或许是要在自家使用的同时还供出售（Sabban，1993：98，92）。

关于北方农业制度（农法），《齐民要术》提出了华北经营农业的最佳方案，这个地区的特点是冬冷夏热；春季或夏季雨水稀少，且常为暴雨。在内陆地区，沿黄河上游地区，便是有名的黄土高原。这些纹理细密的沉积土壤具有很高的自然肥力，只要土壤中能够保持足够的墒情，就能长出丰美的作物。早在汉代，京师长安和洛阳城周围的渭河流域的大部分地区都已得到灌溉（Will，1998）。黄河下游平原及山东半岛境内的冲积土壤比黄土更为黏重，冬季更为温暖，夏季雨水更为充沛，平均约500毫米（Tregear，1980）。

耐寒又耐旱的禾，春雨之后立马下种，是北方主要的禾谷类作物，公元前5 000年前甚至更早，它们在这里就已驯化（Bray 1984：434-58）。主粮作物粟[setaria or foxtail millet（*setaria italica*）]，是一种耐旱的夏季作物，第一场春雨后立即播种。黍[Broomtail or panical millet（*panicum miliaceum*）]更为耐寒，糯性品种还用于酿黄酒或白酒（Huang 2000）。仅非糯性的品种，贾思勰就提到了十四种早熟、耐旱抗虫的品种，其中有两种味道特好，二十四种有芒，可以抵抗风吹和免除雀暴，其中有一种特别容易脱壳；三十八种中熟品种和十种晚熟品种可以抵抗害虫。他继续写道：

凡谷，成熟有早晚，苗秆有高下，收实有多少，质性有强弱，米味有美恶，粒实有息耗。（早熟者，苗短而收多，晚熟者，苗长而收少。强苗者短，黄谷之属是也；弱苗者长，青、白、黑是也。收少者美而耗，收多者恶而息也。）（绿色革命中，视为奇迹的小麦和水稻也有这样一个显著的特点）《齐民要术 种谷第三》。

小麦和大麦，来自西亚，通常作为越冬作物种植，因此在作物轮作中起着重要的作用（Bray 1984：459-77）。汉代，小麦面粉产品，如面条和面点，开始普及，不过更多的是种奢侈而非主食；盘中之餐基本上仍是由本土谷物提供，或粟或稻，蒸煮而食（Yu 1977；Huang 2000）。《齐民要术》只用了一个较短的章节介绍旱稻和水稻。稻，在当时，甚至从来就没有成为华北的重要作物。《齐民要术》中所讨论的其他普通的大田作物，包括豆、豌豆和大豆；葫芦；油料作物如油菜和芝麻；油用和纤维用大麻；以及染料植物。从汉代开始，连年种植在华北的许多地区已是司空见惯。包括诸如小豆、大豆等豆科作物在内的轮作，极大地消除了（土地）对于休闲的需求。贾给我们提出了一套完整而又复杂的大田作物的轮作，表述时用了佳"底"这一术语，即给土壤提供适当肥力的前茬作物。他也很仔细地给出了每种作物的播种量，包括根据土壤质地和播种时间所做出的相应的调整。有意思的是，他没有给出相应的产量数字。

《后稷书》中总结出的"耕之大方"的确是华北旱作地区农业增产的关键。低平之地的黏重土需要作垄排水，否则它们就会受涝而呈酸性；轻松土需要通过精耕形成良好的耕层，以尽可能地保持稀少的降水。准确地把握土壤的特性、农时和技术这些都是很重要的。最重要的是土壤都必须保持精"熟"。

《齐民要术》中所述农业方法需要大量用到畜力农具、劳力和肥料。以下农具对于耕作来说是不可或缺的：带有可调节犁壁的铁制铧犁，由二至三牛或骡牵引（轻松土，浅耕只能翻出浅浅犁沟，最好使用翻土壁犁）；耙，同样也是用牛拉，包括用于碎土的铁齿耙和细摩土块及覆种用的耢（一种用可以弯曲的柳条或榆树枝编的平框）；牛拉的磟碡用于将雪霜碾入土中，也用于镇压麦苗以促进主茎分蘖；畜力耧车用于条播；还有一系列的锄、锋、耩，用于中耕除草、间苗以及保持耕层松细（Bray 1984：130-423关于中国农具史）。

《齐民要术》中所述耕作技术旨在确保土壤从播种的那一刻开始直到收成含有足够的水份，但又不致于太湿，其表面经过精细整地碎土，而进入现代农学家所称的细土幂状态，以减少水分蒸发。秋季，雨过之后，深耕，接着用铁齿耙耙转在冬季霜冻之前将土块破碎，这样将土壤弄得松细并且消灭害虫。冬季结束时，将厩肥全部车载到大田并翻入土中。从正月开始（现代日历是在1月底或2月），要进行一系列的浅耕，耕的垡条要窄，每次耕过之后还要用轻型覆土耙纵横交错地拉耙，先是顺着犁路耙，然后垂直再耙。虽然像大麻、胡荽这样的小粒种子作物采用撒播方式，将其种入犁过的浅沟之中，再用轻型覆土耙轻轻一盖，但大多数作物及所有的禾谷类作物系采用条播，用耧播种，整齐排列于垄间。播种耧车节约了种子并有效利用了土壤中的水分和肥料；《吕氏春秋》中就主张用条播法：

吾苗有行，故速长，弱不相害，故速大。横行必得，纵行必遂。正其行，通其风，使毕中央率为泠风。《吕氏春秋》67。

条播还使得有效的中耕成为可能：锄不厌数，周而复始，勿以无草而暂停。（锄者非止除草，乃地熟而实多，糠薄，米息。锄得十遍，便得八米也（谷子的出米率有八成））。《齐民要术 种谷第三》

条播机（耧车）是适应气候干旱底下农业的产物。已知最早的例子是苏美尔人，许多世纪以来，整个西亚，南亚以及中国，常用的条播机就有好些种。中国耧车的设计简单、有效而且适应多种用途，例如，在需要的季节里，下种耧脚可以从耧架上卸掉，然后再换上锄刃。耧车主要是用竹木制成，最为复杂的是其反馈装置，用长藤条和小卵石缠绕而成，唯一的金属部件是耧脚，中国耧车设计合理，它一直使用到农用拖拉机的进入以前（Hommel 1937）。

对比起来很有意思，16世纪，威尼斯（Venice）和博洛尼亚（Bologna）的发明家开始探索机械条播的可能性。他们可能对亚洲业已存在的样式一无所知；他们所要追求的目标是寻求改进手工单孔点播种子的方法。欧洲的发明者采用了一种与产生亚洲条播机全然不同的思维模式来解决问题，那就是机械工程，而不是手艺。从一开始，欧洲人就试图搞出带轮子并具有象钟表反馈装置的条播机，但技术上的难度超出了当时工程学的能力。尽管农学家们对于条作的优越性很感兴趣，但是直到19世纪能派上用场的条播机才在西方得到经常性的使用（Bray 1984：254-72）。

良好的耕耘可以提高产量但并不能完全取代施肥。《齐民要术》提倡使用轮作、绿肥（掩青），以及厩肥，播种前犁入土中，如果过后施用，先让其腐熟，以免烧坏庄稼。与后来的一些中国作者不同，贾没有提到人粪的使用。在种小麦一篇中，贾引述了有关粪种的文字，粪种法最早在西汉《周官》中有详细的叙述，即种子裹上一层根据土壤类型选用的不同动物骨头（包括牛、獐、狐，甚至还有鼍鼠，即鼹鼠）所煮成的汁。这听起来象是一种典型的天人感应理论模式，但《氾胜之书》的提倡表明在实践中也将种子包裹成小丸：

> 又取马骨剉一石，以水三石，煮之三沸；漉去滓，以汁渍附子五枚。三四日，去附子，以汁和蚕矢、羊矢各等分，挠令洞洞如稠粥。先种二十日许，以溲种如麦饭状。常天旱燥时溲之，立干。薄布数挠，令易干。（六七溲而止）……则禾稼不蝗虫。引自《齐民要术 种谷第三》。

附子（乌头），是中药中一种很重要的药材，具有很强的生物碱毒素。十七世纪时，徐光启写道，四川某县农民"多种附子，特以治种"（《农政全书》卷之六"农事"。）（译者按：原文是：玄扈先生曰：如此，农家宜种附子。今成都彰明县民间多种之，不营他业也。）使用带有肥效的胶汁包衣种子成小丸似乎在农业上并没有得到普遍的应用；贾和后来的作者在引述时，都没有给他们的引文加上自己的方法，有人认为，（种子）表面黏黏的会使得采用耧车条播很困难。可是，将种谷与植物和矿物杀虫剂混合是很通行的做法，特别是随着连作普及，这种做法更受欢迎（Bray 1984：249-51）。贾和后来一些作者在有关谷物贮藏部分都提到了杀虫剂和驱虫剂。一种非常普遍芳香草，艾草，特别有效。贾告诫说，小麦，特别容易感染虫害，应该贮藏在用蒿、艾编织的篮子中。《齐民要术 大小麦第十》。

猪和鸡养在院子里，鸭子养在稻田中，仅有的几只不可缺少的役畜被麇在边远的地方吃草。但汉唐间的田庄却养了大量的牲畜（贾提到了200只一群的羊）。他们对包括骡、驴和牛等役畜的依赖性很强。马也很重要，因为精英们喜欢骑着马去遛达或是每日代步，马还用于军事目的。最后，汉唐间，来自中亚的游牧民族一再入侵中国北方地区，也使得乳品消费文化得以广泛传播。贾写作的时候，正是拓跋魏统治华北长达一个多世纪，羊奶和牛奶食品非常盛行的时期（Sabban，1986）。

贾叙述了很多食品的制备方法，这些食品在以后的朝代里，彻底地从中国人的饮食中消失了，其中包括干酪、酥油、以及拌上干果和奶品的藏式八宝炒面（麨）。贾对这些混合食品非常热心，推荐为远行之选，它们轻便，只需加上热水搅拌，就成营养可口的美餐——没有罐子的罐装面条。有唐一代及其前后，乳品在北方中国人中继续保持流行，因为中国人与游牧世界之间的政治和文化的界线并非一成不变，早期的入侵者，和蒙古族及满族不同，并不试图去保持种族的纯洁，而是乐于和中国的精英分子通婚。

关于农学术语，贾在序言中为他写作上的质朴无文而致歉。贾所采用的简洁而有效的文风变成了农学写作的特点。这种农学写作风格很大程度上依赖于专门术语的使用。《齐民要术》中不常用的农具、耕作技术等等都在首次出现时作了解释或定义，还注了音。操作程序一步一步列出来，贾还用注释对它们的作用机理以及所需条件作了说明：

凡春种[粟]欲深，宜曳重挞[用枝条做成，上面压着石头]。夏种欲浅，直置自生。（春气冷，生迟，不曳挞则根虚，虽生辄死。夏气热而生迟，曳挞遇雨必坚垎。）《齐民要术 种谷第三》。

农学写作风格并不是贾的发明，他也是追随了前人的著作，如《吕氏春秋》和《氾胜之书》。东周时所形成的一种写作风格在以后继续沿用了许多世纪。它用一种准确易懂而又简明的方式来传达技术信息。人们也许会认为，这是有关象农业这样一种实实在在行业的最轻车熟路的写作方式：其简洁明白并具透明度的陈述，显然不可避免地与现实中我们接触到的菜谱、技术手册及实验室的实验说明联系起来。

可是，在文化的传承中，中国农学风格决不是一项简单的成就。像一切有关技术的写作一样，它面临着将常常是通过言传身教来传授的知识和实例、经验转变为书本知识的挑战。从最早的时候开始，中国读书人就视体力和手工技艺为低下的职业；的确，这些技艺的术语"术"或"巧"，像英文中的"craft，技艺"一样，总是使人联想到怪力乱神，这就是中文文献中技术著作极少的原因之一。但是，农业及其相关的技术（其中包括纺织生产，碾硙和其他食品加工技术，以及水利），是个显著的例外。农业既是普通人的"本业"，又是君子们看好的谋生之道。解甲归田并不是见不得人的事，就像贾这样的受过教育的农学家也乐意承认他曾"询之老成，验之行事"。

农学是普通人的知识和学者的学问唯一相交的领域。农书作者的目的在于将有关复杂技术的操作指导编纂起来，以使大家清楚明了。像贾书在字里行间所展示的知识，涉及宇宙论的知识、语源学的知识，以及如何管理复杂田庄的心得。但书中必不可少的核心内容是贾书中所蕴含的实践知识，贾在序言中所强调的并与他的管家和佣工共同拥有的个人亲力亲为的农事经验。

像医药学、炼金术和卜筮一样，农业也要牵扯到人类对于自然力（cosmic energies）的利用和控制。但是有关医药学、炼金术和卜筮的技术之作，却并不具有农学一样的透明度。在这些领域里的专家是受过专门训练的宇宙哲学方面的专家，而不是老农。很早的时候，这些领域里的知识就是深奥难懂，且文字记载也缺少必需的师傅言传身教的内容。后世，医药学奥秘具有不同的特点：许多关键术语，尽管由常用词组成，但专家们赋予他们的意思对于外行来讲不知所云。医药学、炼金术和卜筮中的技术要领常常是用宇宙变化论的一般术语来表达，只有通过上下文才能获知其特殊的含义。可是，就农书而言，技术术语对于农业也是专门的，如果你熟悉它们，你就可以读懂全文，其中不含隐义。如果你有工具在手，书中所说的做法将完完全全地告诉你每一步该如何操作。

但是，农书的作者并不是简单地将老农告诉他们的东西逐字逐句地记下来。他们从大量的信息中提炼出通用的知识，可以从一地应用到另一地的知识，形成书面知识。时过境迁，特殊的农具或技术的土名常常发生显著的改变。农书作者在选择术语时受到若干因素的影响。首先是他自己的经验，在他自己那个地方通用的术语。这种术语常常与他所研习过的农书作者所用的术语不同。对于学术传统的尊重，必须做出调整以适应历史传承的需要，同时承认当代具体的现实。

在某些场合下，用法上的矛盾太大以致于难以成功克服。谷物的命名就属这种情形，特别是粟，从商代甲骨文开始就混淆不清，持续于整个历史时期，一直纷纷扰扰存留到现在。尽管中国人从不怀疑粟和黍是分别不同的种，但两者之间，以及糯性非糯性品种总称和别名之间在术语上的混淆和矛盾，从汉代开始就充斥于学者的文章和方言土语之中。

在另一些场合下，也出现了一种约定俗成。条播机的命名即属此例。《说文解字》（许慎编于公元121年）提到的与条播机有关的术语包括：耧，条播；犐，解释为六叉犁；（木役），解释为种耧（Bray

1984：271）；二世纪的农学家崔寔只用了"耧"这一术语，他说不同的地区使用不同的耧，有独脚、两脚、三脚耧。他认为独脚耧最好。贾思勰也将条播机称为"耧"或"耧犁"。元代农学家王祯引述了这些早期著作，他自己将条播机称为"耧车"，并补充说在他那个时候，北方平原多用两脚耧，而四脚耧用于西北（《王祯农书"农器图谱集之二》）。（宋元以前，"车"常用于表示工具或机器，它们的运行依靠轮子，从缫丝机到抽水泵都称为车；在（耧车）这个场合下，无论如何，车包含有这样的事实，即条播机安置在一个架子上，由牲畜牵引。）王祯还提到了当时的其他三个有关条播机的土名：耧犁（贾思勰已使用），种耩和耩子。一方面，耧作为条播机关键的书面术语的持续性，或许意味着它长期在地方上普遍的使用；另一方面，由于我们知道至少有个两例子中，官员们将条播机介绍到地方，他们称之为"耧"（Bray 1984：263，270），或许学界或官方认可"耧"这一名称，而非"耩"或"耩"，有助于固定学名和土名。

在贾写作农书的时候，许多关键性的农业术语似乎已固定。大多数技术词汇，他懒得解释，意味着尽管存在地方差异，但还是通用的。贾和他的前辈们所用过的许多术语一直通行到今天。但是一些在贾时代显然是标准的技术术语，在后来废弃了。贾提到的一种称为"锋"的农具，是一种锋利的带尖头的手持农具，用作多种用途，包括掘起已枯死的根茎，给幼苗壅土，开垦休耕地。但在14世纪早期，王祯写道："近世农家不识此器，亦不知名"（《王祯农书"农器图谱集之三》）。很可能，锋并没有失传只不过是改了土名，因为在元代的时候，完全同样功能系由一种称为"铁搭"（铁齿锄）来承担，铁搭这一农具及名称，至今仍普遍使用（Bray 1984：209-12）。

关于农时和宇宙论，贾提出：顺天时，量地利，则用力少而成功多。任情返道，劳而无获。（入泉伐木，登山求鱼，手必虚；迎风散水，逆坂走丸，其势难。）《齐民要术 种谷第三》。

天时确切的是指什么？在贾看来，是仅仅指在一年的周期中自然生长和变化连续阶段，或者"天时"指的是关联宏观和微观变化的阴阳五行理论中的复杂的盈亏周期。

尽管所有的农事操作的时间安排都是很重要的，但最紧要的是种植日期的确定。谷子何时成熟，果子何时采摘不会搞错，播种就是给种子以生命的标志时刻，弄错了就意味着生长受阻，作物歉收和饥馑。古时候，种粟的日期是由王室占卜来决定的。东周时，一种称为"月令"体裁的历法将人的活动与天地节律结合起来。月令列出了每月三十天中的祭祀、狩猎、农事和家事活动安排，还有物候现象，如星象、某些花的开花、鸟的鸣叫；在这些著作中突出提到了作物的播种期（董 1981）。为农事活动所制订的日历只有局部的有效性，因为春天开始，山区要迟于平原，南方要早于北方。通过把人类活动与菖蒲开花或者春天第一次闪电联系起来的这种形式，月令提供的知识可以适用于任何地方——如果同时给出的日历也作了相应的调整。

在汉代文献中，播种期有时并不是用阴历月份来表示，而是用至日（阳历），或者是二十四节气。因为阴历年只有360天，阳历更能准确地表示季节。通过对现存引文的复原，可以看出《氾胜之书》给出了准确的阳历播种日期：先夏至二十日，此时有雨，可种黍；夏至后七十日，可种宿麦（冬麦）。氾还使用物候指示：榆结荚时该种大豆，桑葚黑熟时，种小豆。但是对所有作物中最重要的作物，他认为："种禾无期，因地为时"，与此同时，氾告诫要严格遵守阴阳家有关忌日的占算（cosmological computation）：

小豆忌卯，稻、麻忌辰，禾忌丙，黍忌丑（分别指十二地支中的第四、第五和第二日）……凡九谷有忌日，种之不避其忌，则多伤败。此非虚语也，其自然者。《氾胜之书》引自《齐民要术 种谷第三》。

阴阳家在西汉时非常流行，尽管当时它也遭到批评。戴思博（Despeux）叙述了唐宋医学理论家如何批判他们视为僵化的基于阴阳五行的天人感应（cosmological correspondences），并努力发展新的对当地情况和病人的个体体质更为灵敏的感应体系。对于将抽象的占候（cosmological calculation）运用于农事决定方面，贾思勰也有所保留。他所讨论的每种作物下面，都引述了阴阳家所推荐的宜日忌日，但又引了司马迁在《史记》中带批评性的评语：

阴阳之家，拘而多忌，止可知其梗概，不可委曲从之。《齐民要术种谷第三》。

对此，贾又加上了谚语："以时及泽，为上策也"。贾个人所推荐的大多数播种日期是用阴历来表示的，月分三旬，一旬十天。他说：

凡五谷，大判上旬种者全收，中旬中收，下旬下收。《齐民要术种谷第三》。

这种主张反映了全世界普遍的并非毫无根据的信仰，即植物的健康成长受到月亮圆缺的影响。贾清醒地意识到阴历并不能总是准确地反映季节："有闰之岁，节气近后，宜晚田"（《齐民要术 种谷第三》）。贾常常是将阳历和阴历结合起来，以求更加准确，如他建议在（阴历）三月上旬到清明节（阳历）期间种粟（《齐民要术 种谷第三》）。然：

大率欲早，早田倍多于晚。（早田净而易治，晚者芜秽难治。其收任多少，从岁所宜，非关早晚，然早谷皮薄，米实而多；晚谷皮厚，米少而虚也。《齐民要术 种谷第三》。

无论如何，最终的选择一定是取决于天气：凡种谷，雨后为佳。遇小雨，宜接湿种；遇大雨，待秒生（作者理解为等种子发芽——释者）。（小雨不接湿，无以生禾苗；大雨不待白背，温辗则令苗痿）。《齐民要术 种谷第三》。

整个帝王时代的农民都一直注意作物播种日期的宜忌；这个方面的内容和其它重要活动的宜忌日子一道，都包括在每年由朝廷历法部门颁发的历书之中。尽管占卜和日历在普通人之间从不失流行，但在决定农事日程方面，贾对于实际的而非虚幻因素的青睐，为后世具有知识头脑的农学家们所效仿，他们一般都省去了占候（cosmological calculation），即使在他们按月安排农事活动方面保留了月令的形式，（成书于1640左右的《沈氏农书》，就是一个月令体具有持久吸引力的例子）取而代之的是，后世大多数农学家紧随贾思勰，全神贯注于主要由经验得出的农业原则（种欲早，雨后便种，但土不欲湿）和把农事与其他的自然现象（如春天第一场暴风雨，麻花粉飘飞，即麻放勃——释者）联系起来。对这些农学原理的解释说明，从没有使用过宇宙哲学术语。对贾思勰和他的后继者来说，季节的更迭是不可改变的；"天时"不受宇宙操纵者（cosmic manipulation）的主宰。机不可失，时不再来

（Sabban, 1993：90）。

关于《齐民要术》的历史影响，早在印刷术发明以前很久就已写成的《齐民要术》，若干世纪以来就以手稿的形式流传着，11世纪早期，它是第一本奉皇帝之命印刷和颁行的农学著作。它的写作风格和结构的许多方面都为后来中国、朝鲜和日本的农书提供了范例。

《齐民要术》编写之后，中国农学最重要的发明来自以水稻为基础的南方农业系统。后来农学家在编撰的中国整体农业的著作时，其有关北方作物和技术部分，很大程度上依靠了《齐民要术》。写于17世纪早期，徐光启（他曾在北方靠近天津的地方，度过了好几年，其间他经营了一个农庄，并进行了很多农事试验）在他有关粟的部分中大量引用了贾思勰，而没有添加后来的材料（《农政全书》卷之二十五'树艺'，618-22页）。许多探讨北方农业的作者都为从《齐民要术》所达到的水准的下降下来而感到惋惜，并且《齐民要术》所包含的技术知识水平在后来鲜少被超越。首先在农业生产力方面，然后在经济方面，最后是在社会和政治的重要性，长江流域的水稻生产湿地在中唐开始超越北方平原，（Shiba, 1998）。资本和技术日益增长地投到南方，北方农村变得相对的停滞，这里的农民奋力于生存，经营性农业已无利可图（黄，1985）。

《齐民要术》还广泛地涉及到蔬菜、果树和林木（包括用于养蚕的桑树）的栽培，其中还有一节论养蚕。可是，和后来的农学经典著作不同，纺织生产在讲解技术，还是在讨论家庭经济方面，都无足轻重。尽管在贾所处的时代，所有家庭为了自用和交税都要生产布匹，但他显然没有象后来的作者一样，认为耕、织在道理上是不可分开的。

与后来农学经典的另外一个重要的不同是，《齐民要术》用大量的篇幅来讨论动物饲养和家庭手工业，包括食物制备及其他家庭日用所需（其中包括墨和胭脂），以及名目繁多的，诸如真丝衣物的干洗或书籍蠹虫的灭杀，一类的训示。有关食品加工和家庭手工业的详细内容在以后的农书中已不再突出，而主要是和有关饮食的内容一道，出现在一些大众百科的家庭日用部分。《齐民要术》摘引了《食经》和《食次》这两本现已失传的早期烹饪著作，书中提供了无以伦比的有关当时通行的许多复杂的食品加工方式的文件（Sabban 1993）。例如，我们了解到，由于酱和酱汁品（肉、鱼和蔬菜）丰富，我们今日所熟知的豆腐，还没有成为食谱中的一部分（黄，2000）。或许《齐民要术》中最具典型性的一面是畜牧和奶制品的凸显。从很早的时候开始，或许是由于人口高度稠密，典型的中国农民将他们的土地几乎全都用于作物栽培。

六、德国与《齐民要术》

约从16世纪起，西方官员、商贾、传教士接连来华。他们在介绍西方文明的同时，也为中国传统文化所震慑。德国学者戈特弗里德·威廉·莱布尼茨（Gottfried Wilhelm Leibniz，1646-1716年），莱布尼茨是最早接触中华文化的欧洲人之一，从一些曾经前往中国传教的教士那里接触到中国文化，之前应该从马可·波罗引起的东方热留下的影响中也了解过中国文化。莱布尼茨在给耶稣会传教士P.M.格里玛迪（Grimadi，P.M.，1639-1712年）的信中说，"我恳求格里玛迪不要为了把欧洲的东西传给中国人而过于操心，而要操心把中国的非凡的发明带给我们。否则，在中国的传道活动就得不到什么益处了。"1707年，莱布尼茨写信给北京传教团的信中甚至建议把他们所写的关于中国工农业的记述以及中国的动物、植物、机器模型和学者一起运到欧洲。

康熙、雍正、乾隆三位皇帝接待德国传教士数量不少，如戴进贤（Ignatius Koegler，1680-1746），1716-1746年在华，德国人，雍正三年起任钦天监监正达29年之久，对当时中国天文历算贡献颇多。鲍友管（Anton Gogeisl），1738-1771年在华，德国人，数学家，钦天监员。魏继晋（Florida Bahr），1738-1771年在华，德国人，语言学家，精通满汉两种东方语言。这些传教士为西学东传和汉学西传都做出过贡献。

1975年，日本的天野元之助在《中国古农书考》曾提到，听说把《四民月令》德译的赫茨（Herzer, Christine）在从事《齐民要术》的德译工作，赫茨20世纪70年代也写过研读《齐民要术》的论文：Herzer, Christine.Chia Szu-hsieh, der Verfasser des Ch'i- min yao-shu, Oriens Extremus 19：1-2（December 1972）：27-30）。德国开展对中国古农书和中国农业历史的研究比较早，石声汉早在1934年就看到1926年德国人瓦格勒（Wllnelm Wagner）所著《中国农书》，后来又了解到国外已翻译出版了中国古代农书，并有"中国人对此不重视，深表遗憾"的评论，石声汉对此一直耿耿于怀，下决心改变那种由外国人研究中国古代农业科学遗产的局面，并决心致力于祖国古代农业科学遗产的整理，为国争光，终于整理撰写出享誉世界的研究名著《齐民要术今释》和《齐民要术概论》英文版，他为此深感自豪。

日本宇都宫大学农学部的熊代幸雄教授在《校订译注齐民要术》第三版的再版前言附记中写道：《齐民要术》的德译工作计划是以其担当者和发起人、德国波鸿大学东亚研究所（Ostasien Institut, Univ. Bochum）的赫茨博士（Dr.Herzer, Christine）为中心展开的，赫茨女士1986年夏天曾造访日本宇都宫大学，与熊代幸雄教授进行过《齐民要术》的德译交流。赫茨女士的突出业绩之一是研究《齐民要术》引文主要部分的《四民月令》，德译的文笔非常优美。

德国汉堡亚洲研究中心（Institute für Asienkunde，Hamburg）菲尔·恩斯特乔奇姆·沃赫勒博士（Dr.Phil.Ernstjoachim Vierheller）教授对《齐民要术》的英译也做出过很大贡献，日本宇都宫大学农学部的熊代幸雄教授与日本鹿儿岛大学西山武一教授以撰著《校订译注齐民要术》而出名，熊代幸雄教授在研究《齐民要术》与欧美农业的比较时，写过著名的《旱地农法中东洋的与现代的命题》（Empirical principles of Dry-Land-Farming in the 'Chi min yao shu' compared with the moderm experimental principles, By Dr.Y.Kumashiro）一文，1954年曾在《宇都宫大学农学部学术报告》特辑第一号用德文和英文发表，熊代幸雄教授将《齐民要术》中的旱地耕、耙、播种、锄治等项技术，与西欧、美洲、澳大利亚、苏联伏尔加河下游等地的农业措施，作了具体比较，肯定《齐民要术》旱地农业技术理论和技术措施在今天仍有实际意义。在撰写过程中和出版前，特请菲尔·恩斯特乔奇姆·沃赫勒博士对其德文转译的英文作了反复修改和校正，这在西山·雄代氏《校订译注齐民要术》1969年第三版的再版前言中有所体现，熊代幸雄教授多次对德国汉堡亚洲研究中心的菲尔·恩斯特乔奇姆·沃赫勒博士（Dr.Phil. Ernstjoachim Vierheller）表示衷心的感谢。

七、法国与《齐民要术》

中国清代前期，并未实行封闭的"闭门锁国"政策，曾接受多批法国"科学传教团"，特别是在康熙帝的支持下，肩负科学考察使命的法国耶稣会士相继来华。康熙32年（公元1693年）奉命出使法国的白晋，在回中国时就带回巴多明、雷孝思、傅圣泽等8位神父，而康熙四十年（公元1701年）随洪若翰来华的法国传教士有10人。此后，一批又一批的法籍耶稣会士纷至沓来，诸如杜德美、殷弘绪、蒋友仁、孙璋、钱德明、马若瑟、汤执中、韩国英、金济时、晁俊秀等。据费赖之在《在华耶稣会士列传及书目》中记载，自法国派出科学考察团开始，共计有法国籍神父86人，葡萄牙籍79人来华。其中，一名叫金济时的法国耶稣传教士，对《齐民要术》在欧美特别是法国的传播起到先导作用，这位法国著名汉学家、耶稣会传教士写成《中国纪要》，详细介绍了《齐民要术》的思想、观点和技术。英国的达尔文就是通过阅读法文《中国纪要》了解到《齐民要术》这一"古代中国百科全书"的，借鉴了其中物种选择原理，完成了《物种起源》、《家养动物和培育植物的变异》《人类起源和性选择》三部名著的写作，先后六次提及这部"古代中国百科全书"。可以说金济时是贾思勰与达尔文之间的桥梁、《中国纪要》是《齐民要术》与《物种起源》《家养动物和培育植物的变异》《人类起源和性选择》之间的纽带。法国科学传教团来华，对促进法、中两国相互了解和文化交流都产生了一定的影响，不仅直接导致欧洲18世纪汉学的兴起，也为中国统治者打开了一扇了解法国、了解欧洲的窗口。1789年（乾隆五十四年）爆发的法国大革命，导致波旁王朝覆亡，派遣科学传教团来华一事也随之终止。

早在18世纪，《齐民要术》部分内容已被介绍成法文，在巴黎出版的《北京耶稣会士关于中国人历史、科学、技术、风俗、习惯等纪要》（Memoires carecerarart lhistaire, les sciences, les arts, les rtoeurs, les usages, etc, des Chinvis Par les Millionaires de Pekin）的第十一卷第25~72页中，收入题为《中国的绵羊》（Des betel a laine en Chine）一文，其中介绍了《齐民要术》及明人邝璠《便民图纂》（1494）论养羊技术。

这部法文著作简称《中国纪要》（Memoires concernant les Chinois），据在华耶稣会士稿件编辑而成，共16巨册，于1776-1814年出齐，是全面介绍中国的大型丛书，在欧洲广为流行。其第十一卷出版于1786年，为大16开精装本。该书第五卷出版于1780年，其中也介绍了《齐民要术》。上述论绵羊的报道执笔者是法国耶稣会士金济时（Jean-Paul-Louis Collas，1735-1781）。金济时，字保录，1731年11月13日生于蒂翁维尔（Thionville），毕业于洛林大学（Umiversite de Lorrasine），专长于博物学，1767年来华，通汉、满、蒙语，为乾隆皇帝所赏识，在华传教、生活14年，1781年1月22日卒于北京。他在华期间基于中国文献记载及实地见闻发表有关中国动物、植物、矿物以及农业、工业技术的许多有价值的报道，多收入《中国纪要》各卷之中，尤其是第十一卷。金济时执笔的《中国的绵羊》一文，还由来华的法国汉学家兼农业专家西蒙（Eugene Sinaa 1829-1896）于1864年重新加注，摘要重刊于巴黎《风土适应学会会报》（Bulletin de la Societe d Acclimatation）之中。西蒙本人在论中国农业的论文中也介绍《齐民要术》，并倍加称颂。

由此可见，明清之际来华的耶稣会士在向中国译介西方科技的同时，也把中国悠久灿烂的文化，包括农耕文明介绍到了欧洲，加深了西方世界对中国的了解，既对欧洲18世纪的启蒙运动思想产生了影响，同时还促成了法国重农思想的兴起。大量史料表明，法国耶稣会士向欧洲所作的中国农业社会状况及农业生产介绍活动是非常富有成效的，在16-18世纪的中西文化科技交流中，一个重要的内容即是欧洲近代科学与中国传统科学的接触及影响，而实际充当这种科学与文化接触媒介的，便是在欧洲宗教改革和基督教人文主义思潮中应运而生的耶稣会传教士。在16世纪末到18世纪末这两个多世纪中，随着一批又一批耶稣会传教士来到中国，中国与西方之间的经济与文化交流和撞击达到了一个前所未有的鼎盛时期。无论是在"西学东渐"还是在"中学西传"活动中，来华传教士都扮演了相当重要的角色。一方面，为了传教的需要，他们将西方的科学文化知识传入中国，使中国知识界对"西学"有了初步的了解和认识；另一方面，他们又自觉或不自觉地成为中国文化与科技的接受者，进而成为向欧洲译介中华文化与科技的传播者。通过书信往来和译介中国典籍等方式，他们把中国悠久灿烂的文化，包括农耕文明，介绍到欧洲，使欧洲出现了"中国热"，促进了西方世界对中国的了解，从而对欧洲18世纪的启蒙运动思想产生了影响，同时还推动了法国重农思想的兴起，堪称中外农业文明交流的先锋。

当然，在中国农业的"中学西传"与法国重农思想的兴起过程中，康熙、雍正、乾隆三位皇帝对法国传教士的待遇也不薄，北京的北堂在西安门内（姚元之《竹叶亭杂记》卷三更具体地称北堂在东堂子胡同），1693年，康熙皇帝赐法国耶稣会士张诚、白晋等人以房产，不久，北堂建成。乾隆时，北堂中属法国耶稣会管理的传教士有以下几位：巴多明（Dominicus Parrenin），1698-1741年在华，法国人，宫廷翻译，还曾在清宫教授拉丁文。殷弘绪（Francois d'Entrecoles），1699-1741年在华，法国人。冯秉正（J.-M.-A. de Moyriac de Mailla，1669-1748），1703-1748年在华，法国人，法国汉学之奠基者，曾参与测绘地图。德玛诺（Romain Hinderer），1707-1744年在华，法国人，地理学家。宋君荣（Antoine Goubil），1722-1759年在华，著有多种关于中国文化、历史的著作，被誉为"最博学的耶稣会士"。沙如玉（Valentin Chalier），1728-1747年在华，法国人，钟表师。孙璋（Alexandre de la Charme），1728-1767年在华，法国人，精通中国文化历史。赵圣修（Louis des Roberts），1737-1760年在华，法国人。杨自新（Gilles Thebault），1738-1766年在华，法国人，钟表师、机械师。王致诚（Jean-Denis Attiret），1738-1768年在华，法国人，画家。汤执中（Pierre d'Incarvill），1740-1757年在华，法国人，植物学家、艺术家。蒋友仁（Michel Benoist），1744-1774年在华，法国人，天文学家、地理学家。钱德明（Jean-Josepheh-Marie Amiot），1750-1793年在华，有多种关于中国历史文化的著作在欧洲出版。方守义（J.-F.-M.-D. d'Ollieres），1750-1793年在华，法国人。韩国英（Pierre-Martial Gibot），1759-1780年在华，法国人。汪达洪（Jean-Mathieu Ventavon），1766-1778年在华，法国人。晁俊秀（Francois Bourgeois），1767-1792年在华，法国人。金济时（Jean-Paul-Louis Collas），1767-1781年在华，法国人，天文学家。顾拉茂（Jean-

Joseph de Grammont），1768-1812年在华，法国人。贺清泰（Louis de Poitot），1770-1814年在华，法国人。潘廷璋（Giuseppe Panzi），1771-1812年在华，法国人，画家。李俊贤（Hubert de Mericourt），1771-1774年在华，法国人。

法国研究汉学，基础深厚，由来已久，《法国汉学》是近20年来由法国远东学院主办，法国远东学院北京中心的办公地址设在中国科学院自然科学史研究所，由中华书局出版印刷，《法国汉学》第六辑为中国科技史专辑，中国科学院自然科学史研究所研究员、博士生导师曾雄生研究员2002年曾在此辑发表白馥兰的《齐民要术》（译文，原作F.Bray），《法国汉学》（2002）。对于《齐民要术》的深入研究影响很大，读者群广泛，网上点击率很高。《法国汉学》丛书编辑委员会由法中两国人员共同组成：主编：[法]龙巴尔，[中]李学勤.编委：蓝克利（法国远东学院）（图2-133），孟华（北京大学），耿昇（社科院历史研究所），葛兆光（清华大学），孙宝寅（清华大学）。

图2-133　法国远东学院主办的《法国汉学》

法国汉学研究，源远流长，有人说，西方汉学发轫于16世纪来华传教士对中国文化的研究与介绍，而当时多数传教士所认同的"知识传教"

策略，使得科学与技术于这门学问发展的早期就在其中占有一席之地。也有人说，现代学术意义上的汉学是由法国人奠立的，对此各国学界可能不无争议，但有一点是不容置疑的：就对中国科学与技术的关注、调查、介绍与研究而言，法国汉学家在历史上扮演了极其重要的角色。

1687年，五位被称为"国王数学家"的法国耶稣会士抵达中国，他们中有四人是巴黎皇家科学院的通信院士，肩负着向科学院提供有关中国的数学、天文学、医药学、矿物学、动植物、气象、地理，以及工艺技术诸方面信息的使命。白晋（Joachim Bouvet）关于《易经》数理结构的发现，稍后巴多明（Dominiques Parrenin）关于中医药知识的介绍，汤执中（Pierre Noël Cheron d'Incarville）、殷弘绪（François-Xavier D'Entrecolles）等人关于中国植物学的调查，钱德明（Jean-Joseph-Marie Amiot）关于中国植物染料的描述，韩国英（Pierre-Martial Cibot）关于中国法医学和动物学的介绍，以及宋君荣（Antoine Gaubil）关于中国天文学的经典研究，都是法国汉学界从事中国科技史研究的前驱性工作。及至19世纪，若干中国科技典籍或其章节陆续被翻译成法文，对此作出最重要贡献的是著名汉学家儒莲（Stanislas Julien）。儒莲的弟子小毕欧（Edouard Biot），则对中国天文学、地质学、气象学和地震记录都有深入的研究。20世纪法国汉学的扛鼎人物沙畹（Édouard Chavannes）、伯希和（Paul Pelliot）、马伯乐（Henri Maspéro）、葛兰言（Marcel Granet）、戴密微（Paul Demiéville）、苏远鸣（Michel Soymié）、谢和耐（Jacques Gernet）、汪德迈（Léon Vandermeersch）等人都曾多少涉猎与中国科技相关的题材。

当代法国汉学同中国科技史研究在人员、组织、研究题材和方法上的关联与互动密切，远东学院北京中心的办公地址就设在中国科学院自然科学史研究所所在的"九爷府"内；而该中心与中国学术单位合作组织的"历史—考古—社会"系列讲座，自1997年推出以来至今已成功举办了33讲，其中有多次讲座与中国历史上的科技知识或近代科技在中国的传播有关。

2009年，据原日本东海大学文学部教授渡部武博士在《关于中国古农书和传统农具研究的回顾与展望》（日本秦汉史第21次大会纪念讲演，2009年10月，日本静冈）一文介绍，欧美国家中，除了英国的李约瑟、白馥兰对《齐民要术》和中国农业历史有深刻理解外，目前，第三人者就当属法国的社会科学高等研究院（EHESS）的弗朗西斯·萨班教授（Francoise Sabban）了，给渡部武与弗朗西斯·萨班作交流翻译的是同一个研究院的日本学专家费许尔（Charlotte Von Verschuer）女士，萨班教授主要是宋代史及中国饮食文化的研究，欧洲的饮食文化研究造诣也很深，特别对通过复原中世纪的食谱和料理，融入烹饪实际来取悦客人的课题非常感兴趣，她丈夫瑟文迪（Silvano Serventi）也对欧洲文化史和饮食文化特别感兴趣，夫妇共同关心的课题有两项成果：《The Medieval Kitchen.Recipes from France and Italy，2000》（中世纪的厨房：来自法国和意大利食谱，2000）和《Pasta. The Story of a Universal Food， 2002》（面食：最普通食物的历史，2002）。另外，萨班教授也精通古汉语，对晋代束晳的《饼赋》有详细的研究，但最终目标是想把《齐民要术》中饮食文化的有关章节译为法文。近年，她作为日法会馆的馆长访日，收集了日本关于《齐民要术》研究的的相关资料，还努力策划更大规模的饮食文化研讨会，成功完成重任后2008年秋天回国，回国前，渡部武教授带领萨班夫妇共同访问了金泽文库和高山寺，看到了《齐民要术》的金抄本，感到非常的高兴。期待着几年后《齐民要术》的部分法文翻译就能出版发行。

八、欧洲其他国家

13世纪的马可·波罗是中国人家喻户晓的意大利旅行家，马可·波罗（Marco Polo，1254-1324年），意大利的的旅行家和商人。17岁时跟随父亲和叔叔，沿陆上丝绸之路前来东方，经两河流域、伊朗高原、帕米尔高原，历时四年，在1275年到达元朝大都（今北京）。他在中国游历了17年，并称担任了元朝官员，访问当时中国的许多地方，到过云南和东南沿海地区。《马可·波罗游记》记述了他在东方最富有的国家——中国的见闻，激起了欧洲人对东方的热烈向往，对以后新航路的开辟产生了巨大的影响，同时也是研究我国元朝历史和地理的重要史籍。有史料推测马可·波罗读过6世纪的《齐民要术》，《马可·波罗游记》也记载关于中国的酿酒情况，书中也有这样的记述：中国"居民饮用的酒，是用米加上各种香料和药材酿制成功的。这种饮料，清香扑鼻，甘醇爽口，温热之后，比其他任何酒类都更容易使人沉醉。"

16世纪，欧洲的科学革命开创了科学技术蓬勃发展的新局势，并引起了欧洲社会的重大变革，与沉闷的中国社会和学风形成鲜明的反差。随着西方殖民主义者的东来，以及传教士的来华，近代科学技术亦开始冲击中国的传统文化和科学技术。明嘉靖32年至36年（公元1553-1557年），葡萄牙人入据澳门，澳门成为耶稣会在东方活动的重要据点。最早进入中国内地的传教士是利玛窦（Matteo Ricci，公元1552-1610年）。利玛窦，字西泰，意大利人，耶稣会会士，1582年到澳门，先后在肇庆、韶关、南昌、南京传教，1601年定居北京，直至去世。为了在中国立足，他学汉语，习华俗，着儒服，并按中国士子的习惯起中国名号。同时，他利用传播近代科学技术，在中国知识阶层扩大影响，成为在中国传播近代科学技术的第一人。著名的科学家瞿太素、徐光启、李之藻都曾向他学习，受到他很深的影响。经由利玛窦介绍而传入中国的近代科学，主要有数学、天文学和地理学等几个方面。《农政全书》作者徐光启（1562-1633年）积极学习西方自然科学，同时也把《齐民要术》《天工开物》等中国科学技术著作介绍给利玛窦，他于1607年与利玛窦合作翻译了《几何原本》前6卷，还建议开展分科研究，如果每个学科都设置相应的机构那将形成一个相当可观的"科学院"，但徐光启开创的"格物穷理之学"，没有在中国产生近现代科学。

18世纪，大批欧洲传教士涌入中国，除法国人以外，还有意大利人、葡萄牙人和奥地利人，他们在传教的同时，也把《齐民要术》、《天工开物》等中国科学、技术、文化介绍给西方。郎世宁（Joseph Castilione，1688-1766年），1715-1766年在华，意大利米兰人，宫廷画家，极受乾隆器重，乾隆曾取朱笔写道："天主教非邪教可比，不必禁止。钦此。"于是，有40余位原被驱逐至澳门的传教士又潜入内地传教。因此，可以说郎世宁是以绘画艺术谋取天主教传教环境之相对宽松。其他诸如：罗怀忠（Giovanni da Costa），1715-1747年在华，意大利人，药学家。徐懋德（Andreas Pereira），1716-1743年在华，葡萄牙人，钦天监员。陈善策（Domingo Pinheiro），1726-1748年在华，葡萄牙人，数学家，钦天监员。刘松龄（Augustin von Hallerstein），1738-1774年在华，奥地利人，戴进贤去世后接任钦天监监正。傅作霖（Felix da Rocha），1738-1788年在华，葡萄牙人，天文学家。艾启蒙（Ignatius Sichebarth），1745-1780年在华，奥地利人，宫廷画家，刘松龄称其绘画造诣在郎世宁之上。高慎思（Jose d'Espinha），1751-1788年在华，葡萄牙人，天文学家，钦天监监正。安国宁（Andre Rodrigues），1759-1796年在华，葡萄牙人。索德超（Jose-Bernardo d'Alneida），1759-1805年在华，葡萄牙人，钦天监监正。费隐（Xavier Fridelli），1705-1743年在华，奥地利人，天文学家和地理学家。西堂，系德理格（Theodorico Pedrini）于雍正三年购置。德理格属于意大利遣使会，是康熙皇帝时罗马教皇的使节，曾因欺瞒康熙而数度入狱，雍正继位后获释。西堂是当时唯一不属于耶稣会系统的。这些传教士，促进了中国科技的西传。

第三节　《齐民要术》对美国的影响

白馥兰翻译《齐民要术》时正在美国加利福尼亚大学从事教学和科研，因此，目前在中国看到的白馥兰《Ch ｉ Min Yao Shu》又译回中文的著作字面是：[美]白馥兰.《齐民要术》[J].曾雄生译.《法国汉学》第六辑.北京：中华书局，2002：146~171。在美国乃至世界产生巨大影响。离开剑桥大学后，白馥兰一直在美国圣巴巴拉加州大学从事农业史和人类社会学研究，最后才回到英国爱丁堡大学。李约瑟是1995年去世的，生前就有重托由白馥兰独立完成第六卷第二分册。著名的科技史家白馥兰（FrancescaBray）女士在中国乃至世界都很有名，比较熟悉科技史的读者对这个名字都会眼熟，因为她是李约瑟多卷本《中国科学技术史》第六卷中农业分册的作者，是一位很出色的中国科技史研究者，成绩斐然。第六卷是生物科学及相关技术，全卷1988年出版，包括农业和医学。第一分册谈植物学及古代进化思想，由李约瑟与鲁桂珍执笔。第二分册讲农业，讨论了农业区、古农书、大田系统、农具及技术、谷物系统，最后讨论农业变化与社会的关系，由白馥兰女士执笔，1984年出版；针灸分册由李约瑟与鲁桂珍执笔，1979年出版；动物学和医学其他分册正在准备中。弗朗赛斯卡·白瑞（Francesca Bray），汉文名白馥兰，曾在马拉西亚住过，亲自种过水稻，知道农时农活安排，专攻中国农业史，负责中国农业史卷。李约瑟博士研究中国科技史的方法是，重视各国学者之间的学术合作，发挥各自专业特长，合作撰写学科史，而且卓有成效。他一再强调：没有一个单独的欧洲人或中国人有足够广泛的知识能在这一非同寻常的事业上取得成功，没有一个人能够单枪匹马地完成这项任务；即使我们自己能活到马士撒拉（Methuselah-《圣经·创世纪》中的族长（活了969岁）或彭祖的岁数，我们也完不成所有应做的工作。从第五卷起，李约瑟无法亲自一一执笔，开始另请专家按照《中国科学技术史》的体例及指导思想去研究和撰写各分卷分册，最后由他亲自过目审定。从《李约瑟：<中国科技史>英文原版第一卷》（Science and Civilisation in China，Vol I - Introductory Orientations），Cambridge University Press，1954年在英国发行，到第七卷的计划出版，历经近半个世纪，白馥兰功不可没，终于在李约瑟逝世的10年前的1984年完成出版，Bray的《Ch'i Min Yao Shu》工作，大部分是在美国独立完成的。

白馥兰在美国圣巴巴拉加州大学工作期间，屡次到中国山东考察，发现因为暖温带湿润气候的影响，山东半岛的花生、柞蚕产量早已跻身全国重要地位，山东半岛的花生自清代乾嘉年间开始种植，到光绪年代已经连阡累陌，今天更是一举拿下全国产量的三分之一，并抢占了全国花生出口量的60%以上。山东半岛的花生等农作物产量跟土壤有关系，山东半岛境内的土壤比较黏重，冬季温暖，夏季雨水更为充沛，土壤具有很高的自然肥力，只要土壤中能够保持足够的墒情，就能长出丰美的作物。另外，山东半岛的耕种方法也比较传统，山东半岛的土地都属于低平之地，为防止受涝，需要首先作垄，以便于排水，所以人工参与的耕作过程比较多。美国圣巴巴拉加州大学白馥兰曾经专门研究过农业体系，发现山东人在农作物种植上非常懂得运用"耕之大方"。比如"耕地之前要把厩肥拉到地里，耕地的时候翻到下面，肥沃土地，耕完后把大土块敲碎，每次耕完后还用轻型的覆土耙纵横交错地拉耙，经过这样整理后，土地表面的土十分精细、松软。这种细耕能确保土壤从播种的那一刻开始直到收成含有足够的水分，是农作物增收的关键。"

美国的富兰克林·希拉姆·金（Franklin Hiram King，1848-1911年）（图2-134）曾任威斯康星大学农业物理学教授，美国农业部土壤管理所所长，著有《农业物理学》、《灌溉与排放》、《土壤》等。20世纪初，这位美国的农学家金氏（F.H.King）前来日本、中国和朝鲜考察农业，回国后写了一本书《四千年的农民》（亦译为《四千年的农夫，中国朝鲜和日本的永续农业》（图2-135、图2-136），FARMERS OF FORTY CENTURIES ORPERMANENT AGRICULTURE IN CHINA，KOREA ANDJAPAN，1911），极力赞扬东亚的传统农业。金氏书中反复强调、在中国亲眼观察到的"用养结合、精耕细作、地力常新、永续农业、有机肥料、循环利用、废物利用、保护自然资源、增养肥力、多熟制度、合理轮作"等英文表述和《齐民要术》中阐述的"改造和熟化土壤、保蓄水分、提高地力、作物轮作换茬、绿肥种植翻压、田间井群布局及冬灌"等观点如出一辙，《齐民要术》中对这些问题都有周全细致的阐明，高度吻合，这件事在中国的农史界经常被提起。金氏于1909年2月2日离开美国的西雅图，同年7月18日前后离开日本返回美国。这期间访问日本、中国和朝鲜，而在中国的时间最长，大约为4个月20天。在中国访问太湖流域的时间最长，前后两个半月。其余时间访问香港、珠江三角洲和西江流域、以及现在山东省的青岛和济南、天津市和吉林长春市。他观察中国农业时南北兼顾，既看到南方泽农和北方旱农的不同处，更多地注意到二者的共同特点——那就是用养结合、精耕细作和地力常新。

图2-134　美国的富兰克林·希拉姆·金（Franklin Hiram King）教授

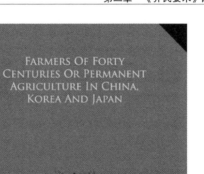

图2-135　1911年出版：FARMERS OF FORTY CENTURIES OR PERMANENT

AGRICULTURE IN CHINA, KOREA AND JAPAN

图2-136　《四千年的农夫》中译本2011年第1版　东方出版社

　　金氏在他晚年拖着老迈之身不远千里来东亚考察农业（当时他夫妻俩是坐轮船来的，从美国到日本的横滨花了20天时间），其动机和目的在哪里？读他这本著作必需要把这一点搞清楚，就是说要把他的问题意识搞清楚。他在著书的序文里说，他们早就渴望跟中国和日本的农民见面，用自己的脚走进他们的田园来考察，亲眼察看并理解世界上最古老的这些农民们所采用的若干方法、器具和习惯等。他说："我们渴望了解经过二千年或三千年甚或也许四千年之久的今天，怎么使得土壤生产足够的粮食来养活这三个国家稠密的人口成为可能。现在我们得到了这个机会"。

　　显然，金氏最关心的问题是：为什么东亚三个国家人口那么稠密而其地力经久不衰竭？金氏之所以有这个疑问是有其背景的。虽然没有明确说出来，从他著作的字里行间看得出来，他对当时美国式的农业之前途是感到忧虑的。例如说美国农业使用大量的化学肥料；美国的农耕方法使肥沃的处女地不到三代人就地力枯竭，等等。

　　其次，要想到金氏是一个受过西欧现代农学熏陶的农学家，特别专于土壤学、肥料学、农业工程学。他在中国实地考察农业的时间虽然只有4个多月，但可以想象，在他到中国之前，肯定对中国农业有一定的研究。而他仍然坚持一定要来中国亲眼考察，为他的著书写序言的美国农学界耆宿L.H.Bailey教授称赞金氏是"训练有素的观察家"。

　　金氏这本著作有个副题：Permanent Agriculture in China, Korea and Japan，这个Permanent Agriculture可以翻译为"永久农业"，也可以译成持续农业。有部分学者把金氏说的永久农业理解为没有发展的、四千年不变的农业，把它跟流行的关于东洋社会的停滞性理论联系起来。或理解为封建社会末期的"农业凋弊"。把中国四千年之农业看作是停滞性的，也不能说不是一种看法，但如细读金氏的书，他说的"永久农业"毋宁近于"持续农业"的意思。

　　金氏这本著作在国外学术界的影响不小。德国学者Wargner的《中国农书》随处引用金氏此书。著名的有机农业之倡导者英国的Albert Howard和美国的J.I.Rodale都读过金氏的著作，深受影响。日本有机农业研究会的代表干事一乐照雄称赞Albert Howard为"真正的农学者、真正的生态学者"。自从上个世纪后半叶西方石油农业的诸多弊端暴露以来，提倡替代农业之声此起彼伏，如有机农业、自然农法、生物农业、生态农业、循环型农业以及持续农业等。看来，说金氏是现代持续农业之先驱者也未尝不可。因此，可以认为金氏是近代西欧农业科学的继承者，而他的农业观或者说农学思想具有很浓厚的有机论及生态学因素。以下就从这一角度来验证一下金氏对中国传统农业的看法。

首先看看金氏留意到中国农民使用哪些肥料。把主要的列举如下：

人粪尿、家畜禽粪尿、蚕屎、蚯蚓粪、草木灰、草木落叶、绿肥、堆肥、骨肥、泥肥、土肥、蒿秸、蜗牛壳、豆饼、灶灰、其他杂肥。

这些肥料的绝大部分是有机肥。金氏没有提到化学肥料的弊害，只说化肥的来源不是无尽藏的，而且由于使用化肥而默认了植物营养素的浪费。这可以说是他对近代欧美社会的一种文明批判。相反，他在书中多处讲到有机肥的好处。其中最强调废物利用的重要性。人粪尿、家畜粪尿、草木落叶等等废物都不浪费掉而当作肥料归之于土。这就是一种循环利用。汉字"粪"的本来意义是"弃除"，后来变成"肥料"的同义词。

金氏强调废物利用，称赞蒙古人种勤俭、劳动的美德。又说中国人是由于人多地少，迫不得已千方百计利用一切能利用的废物作为有机肥料，这也道破了真理的一面。但他的洞察力并不止于此，他同时还看到施用有机肥在农学上的合理性，虽然这在今天已经属于常识的范围，而且也是中国古农书上已经说过的。施用有机肥不但能给作物补充植物营养素，还可以改善土壤的理化性质，增进土壤的肥沃度。施用有机肥生产出来的农产品质量好。金氏说中国人不但是给作物营养（Feeling the Plants），还给土地施肥（Manuring the Land），增养肥力。日本的一些老农也有类似的说法，他们说这是"土づくり"（培肥土壤的意思）。

在中国农民施用的众多肥料中，金氏特别注意观察河泥（Canal Mud）、草塘泥（沤肥）。他在太湖地区（昆山、嘉兴）仔细观察草塘泥的制造、施肥过程，为此不辞在不同时期往返同一个地区之辛劳。在山东省他观察了土肥的制造、施肥过程。他认为土肥是一种硝化过程的应用，欧洲的硝石农法（Niter Farming）类似于此，说很可能是从中国传人的。凡上述种种，证明东方的农民通过实践掌握事物的本质，而其中所包含的原理是值得他们美国人花费精力来研究的。

中国农业的间、套复种的多熟制度也是使金氏叹为观止的一种传统习惯，说东洋人善于集约使用时间和空间（第十一章）。他说的集约使用或有效利用时间和空间，不仅是指多熟制度（System of multiple cropping），还包括类似在田地以外的地方制造土肥等。在他的著作的第十一章里，他举了在太湖流域的冬小麦套种棉花的例子，据他的计算，这种方法比不实行套种——即等小麦收割完后才开始播种棉花的方法要节省30天的时间。这样，如能伴之以合理施肥和精耕，就能从单位面积的土地上获得最大的收获。关于间套复种的多熟制度，金氏侧重说明其节省时间和空间的效率面，当然他也一定注意到合理轮作实际上也就是保持地力常新，改善农田生态环境的措施。

除了以上所述以外，金氏在太湖流域还观察了河网和农田的状态、稻作栽培技术、养蚕业、茶业以及农民生活的其它方面如燃料、建筑材料、织物原料等，可以说衣食住行各方面都他仔细考察。熟读他的著作，会觉得他不仅是一个技术精湛的农学家，更是一个具有高深哲学思想的农学家，而且是个对农民抱有深厚感情的人道主义者。

金氏考察东亚农业回国后，留给他整理资料、思索著书的时间太短，不到两年就与世长辞，著书也没有写完。据为金氏的著书写序文的Bailey教授说，金氏准备写最后一章"中国和日本给世界的信息"（Message of China and Japan to the World），而来不及写这一章就不幸逝世了。我们不禁会想，他会在这最后一章写些什么？如今这只有由读者自己去体会了。Bailey教授在序文里谈他自己的读后感，说："我们的第一个教训是，要学习保护自然资源，土地这个资源。这就是金教授从东洋带回母国的信息"。

《四千年的农民》（1911）出版后三年的1914年，又有一本金氏的著作Soil Management在纽约出版。这本书是金氏构思十年，收集资料，要写成一本书而来不及写，逝世后由他的遗孀整理其遗稿出版的（据该书C.W.Burkett氏的序言）。这是一本关于土壤的理论性著作，全书十二章，最后一章以"三个古代国家的农业"作为结束，而这一章可以说是

《四千年的农民》一书的理论总结。

我国的社会人类学家费孝通教授曾经如此谈过他读金氏《四千年的农民》的观点："他（指金氏）是从土地为基础描写中国文化。他认为中国人像是整个生态平衡里的一环。这个循环就是人和'土'的循环。人从土里出生，食物取之于土，泻物还之于土，一生结束，又回到土地。一代又一代，周而复始。靠着这个自然循环，人类在这块土地上生活了五千年。人成为这个循环的一部份。他们的农业不是和土地对立的农业，而是和谐的农业。在亚洲这块土地上长期以来生产了多少粮食，养育了多少人，谁也无法估计，而且这块土地将继续养育许多人，看不到终点。他称颂中国人是懂得生存于世的人。"费教授这一段文章是1985年写的，反思他自己的学术工作，说金氏这本书的观点对他的影响很大，引导他得出中国传统社会的特色是"五谷文化"或"乡土社会"这个概念。费教授读金氏著作的体会是相当深刻的。

距金氏著《四千年的农民》的1 300多年前，贾思勰《齐民要术》就阐明要善于耕作，因时、因地、因作物制宜，只有顺应天时，估量地力，才有可能"用力少而得谷多"，如果"任情返道"，则只会"劳而无获"，提出要以增进地力为中心的轮作倒茬，金氏想从东方带回给美国乃至全世界的信息有可能就是这个"增进地力"之说。

关于旱地农业和湿润农业，在农学领域里有各种提法。欧美之农业基本上属于旱地农业。据美国Utah大学的J.A.威特索耶（Widtsoe）教授在1910年所下的定义，"据现代的解释，干燥农法（Dry—Farming）就是在降雨量二十英寸或者在其以下的土地上，实行不灌溉而以常利为目的的生产有用作物的农业"，依日本熊代幸雄教授的见解，中国传统的旱地农法（"农法"为日本学术界惯用的术语，意思近于农耕方式）——亦即以《齐民要术》所代表的农法——跟欧美的近代旱地农法（Dry—Land-Farming）或干燥农法相比较，二者都以保墒为基本原理，所不同的是，欧美的近代旱地农法是以营利为目的之机械化农业，而中国传统旱地农法是以畜力和手工操作为主的精耕细作的农业。从1940年起，时任北京大学农学院教授的西山武一等学者埋头研读中国古农书，同时研读美国犹他大学（The University of Utah）的J.A.威特索耶（Widtsoe）教授的《旱地农业》，将《齐民要术》作为旱地农业的经典来校订、研读。

美国哈佛大学的德怀特·H·波金斯（Dwight H.Perkins）教授（图2-137）对《齐民要术》的英译也做出过很大贡献，日本宇都宫大学农学部的熊代幸雄教授与日本鹿儿岛大学西山武一教授以撰著《校订译注齐民要术》而出名，熊代幸雄教授在研究《齐民要术》与欧美农业的比较时，写过著名的《旱地农法中东洋的与现代的命题》（Empirical principles of Dry-Land-Farming in the 'Chi min yao shu' compared with the moderm experimental principles，By Dr.Y.Kumashiro）一文，基本上把《齐民要术》的主要观点都用中英文对照的方式表达出来，这对一位日本教授来说难能可贵，熊代幸雄教授将《齐民要术》中的旱地耕、耙、播种、锄治等项技术，与西欧、美洲、澳大利亚、苏联伏尔加河下游等地的农业措施，作了具体比较，肯定《齐民要术》旱地农业技术理论和技术措施在今天仍有实际意义。在撰写过程中和出版前，特请哈佛大学德怀特·波金斯（Dwight H.Perkins）对其英文作了反复修改和校正（图2-138），这在西山·熊代氏《校订译注齐民要术》1969年第三版的再版前言中有所体现，熊代幸雄教授多次对德怀特·波金斯教授表示衷心的感谢。

图2-137　美国哈佛大学的德怀特·H·波金斯（Dwight H.Perkins）教授

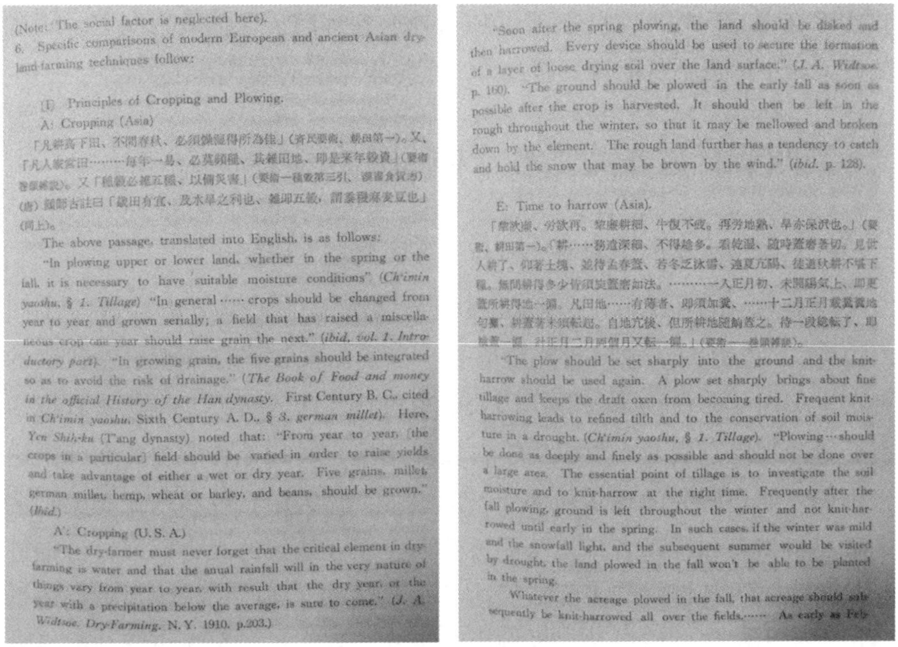

图2-138　熊代幸雄教授《旱地农法中东洋的与现代的命题》中引用《齐民要术》段落的中英文对照

德怀特·波金斯（Dwight H.Perkins）是哈佛大学政治经济学教授，哈佛国际发展学院前任院长。波金斯教授是东亚和东南亚研究方面的顶尖学者。在其名著《发展经济学》第六版公开发行的同时，他也结束了在哈佛大学的全职教学工作。波金斯教授不仅对《发展经济学》许多章节的编写做出了巨大贡献，而且在这一领域出版了多本著作，发表了多篇学术文章，还培养了许多超过其学术成就的学术人才，包括《发展经济学》第六版的两位合作者：美国的斯蒂芬·拉德勒（Steven Radelet）教授和美国的戴维·L·林道尔（David L.Lindauer）教授。

德怀特·波金斯（Dwight H.Perkins）教授多次访问中国，2014年8月25至26日，亚洲开发银行、北京大学国家发展研究院联合举办的"《亚洲发展评论》2014年会议：中国的未来、改革及挑战"在北京大学朗润园万众楼召开。第一位演讲者是哈佛大学教授Dwight Perkins。他认为，受供给与需求两方面的挤压，中国经济增长速度放慢是必然现象，且在未来十年里仍将持续。维持经济以较高速度增长的唯一出路是找到除交通与房地产等传统投资项目外的新部门。即使政府制定了正确的政策，中国也不可能再复制过去三十年里创造的增长奇迹了。

第四节　《齐民要术》对韩国的影响

一、釜山大学的中国研究所与《齐民要术》研究

崔德卿（CHOI Duk Kyung）是韩国釜山大学历史系教授（图2-139）、釜山大学中国研究所所长，以釜山大学崔德卿教授为代表的韩国学者对《齐民要术》和中国农业史进行了深入研究，崔德卿教授多次受邀参加南京农业大学农史学科发展论坛，2012年作题为《在韩国进行中国农业史研究的现状与课题》的报告。作为中日韩和东亚农史学会的重要组织者和推动者，崔德卿教致力于东亚地区的农史研究，为推进相关研究工作与促进学术交流做出了重要贡献。同时，崔德卿教授还是釜山大学中国研究所所长、韩国农业史学会副会长、东洋史学会编辑委员，中国古中世史学会研究理事，著有《中国古代农业史研究》《中国古代山林保护和环境生态史研究》《秦汉史》（译本）、《中国古代社会性格论议》（译本）等书，发表有80多篇有关中国和韩国古代历史经济的论文。2002年在《中国农史》发表《<齐民要术>所载高丽豆与朝鲜半岛初期农作法初探》、2003年在《中国农史》发表《古代韩国旱田耕作法和农耕制度的考察》将韩国的旱地耕作方式和农耕制度与《齐民要术》的相关记载进行对比分析，2005年在《农业考古》发表《17-18世纪朝鲜水稻耕作与占候》《中国古代的自然环境与各地区农业条件》//《中国古代山林保护与环境生态史研究》，（新书苑，2009），在"中国经济史论坛"发表的《朝鲜时代农业的特性与农业的可持续发展探析》，将当地作物、农具、耕作方式与《齐民要术》的记载进行比较研究，很有见地。崔德卿教授领导的的中国研究所编辑出版了系列丛书《中国研究》（图2-140），连年邀请中国学者发表有关中国经济、文化方面的研究论文，笔者2007年发表了《对20世纪以来<齐民要术>中国研究学者与成果的分类》论文（图2-141）。

图2-139　2006年9月在韩国水原参加第六届东亚农业史国际学术研讨会期间
笔者（右）与崔德卿教授（左）合影

崔德卿教授说："中国古代农业对韩国的影响一直很大，中国古代有着光辉灿烂的农业文明历史，中国的古农书对朝鲜半岛影响深远，《齐民要术》就是其中之一。我在《中国农史》2002年第1期上发表了《"齐民要术"所载高丽豆与朝鲜半岛初期农作法初探》，分析了中国农业对韩国农业的巨大影响，同时也阐述了中韩两国在作物栽培上的密切交流。接着，我在《中国农史》2003年第3期上发表了《韩国旱田耕作法和农耕制度的考察》。我认为朝鲜半岛的三国时代，随着高句丽南下政策的展开出现了密切的交流和冲突，并在此过程中形成了古代朝鲜国家的基本特征。特别是在4—6世纪，由于三国之间的频繁战争，导致了人民力量的不断壮大，农业也由此得到了长足的进步，而且各国通过王权强化，来谋求新的支配体制，因此，这个时期又是各国引进先进的文化，图谋富国强兵的活跃时期。

图2-140　韩国釜山大学的《中国研究》学术丛刊

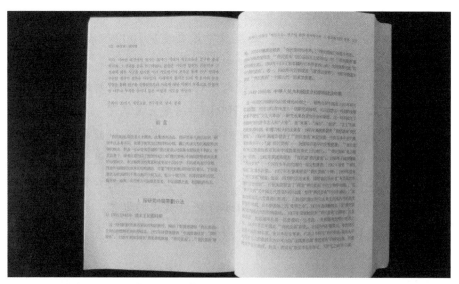

图2-141　笔者2007年在《中国研究》发表的《对20世纪以来<齐民要术>中国研究学者
与成果的分类》

但是，由于农业经济史料不足，至今还不能确认是否农业经济引起当时各国内部的变化。由于高丽时代以前的农书尚未发现，把握三国时代的农业技术和农业状态是十分困难的。但从朝鲜时代的农书可以看出来，当时受中国农书《齐民要术》或《农桑辑要》等的影响很大。

1994年，韩国白山书堂出版了我的著作《中国古代农业史研究》。我又先后发表了《中国古代的物候和农业》、《韩国的农书与农业技术—以朝鲜时代的农书和农法为中心》，其研究内容多半围绕中国农业文明对韩国影响而展开的，《齐民要术》是其中最能代表中国古代农业科学技术的百科全书。2006年我又发表了《汉代辽东犁和其作亩法》，该论文通过考察东北农业的实体，根据《齐民要术》中记载的"辽东犁"，研究古代中国东北地区的耕作方式和作亩法，来看寒冷地带东北农业的本质。东北地区的农耕是在农业的原始基础上吸收了游牧民的畜牧技术和中原及韩半岛的农业文化。这种特征在耕作方式上可见一斑，即使用了辽东犁的作亩法。

由于釜山大学在研究中国历史、特别是中国古代农业史方面有很大优势，所以成立了中国研究所，我担任所长。我所公开出版《中国研究》刊登了世界各国专家学者对中国的历史与文化的研究论文。釜山大学与中国的北京大学学术关系非常密切，我多次在北京大学历史系作过客座研究员，也在北大作过多次讲演"。

二、庆熙大学的中国农业史研究

李政明博士（Jung-Myung Lee）是韩国庆熙大学生命科学部园艺学院院长、教授，2006年第27届国际园艺大会主席，韩国科学与工程院院士，2010年4月和2011年4月，连续参加了中国寿光在第十一届、第十二届中国（寿光）国际蔬菜科技博览会，作为贵宾代表外国专家在首届和第二届中华农圣贾思勰文化国际研讨会上致辞并作重要学术报告（图2-142、图2-143）。李政明教授并将自己所著《韩国园艺》赠送给笔者（图2-144、图2-145）李政明说："韩国人对中国尤其中国传统文化有浓厚的兴趣，像《齐民要术》等中国古农书在韩国的书店里也能见到。大部分年长的韩国知识分子能阅读中文原著，我平时只要一有时间就研读中国古书。2003年，为促进中韩两国的科技交流，中国博士后科学基金会与韩国科技财团启动了'中韩青年科学家交流计划'。该计划由韩方出资，互派优秀科技人员进行交流合作。当时来自中国山东农业大学的杨洪强教授作为交流团成员被派往我的研究室，为更准确理解，还曾让杨洪强把中国古农书《齐民要术》关键的一部分翻译成英语。实际上，韩国农业生产技术有相当多得益于中国传统农业的理念。我和杨洪强是2002年在加拿大多伦多认识的，当时杨洪强向第26届国际园艺学大会提交的三篇论文全部被采纳，还在会议期间接受了我的邀请，当时大会决定我任第27届国际园艺学大会（2006年韩国首尔）主席，随后的2003年杨洪强赴韩国庆熙大学与我进行了为期一年的合作研究，两人在此基础上联合申请了一项《韩国科学与工程基金》（KOSEF）。"（图2-145、图2-146）

图2-142　2010年4月，李政明教授在首届中华农圣贾思勰文化
国际研讨会致辞并作重要学术报告

图2-143 2010年4月，笔者（右）陪同李政明教授（左）参观
第十一届中国(寿光)国际蔬菜科技博览会

　　李政明教授与杨洪强教授共同认为：中国的农业思想优势非常有利于发展有机园艺，中国农业几千年来长盛不衰，原因就在于中国人民通过长期实践，积累和创造了"精耕细作"、"用养结合，地力常新"、"农牧结合多种经营"等永续经营的经验和技术。北魏贾思勰在《齐民要术》讲"谷田必须岁易"，间作套种可以"不失地力，田又调熟"；宋代陈旉认为"若能时加新沃之土壤，以粪治之，则益精熟美，其力当常新壮矣!"，提出"用粪犹用药"、"用粪得理"等合理施肥理论（《农书·粪田之宜》）。晋代中国就开始利用黄猄蚁防治柑橘害虫，并应用植物性和矿物性药物以及农业措施进行病虫害防治。这些技术对于发展有机园艺很有价值。吸收几千年来积累的传统农业精华，在中国发展有机园艺具有得天独厚的优势。有机农业在哲学上强调适应自然而不干预自然，要"与自然秩序相和谐"；认为土壤是有生命的，主张少动土；注重合理轮作复种和间作套种，注重施用有机肥，利用生物治虫，依赖自然生产等。而中国传统哲学思想重视"天人关系"，强调人

与自然的协调。在传统农业生产中，注重顺应自然，尊重自然界的客观规律，强调因时、因地、因物制宜，讲求"精耕细作"，充分发挥人的主观能动性，如《管子·八观》认为"谷非地不生，地非民不动，民非用力毋以致财。天下之所生，生于用力"，这为有机农业发展奠定了思想基础。

图2-144 李政明教授著《韩国园艺》　　图2-145 李政明教授将所著《韩国园艺》赠送给笔者

三、韩国2010年度成语来自《齐民要术》

"一劳永逸"是中国人熟知的成语，出典自《齐民要术》。"一劳永逸"成为韩国2010年年度成语。在韩国，从2001年开始每年都有推选"今年的四字成语"的传统，以呈现当年韩国国内的社会现象。由韩国各大学教授、报刊专栏作家和知识界名流共同推选的年度成语在《教授新闻》上统一发布。通过浏览每年的年度成语我们可以看出中韩两国文化的不可分割性。言简意赅的汉字成语寓意深刻又便于传播，韩国各界喜欢在岁末之际评选"年度成语"以反映时事、表达心愿、抒发情感。这种现象类似于年度汉字的评选活动。"一劳永逸"成韩国2010年年度成语，选定"一劳永逸"，体现韩国前总统李明博力图在任期内奠定国家发展基础及造福子孙的理念。韩国总统府青瓦台2009年12月29日宣布，选定"一劳永逸"作为2010年的年度成语。青瓦台说："在社会各界人士推荐的40多个成语中，我们选定成均馆大学校长丁范镇推荐的'一劳永逸'，作为明年年度成语。"这一成语体现韩国前总统李明博力图在任期内奠定国家发展基础及造福子孙的理念。李明博当天在青瓦台出席会议时，鼓励民众为国家发展作出贡献。他说，在任何社会中，社会成员只要心态积极，便无事不成。他介绍，一对韩国夫妇经营一家小小的紫菜包饭店，虽然月收入只有100万韩元（约合900美元），但将其中70万韩元（630美元）奉献给社会。李明博说："我国国民互相给予看不见的帮助，度过温馨的一年。"他认为，韩国大部分国民心态积极，成为韩国在经济危机中的发展动力。

　　一劳永逸的释义：逸，安逸。辛苦一次，把事情办好，以后就可以不再费力了。语出北魏·贾思勰《齐民要术》卷三，蓿蓿第二十九："此物长生；种者一劳永逸。"

四、韩国泡菜与《齐民要术》的渊源

　　中国是世界四大发明的文明古国之一，在人类发展漫长的历史岁月里，中华民族在文化、科技等方面为世界文明的发展做出过许多卓越的贡献，凝聚着中华儿女的智慧和汗水。蔬菜的盐（泡）渍贮藏及加工就是中华民族对世界食品发展的特殊贡献之一。蔬菜的盐（泡）渍贮藏加工起源于中国，并在上千年的发展过程中成为我国最普遍和大众化的蔬菜加工的方法。泡菜是我国传统特色发酵食品的典型代表之一，历史悠久，文化深厚，风味优雅，是源自中国本土的生物技术产品，生生不息，世代相传，享誉世界。

　　泡菜是以生鲜蔬菜（或蔬菜咸坯）为原料，添加或不添加辅料，经中低浓度食盐水泡渍发酵、调味（或不调味）、包装（或不包装）、灭菌（或不灭菌）等制作过程，生产加工而成的蔬菜制品。中国泡菜以四川泡菜为代表，在四川几乎家家都有泡菜坛，几乎人人都会做泡菜。盐渍菜是泡菜的雏形，盐渍菜是我国生鲜蔬菜最基本和最主要的贮藏及加工方式。

　　泡菜是以微生物乳酸菌主导发酵而生产加工的传统生物食品，富含

217

以乳酸菌为主的优势益生菌群，产品具有"新鲜、清香、嫩脆、味美"的特点。泡菜的泡渍发酵是对生鲜蔬菜进行的"冷加工"，常温或低温下有益微生物的新陈代谢活动惯穿于始终，泡渍与发酵伴随着一系列复杂的物理、化学和生物反应的变化，产生出柔和的风味与芳香物质成分，赋予泡菜产品的色、香、味及其健康因子，所以使得传统特色发酵食品——泡菜，生生不息传承千年而延续至今。泡菜是名符其实的营养健康食品。

中国古代常说"菹菜"，菹菜者，酸菜也，"菹"即是酸（泡）菜，今天的泡菜。北魏时期，贾思勰在《齐民要术》中，较为系统和全而地介绍了北魏以前的泡渍蔬菜的加工方法，这是关于制作泡菜的较规范的文字记载。例如：

咸菹法。"收菜时，即摘取嫩高，菅蒲束之……作盐水，令极咸，于盐水中洗菜，即内瓮中"。"内瓮"即入坛之意。这是盐水泡渍泡菜的方法。

瓜菹法。"瓜，洗净，令燥，盐揩之"。这是高盐分渍瓜类蔬菜的腌渍方法。

藏蕨法。蕨一行，盐一行"。"蕨"即蕨菜，为野生植物。这是一层菜一层盐的蔬菜盐渍制作方法，至今我们仍在沿用。

卒菹法。"以酢浆煮葵菜，擘之，下酢，即成菹矣"。"卒"即快速之意，说明了快速制作泡菜的方法。

菹法，"粥清不用大热，其法才会相淹，不用过多，泥头七日便熟"。"泥头"即是用泥土密封泡渍坛（容器），可见当时就已经知道厌氧以利泡菜的发酵制作了（即利于乳酸发酵）。

韩国泡菜（KIMCHI）已经超越了简单发酵的制作阶段，而发展成为加入各种鱼酱、调料、香辛料等的综合性的发酵食品。1988年，汉城（2005年1月，正式更名为"首尔"）成功举办奥运会以来，泡菜被指定为奥运会比赛和1998年法国世界杯的正式食品，受到世人的欢迎。2001年7月泡菜国际标准（Codex standard）的制定和2002年韩日世界杯的举办，加快了韩国泡菜的国际化发展步伐。

现在韩国的泡菜出口额正在以每年10%的速度增长，其出口对象也

从以前的主要面对日本到现在的面向全球，2014年对美国市场的出口额
已占其总出口额的4.3%，超过了对中国大陆和中国台湾地区的总额。韩
国最大的泡菜厂——宗家府泡菜厂，采用GMP，HACCP管理，现代化水
平较高，有原料基地，通过ISO 9000认证，年产值1亿美元，产品70%出
口日本。韩国围绕泡菜进行了深入的研究开发，无论是泡菜发酵的微生
物、风味、营养功能或是泡菜生产加工的清洁化、自动化、标准化等方
面都取得了很大的成绩，处于世界领先地位。

第三章

《齐民要术》对当代世界农业的影响

第一节　《齐民要术》对美国"旱地农业"的影响

一、《齐民要术》与北魏先进的农业是旱地农业技术的鼻祖与楷模

《齐民要术》在前代农学的基础上，全面、系统地总结了魏晋以来400年间黄河流域旱地农业生产的新经验和新成就。西晋末年，发生永嘉之乱。匈奴、鲜卑、羯、氐、羌等游牧民族趁机大举内侵，中国北方出现了十六国纷争的动荡局面，致使北方农业受到严重破坏，饥荒频繁，民不聊生。《魏书·食货志》云："晋末，天下大乱，生民道尽，或死于干戈，或毙于饥馑，其幸而存者盖十五焉。"十六国后期，拓跋鲜卑崛起于代北，公元386年始建北魏，定都平城（今大同市）。北魏立国之始，就重视农业的发展。天兴元年（公元398年），平定中山后，迁徙十万余家以充京师，"各给耕牛，计口授田"。同时在平城"制定京邑，东至代郡，西及善无，南极阴馆，北尽参合，为畿年之田，其外四方四维置八部帅以监之，劝课农耕，量校收入，以为殿最"。经过这一番努力，北魏的农业已奠定了初步基础，"自后比岁大熟，匹中八十余斛"。439年，太武帝拓跋焘以武力统一了黄河流域，为农业发展创造了有利的条件。太平真君年间（440～451年），又下令修农职之教，"垦田

221

大为增辟"，使几经破坏的北方农业又得以恢复和发展。到孝文帝施行均田制、三长制之后，北方的农业生产推到了自汉魏以来的又一个新的高度。

北魏末到东魏初（约公元533-544年），高阳郡太守贾思勰撰成农业科学技术巨著《齐民要术》。这是中国现存的最完整的农书，也是世界农学史上最早的专著之一。该书总结了秦汉之后400多年的农业生产经验，全面反映了北魏时期的农业生产技术。其中，旱地农业技术是其主要内容之一。

1. 农具的创新

北魏时期，农具较前代有了不少改进，而且还创制了一些新的农具。东汉刘熙《释名·释用器》记载，汉代较重要的农具有10余种，即犁、耙、锄、镈、耰、耩、锹（锸）、镰、铚、枷、锄等。而《齐民要术》中记载的农具就有20多种，除原有农具之外，新增的有耧、铁齿镂榛、锋、挞、陆轴、木斫、窍瓠、鲁斫、批契、手拌斫、劳（耢）、铁齿耙、蔚犁等。

耧，播种用的农具，由牲畜牵引，后面有人把扶，可同时完成开沟和下种两项工作。这种农具是现代播种机的前身。北魏时，在汉代三脚耧的基础上，创造出了两脚耧和独脚耧。《齐民要术·耕田》云："两脚耧种垅概，亦不如一脚耧得中也。"

铁齿镂榛，是一种由畜力牵引的一种耙（读bà）。《齐民要术·耕田》云："耕荒毕，以铁齿镂榛再遍耙之"。耙用于耕地之后，可使翻起的土垡变得细碎疏松，并可以去掉草木根茬。汉代已有竹木耙和铁齿耙，但均属人力耙的范畴。铁齿镂榛则是最早的畜力拉耙的明确记载。

锋，一种畜力牵引的中耕农具，类似无铧犁，起土不覆而留在原处，在禾苗稍高时使用。《齐民要术·耕田》云："即移赢速锋之，地恒润泽而不坚硬。"锋有浅耕保墒的作用，还可用于灭茬。也有的学者认为，锋应是尖刃的、不用畜力牵引，主要用于中耕的镢类或铲类多用途的手工农具。

挞（读tà），一种播后覆种的镇压农具。用于耧种之后，覆种平沟，使表层土壤塌实，以利保墒全苗。《齐民要术·耕田》云："凡春种欲深，宜曳重挞。"

陆轴，即碌碡。俗名石磙。是一种压地农具。《齐民要术·水稻》曰："三月种者为上时，四月上旬为中时，中旬为下时。先放水，十日后，曳陆轴十遍。"

木斫，即櫌，一种敲打土块、平田的农具，形似木榔头。《齐民要术·水稻》曰："块既散液，持木斫平之。"明徐光启《农政全书·农器》曰："今田家所制无齿杷，首如木椎，柄长四尺，可以平田畴击块壤，又谓木斫，即此櫌也。"

窍瓠，一种播种专用农具。《齐民要术·种葱》曰："两耧重构，窍瓠下之，以批契继腰曳之。"是指用耧开沟后，用窍瓠播种。这种工具盛上种子后便系于腰间，拉着走，将种子播于沟内。

鲁斫，一种锄名。《齐民要术·种苜蓿》曰："每至正月，烧去枯叶……更以鲁斫㔉其科土，则滋茂矣。"缪启愉校释："鲁斫，即钁。"

批契，"批契"一词，在古文献中仅两见于《齐民要术》：《种葱》篇曰："以批契继腰曳之。"《种苜蓿》篇曰："重楼构地，使珑深阔，窍瓠下子，批契曳之。"缪启愉校释："其形制、装置及操作方法均未详……照《要术》叙述播种程序说，应是一种复种工具。"

手拌斫，一种手用的小型铲土农具，专门用于蔬菜园艺。《齐民要术·种葵》曰："其剪处，寻以手拌斫㔉地令起，水浇，粪覆之。"

劳（耢），即耱，是安有牵引装置的长条形木板或用荆条编扎而成的一种农具，作用类似耙。劳由畜力牵引，用以摩碎土块、平整土地。《齐民要术·耕田》云："春耕寻手劳，古曰櫌，今曰劳。"

铁齿杷（读pà），指专门用于蔬菜园艺的一种耙，形如猪八戒的兵器，用于击碎较大的土块，以平整土地。《齐民要术·种葵》曰："春必畦种……铁齿杷（耙）楼之，令熟，足踏使坚平；下水，令彻泽。"

蔚犁，犁是中国古代的主要耕具。从河南渑池出土的铁犁情况来看，南北朝之前，已有三种类型的犁：一是全铁铧；二是"V"字铁铧；三是双柄犁，犁头作"V"字形，可安装铁犁铧。这些犁均为长犁辕。北魏时，出现了宜于山涧之间耕田的蔚犁，《耕田》篇云："今济州以西，犹用长辕犁、两脚耧。长辕犁平地尚可，于山涧之间，则不任用，且回转至难，费力。未若齐州蔚犁之柔便也。"长辕犁只宜于平地，而山涧之间则不如蔚犁方便。蔚犁的具体形制今已难考，其始创当为北魏。蔚犁应是结构合理、重量较轻、使用起来较为方便的短辕犁，可在山涧、河旁、高阜、谷地使用。

工具是生产力的要素之一，新农具创制，反映了北魏农业生产力的提高。

2. 耕地技术的完善

我国古代的旱地"耕—耙—耱"的耕地技术体系至迟形成于魏晋时期。北魏时，随着农具的创新，传统的耕地技术体系已达完善。人们已认识到，合理的耕地不但可使表土变细变熟，去除杂草，增加肥力，还可起到防旱保墒作用。

《齐民要术·耕田》云："耕荒毕，以铁齿镂榛再遍耙之，漫掷黍、穄，劳亦再遍"。这里指出了"耕—耙—耱"技术体系的基本内容，即耕一遍，耙两遍，耱两遍。从《齐民要术》的记载可知，当时对耕地不但积累了丰富的经验，并有了一定理性认识。

首先，该书提出了耕地的具体原则，《耕田》篇云：凡耕高下田，不问春秋，必须燥湿得所为佳。

若水旱不调，宁燥不湿，燥耕虽块，一经得雨，地则粉解；湿耕坚垎，数年不佳。谚曰'湿耕泽锄，不如归去'，言无益而有损。湿耕者，白背速镂榛之，亦无伤，否则大恶也。

这里是说，土壤湿度适宜（燥湿得所）时耕地，此时表层土壤易于散碎，不会形成硬土块。如果水旱不调，则宁可趁土壤干时耕，而不要在土壤湿时耕。因为干时耕，虽然土壤形成硬块，但降雨后土块就会粉解；而湿耕，则土壤被犁壁挤压形成的硬垡块，是很难散碎的，数年也不会好转。如谚语所说："湿耕泽锄，不如归去"。如果湿耕，必须在表层土皮发白（"白背"），即土壤表面干时，急速耙地，否则，就是"大恶"了。这里既指出了一般原则，又对特殊情况作了具体说明，是一段十分难得的资料。

其次，《齐民要术》中对耕地的时间、深浅、方法等都作了具体的说明。

关于耕地的时间，要依地而定。如《齐民要术·旱稻》云："凡种下田，不问秋夏，候尽，地白背时速耕，耙劳频翻令熟，过燥则坚，过雨则泥，所以宜速耕"。

关于耕地的深浅，《齐民要术·耕田》篇中提出原则是，"初耕欲深，转地欲浅。耕不深，地不熟；转不浅，动生土也"。其理不言自明。另外，耕地的深浅还和季节有关，"凡秋耕欲深，春夏欲浅"，秋耕深，将新土翻上，经一冬的风化，土壤可渐变熟。春耕因迫近播种，夏耕一般为赶种一季作物，皆宜浅耕，否则，将新土翻上，来不及风化，反有碍于作物生长。

关于耕地的方法，应依季节或情况不同而异。如秋耕，最值得注意的是两点：一是宜将杂草掩埋于地下，《耕田》篇云："秋耕醃青者为上，比至冬月，青草复生者，其美与小豆同也"。埋下的杂草可作绿肥，其肥效可与小豆媲美。二是若牛力弱，不能秋耕，可以浅耕灭茬，用无壁犁耕地。这样，可铲除田间的农作物茬子，起到破坏表土毛细管作用，使土壤能保持润泽而不坚硬的状态；若牛力少，可在秋季耙耢一次，到翌春即播种。这是中国早期的少耕法，免耕法。

耕地的另一个目的就是改良土壤。更早农书及《齐民要术》都谈到各种不同的土壤，如强土、弱土、重土、轻土、白土、黑土、缓土、紧土、燥土、湿土等。《齐民要术·耕田》引《氾胜之书》曰："春，地气通，可耕坚硬强地、黑垆土，辄平摩其块以生草，草生复耕之，天有小雨，复耕和之，勿令有块以待时。所谓强土而弱之也"。将坚硬的强土、黑垆土及时多耕，参入植物质，可使土质松软。

3. 良种的选育

《诗经·大雅》生民篇曰："诞降嘉种"。意即诞生了优良的种子。《诗经·小雅》大田篇曰："大田多稼，既种既戒"。意即大田土肥宜多种，既备农具又选种。说明我国在先秦时期，就有了选种的观念和经验。北魏时期，选种、育种技术有了较大的进步，形成了从选种、留种到建立种子田的一整套管理制度，并培育出了一批耐旱、耐水、免虫，以及矮杆、早熟、高产、味美的优良品种。如《齐民要术·收种》云：粟、黍、穄、粱、秫，常岁岁别收，选好穗纯色者，𨨏刈，高悬之。至春，治取别种，以拟明年种子；其别种种子，常须加锄，先治而别埋。还以所治蓑草蔽窖。将种前二十许日，开出，水淘，即晒令燥，种之。

这段引文大体谈了三层意思：一是谷类作物须得年年选种，将纯色好穗选出，勿与大田生产之作物混杂。二是对种子田须精耕细作，种前水选，去除杂物；种后加强管理，保证秧苗茁壮成长。三是良种宜单收单藏，须以自身的秸秆来塞住窖口，免得与别种相混。这种做法已近似于近代的"种子田"和良种繁育，是品种选育的有效途径之一。

在这种先进的选种思想和技术指导下，当时已培养出了许多农作物新品种，特别是谷类作物的品种大大增加。如西晋郭义恭《广志》记述的粟有11种，而《齐民要术》记载的粟增至86种，依作物的性状分为四大类：朱谷等14种，早熟，耐旱，免虫；今堕车等24种，穗都有芒，耐风，免雀暴；宝珠黄等38种，中熟，大谷；竹叶青等10种，晚熟，耐水。在选育良种方面还有两点值得注意：①当时已认识到了早熟、矮秆作物之优势。如《种谷》篇云："早熟者，苗短而收多；晚熟者，苗长而收少"。②当时已认识到了品种与地域的关系。某些作物只宜于在某地生长和留种，而不宜于在另一地生长和留种，如《齐民要术·种蒜》云："今并州无大蒜，朝歌取种，一岁之后，还成百子蒜矣……芜菁根，其大如椀口，虽种他州子，一年亦变大。大蒜瓣变小，芜菁根变大，二事相反……并州豌豆，度井陉以东，山东谷子入壶关上党，苗而无实"。

4. 播种技术的进步

北魏时期，播种技术有了较大的进步。对播种时间、播种方法、播种量、播种深度等，都有了明确记载。

关于播种时间，分为"上时、中时、下时"，还须依年景好坏作出总的估价，又要依据节气和物候的迟早、土质肥瘦、墒情等作出具体安排。例如：《齐民要术·种谷》云："凡田欲早晚相杂，防岁道有所宜。有闰之岁，节气近后，宜晚田。然大率欲早，早田倍多于晚"。岁道，指气候。意思是，为预防气候变化，应既种早谷，亦种晚谷，不宜只种一种；闰年节季稍晚，应当迟种；在正常年分，应以早种为佳，早种量应超过晚种量的一倍。

《种谷》篇又云："凡种谷，雨后为佳，遇小雨，宜接湿种。因小雨不接湿，无以生禾苗"。说明播种时间与墒情的关系。

《种谷》篇又云："地势有良薄，良田宜种晚，薄田宜种早。良地非独宜晚，早亦无害；薄地宜早，晚必不成实矣"。说明播种时间与土质的关系。

关于播种方法，主要有撒播、条播和点播三种，视作物特性和土壤条件而异。如种小豆，《齐民要术·小豆》曰："熟耕，楼下以为良；泽多者，楼耩，漫掷而劳之"。而麻和稻则是浸种发芽再播种，目的在于下种后，种子迅速生长。但发芽程度要看土壤中所含水分的多少。水分多，可以发芽后再播种；水分少，只浸湿而不待芽出壳就播种。关于播种量和种植密度，一方面继承了《四月民令》中的思想："禾，美田欲稠，薄田欲稀；大、小豆和稻，则美田欲稀，薄田欲稠"，同时在认识上又有所升华，不仅具体规定了各种作物的每亩播种量，而且指出，晚种比早种用子多，不同的播种方法要用不同的播种量；出苗后，到了一定的时间就要间苗，保持一定的株距。特别值得重视的是，遇有缺苗处，要移苗补种。《齐民要术》还强调了种植疏密失宜的弊端。如《种麻》篇云："概则细而不长，稀则粗而皮恶。"《粱秫》篇云："粱、秫并欲，薄地而稀。"否则，"地良多雉尾，苗概穗不成"。关于播种深度，则应视作物种类和播种时期而异。如《齐民要术·收种》指出："凡春种欲深，宜曳重挞；夏种欲浅。直置自生。"

5. 田间管理技术的进步

北魏时期，田间管理项技术积累了相当丰富的经验，认识上亦有所提高，较前代有明显的进步，主要表现在以下几方面。

（1）中耕技术。《诗经·周颂》良耜篇曰："其镈斯赵，以薅荼蓼。荼蓼朽止，黍稷茂止。"意即犁头破土，薅除杂草，杂草腐朽，庄稼茂盛。说明西周时，已重视中耕除草。北魏时，人们在继承前人经验的基础上，进一步认识到了中耕对松土、除草、保墒的作用，因而操作上比以前更精细，提出多锄、锄小、锄早、锄了的要求。如《齐民要术·种谷》云："锄不厌数，周而复始，勿以无草而暂停；春锄起地，夏为除草"。这是说锄地对松土、除草的作用。这条文献原注云："锄者非止除草，乃地熟而实多，糠薄，米息。锄得十遍，便得八米也"。《齐民要术·杂说》亦云："锄耨以时。谚曰："锄头三寸泽，此之谓也"。说明中耕不但是为了锄草，而且可以熟土、保墒，提高作物产量和质量。锄得十遍，糠麸变少，可得米八成。

至于中耕的方式，当时大致有五种：锄、耙、耢、锋、耩。以锄为主，视幼苗生长情况而定。禾苗较小时，中耕一般用耙和耢；禾苗较大时，用锋和耩。

（2）农作物的施肥。我国何时开始施用肥料，无明确文献记载。可能始于春秋时代，到了战国时代，肥料已很受重视。《齐民要术》没有讲大田作物如何施肥，但收集了更多种类的肥料，包括人粪、畜粪、厩肥、堆肥、蚕矢、巢蛹汁、兽骨、草木灰、旧墙土等。同时，重视绿肥的功效。中国利用绿肥相当早，但汉代以前只是耕翻自然生长的杂草作肥。晋初郭义恭《广志》曰："苕草，色青黄，紫华，十二月稻下种之，蔓延殷盛，可以美田"。美田，应是改良土壤，增进肥力之意。这是苕草和稻轮作，并以苕草为绿肥，是我国古代绿肥轮作的最早记载。当时，北方也已广泛利用绿肥栽培以培养地力。如《耕田篇》指出，以豆科植物作绿肥较好，五六月撒播，七八月耕翻，以作次年春谷田，"则亩收十石，其美与蚕矢、熟粪相同"。另外，强调施肥时要用熟肥。如《齐民要术·种麻》曰："地薄者粪之。粪宜熟。无熟粪者，用小豆底亦得"。

（3）适期收获。《齐民要术》根据不同作物的不同特性和成熟特点，提出了适期收获的标准。例如：谷子要适时收获。《齐民要术·种谷》记载，谷子"熟速刈，干速积。刈早则镰伤，刈晚则穗折，遇风则收减，湿积则藁烂，积晚则损耗，连雨则生耳（即发芽）"。穄要适当早收，黍要适当晚收。《齐民要术·黍穄》曰："刈穄欲早……穄晚多零落……谚曰：穄青侯，黍折头"，"刈黍欲晚……黍早米不成"。

6. 农作物制度的进步

北魏时期，由于社会经济的发展和人们生活的需要，需要多种多收，形成了作物轮作、复种、间作、混作、套种等农作制度。

（1）农作物的复种。中国古代的原始农业是在一块土地上连续耕种，直到不再适宜耕种时就抛荒，商代农业可能还在这一阶段。《诗经·周颂》臣工篇曰："如何新畲"。《诗经·小雅》采芑篇曰："薄言采芑，于彼新田，于此菑亩。"开垦的第一年的土地叫菑，第二年的叫新田，第三年的叫畲。这似乎反映了西周时仍然保持这种耕作制度的残余。《周礼》言"一易之田，再易之田"，则是比较进步的定期休闲制了。《周礼》还提到"不易之田家百亩"，结合这一时期很重视施肥，则可推定战国时期已是长期耕种而不休闲了。《吕氏春秋·任地》曰："今兹美禾，来兹美麦"，这是粟和麦轮作。诸多文献谈到，汉代粟和麦轮作、粟和大豆轮作已很普遍了。但都没有讲到轮作的好处。北魏时期，情况就不一样了。

《齐民要术》中记载的农作物有几十种，粮食作物有谷、黍、稷、粱、秫、大豆、小豆、大麦、小麦、瞿麦、水稻、旱稻。此外，还有纤维作物、饲料作物、油料作物等。种类繁多的作物，为进一步发展轮作、复种制提供了有利条件。在长期的生产实践中，人们已认识到了只有葵、蔓菁等少数作物是可以重茬的。《种葵》篇云："葵，地不厌良，故墟弥善"。《蔓菁》篇云："蔓菁，种不求多，唯须良地，故墟"。故墟，即重茬地。而稻、谷、麻等多数作物皆不宜重茬，必须轮作。如《种谷》篇云："谷田必须岁易，否则莠多而收薄"。《齐民要术》记载了当时北方20多种茬口，把适合某些作物的茬口分为上、中、下三等，说明它们在轮作中的地位，而且特别指出豆茬是谷类作物、蔬菜作物的良好前茬。

如谷子的最好前茬是绿豆、小豆，其次是麻、黍和胡麻，再次是芜菁、大豆；黍、稷最好是新开荒地，其次是前茬为大豆地，再次是谷子地；谷子和麦都是大豆、小豆的良好前作，小豆是麻的好前作等。

这就确立了豆、谷轮作的格局。我国古代的作物轮作制出现较早，但把它当成恢复地力、增加生产的重要技术研究，却始于《齐民要术》。

（2）农作物的间作、混作和套种。我国古代的作物间作、混作和套种约始于公元前1世纪。北魏时人们对此有了进一步的认识。《齐民要术》中记载了多种间作、混作和套种方式。如《种桑柘》篇云："桑苗下常锄掘，种绿豆、小豆"。这是桑间间作绿豆、小豆。《养羊》篇云："羊一千口者，三、四月中，种大豆一顷杂谷，并草留之，不须锄治，八、九月中刈作青莐"。这是说用混作的方法生产养羊的饲料。是时，人们对如何选择好间作、混作、套作，也积累了丰富的经验。如《种桑柘》篇云："绿豆、小豆，二豆良美，润泽益桑。"绿豆、小豆混作有益，而豆类和瓜类不能混作，"豆反扇瓜，不得滋茂"。

概而言之，《齐民要术》所反映的北魏时期的农业生产技术，对后世农学影响巨大。唐末，韩鄂《四时纂要》大量引述了《齐民要术》的内容。去掉这些内容，则不成农书。元明清的四大农书：《农桑辑要》《王祯农书》《农政全书》和《授时通考》，无不以《齐民要术》的规模为规模，以《齐民要术》的材料为基本材料。由此推断，北魏的农业生产技术，特别是旱地农业技术已达到相当高的水平。其后一千多年，中国乃至世界的旱地农业技术并未有实质性的突破。

二、美国的旱地农业

1. 大学农学专业必学中国古代农学史和《齐民要术》

美国大学中，农学专业排名靠前的十多所高校都开设《中国古代农业史》及《齐民要术》研读课程，诸如University of California Davis加州大学戴维斯分校（图3-1、图3-2）、University of Illinois Urbana Champaign伊利诺伊大学厄本那——香槟分校、Purdue University，West Lafayette普渡大学西拉法叶校区、Iowa State University爱荷华州立大学、Texas A&M University德州A&M大学、Cornell University康乃尔大学、North Carolina State University，Raleigh北卡罗来纳州立大学、University of Florida佛罗里达大学、Pennsylvania State University--University Park 宾夕法尼亚州立大学、University of Nebraska Lincoln内布拉斯加大学林肯分校、Virginia Tech 弗吉尼亚理工大学、The Ohio State University，Columbus俄亥俄州立大学哥伦布分校、Oklahoma State University-Main Campus俄克拉荷马州立大学等，针对美国旱地农业规模大、旱农的种植水平、管理模式、产量与收入关系到美国整个农业体系和国际出口贸易等实际，将旱地农业的宝典《齐民要术》与美国旱地农业的现实相结合，认真消化理解，在实践上取得了令世人瞩目的成就。

图3-1　2008年3月，笔者（左）陪同美国加里福尼亚大学戴维斯（DAVIS）分校梅丽塔
（MARITA CANTWELL）教授（右）考察三元朱村设施园艺参观贾思勰广场

图3-2　2008年3月，笔者（左）陪同美国加里福尼亚大学戴维斯（DAVIS）分校
梅丽塔（MARITA CANTWELL）教授（右）参观寿光蔬菜高科技示范园

2. 美国旱地农业的概况与成就

美国的旱地农业主要分布在美国西部的17个州。最大的地区是大平原的10个州，约有110多万平方千米。其余分布在西北太平洋沿岸地区的俄勒冈州东部、华盛顿州东部、爱达荷州北部，山间地区的科罗拉多州西部、犹他州及爱达荷州南部，还有西南太平洋沿岸地区的加利福尼亚州、亚利桑那州和内华达州的南部。

美国旱地农业的开拓尽管在19世纪60年代就有记载，但是直到20世纪初，"旱农"（Rainfed agriculture, Dryland farming）研究才开始被科学家所重视。旱农，一般指半干旱地区或半湿润易旱地区完全依靠天然降水从事农作物生产的一种旱地农业。它不同于干旱或极端干旱地区完全依靠灌溉的农业；也不同于降水充足的湿润地区的非灌溉旱地农业。H. W. Compbell是广泛传播普及旱农概念的主要人物之一，他在1907年出版了一本《坎贝尔1907年种地手册》，介绍了当时的"旱农"研究成果。在此前后还召开了外密苏里和科罗拉多斯普林土旱农会议。第二次大战以后，特别是近20年，美国的旱地农业研究有很大进展。其主要成就，概括起来有以下几个方面。

（1）水分保持。对水分保持的基本原理作了大量的研究，特别是对于土壤水分的运动规律和计算测定方法，以及植物根系对水分的吸收等问题研究较多。试验表明，土壤水分的渗入、渗漏、保持和移动都与旱地作物生产有着重要的关系。良好的水分保持措施，可以提高水分利用率。水分保持的主要措施基本上有以下7种。

①夏季休闲制：这是在美国大平原广泛推行的一种旱地田间管理措施，据估计大约1 570万公顷。这一措施不仅可以增加土壤水分的贮存，而且可以增加土壤有效氮的含量，并控制杂草的生长。

②一年一熟制：在年降水量大于400毫米的地区，即可采用冬小麦—豌豆，冬小麦—春小麦，或冬小麦—春小麦（或大麦）—豌豆等轮作制，并在等高沟糟覆盖土地上实行免耕种植，对控制径流和侵蚀有很大作用。

③覆盖技术：覆盖物通过控制暴雨的水分径流，增加土壤透性，降低蒸发和有助于杂草防除而实现保水。在大田生产中，主要采取秸秆覆

盖、棉壳或棉碎屑覆盖、立茬覆盖和留茬耕作等，效果显著。

④兴修梯田、截留蓄水与等高种植：各种类型的梯田在控制侵蚀和保蓄径流方面，有不同的效果，其中保护性阶式梯田保水效果最佳，截留比夏季休闲和连作可保蓄更多的水分，等高种植比顺坡种植平均径流量可减少1/3左右。

⑤深耕和杂草防除：深耕是提高土壤水分吸收能力重要措施，深耕和秸秆覆盖结合起来，保水效果特别显著。耕作除草与利用除草剂防除杂草，对保持土壤水分有同样的作用，但应用除草剂的时间应早于耕作除草。

⑥积雪管理：巧妙地使用积雪是在美国北部旱农地区增加旱地作物有效水分的一项最有潜力的措施。保雪的措施主要有：留茬管理、雪耕、植物屏障、融雪管理等4种。

⑦提高植物对水分的利用率：培肥土壤，选用适当作物和作物品种，采用适宜的栽培技术，都可以在不同程度上提高作物对水分的利用效率。试验表明，植物对水分的利用率在肥沃的土壤，要比贫脊的土壤高得多，生长期短的作物比生长期长的作物水分利用率高，矮秆抗病品种比高秆品种水分利用率高，采取宽行距种植，对夏季作物喷撒苗前除草剂，利用化学制剂封闭气孔，利用反光板改变热幅射从而改变植物的发育和水分利用时间等，都可以提高作物的水分利用率。

（2）土壤保持。在美国旱地农业中，土壤保持最主要的问题是风蚀和水蚀，此外还有耕蚀及土壤物理条件恶化问题等。在这方面，他们从基本原理到控制方法都进行了大量的试验研究。

对风蚀的控制，在美国各地主要采取以下几种措施：①防风林带与风障；②防风带林种植与等高条植；③灌溉地旱作地的混合分布；④应急耕作。其中应急耕作是控制风蚀的一项新的措施。所谓应急耕作，就是利用开沟器、凿、铲和砂碾等机具，沿着与侵蚀风向垂直的方向耕作，使地表更加粗糙或形成土块。在1977年，美国西部大平原第4次严重风蚀年时，就有140万公顷土地进行了应急耕作。

对水蚀的控制，除了根据各地土壤和地形的不同情况修造梯田外，主要采取了以下一些措施：①建造水平种植台，即把1/3的土地面积修成水平种植台，以接收另外2/3面积上的径流水。把比较抗旱的作物种植在上部2/3的面积上，把需要较多土壤水分的作物种在水平种植台上；②研究和推广土壤保持耕作法。包括残茬覆盖耕作法，作物行间覆盖耕作，免耕休闲法，延迟春耕法，连作制中的免耕法，均衡犁沟法，窄行种植，等高带状种植，分坡耕作等。对耕蚀和土壤物理条件的恶化问题，他们也作了不少研究。

（3）旱农耕作与栽培技术。在研究土壤肥力和作物生理学的基础上，根据各地区的气候、土壤等环境条件及作物种类，对旱农耕作制度、耕作措施和栽培技术作了广泛的研究和实践。

①耕作制度：在美国一般采用两种轮作制。即作物——休闲轮作制；作物——牧草——休闲轮作制。目前在中部大平原区，大多数旱地农场都采用小麦——休闲轮作制。在加利福尼亚州已成功地采用作物——牧草——休闲轮作制。

连作制在旱作地区也是一种重要的耕作制度。大部分地区普遍采用连作小麦的耕作制度，有的地方也采用棉花连作或高粱连作。连作栽培法成功的关键在于改进保水能力和培育抗旱作物品种。

②耕作措施：在作物休闲轮作期间，进行耕作的主要目的是保持休闲年份的土壤水分。在初秋降雨之前预备好粗糙而疏松的地表，可以减少径流。这种措施还为蓄积土壤水分提供了一个透性良好和有利于蓄水的地表结构。自生小麦、大麦和杂草生长，必须通过其他的耕作作业加以防除。

少耕和免耕休闲在美国也是一项重要的耕作措施。在中部大平原采用少耕和免耕措施的土壤，在休闲阶段能提高贮水量，减少风蚀，降低能源消耗。

在同一地区轮流种植灌溉作物和旱地作物，利用灌溉作物收获之后在地里残留的水分，种植旱地作物。在南部大平原，在灌溉的小麦—休闲—旱地高粱的轮作制度中，种植旱地高粱前休闲11个月，采用免耕法时，4年的平均休闲效益是35%，高粱产量是每公顷3 140千克；而采用圆盘耙耕作，休闲效益是15%，产量是1930千克。

③栽培技术：在旱地作物栽培技术中，播前整地是一个最重要的环

节。一般初耕深度10厘米或更深，随后逐次变浅，以形成上松下实，下层潮湿的播种地。

随着保水方法的改进以及深沟播种的应用，把种子播入有残留水分的土层中，在美国已成为标准的播种方式。一般说，旱地的播种量是潮湿地区或灌溉区的1/3或1/2。在干旱的和典型的温带软土上，晚秋将种子播入主茬地中，并采用适当的措施以控制杂草。

美国大部分地区在旱地农业上所用的播种机具主要是双圆盘播种机和带有压土轮的锄式播种机。前者在夏季休闲地上效果最好。在降水量有限的地区，旱地小麦或大麦播种期的常规施氮量为20~40千克/公顷，追肥用量为18~50千克/公顷。在需磷的土壤中，磷肥一般在播种时与氮肥一起施用。另外，在防除杂草和控制病虫方面，也作了一些研究。

3. 美国旱地农业的主要经验

美国旱地区域的土地面积和耕地面积分别占全美总土地和总耕地面积的一半左右，旱地农业已占美国农牧业生产的重要地位，美国旱地农业的主要经验有：

（1）推广实用技术。其一选育和推广不同种类的抗旱作物和抗旱品种。一般种植抗旱性较强的小麦、大麦、高粱、谷子、燕麦、马铃薯、杂豆及棉花、甜菜、向日葵等作物并不断培育抗旱新品种。同时在选择作物时，尽量选择作物生长期与自然降水期同步的作物。其二因地制宜，采用多种形式的轮作制。以小麦为主（北部春小麦，南部冬小麦），实行粮粮轮作、粮草轮作、粮棉轮作、粮豆轮作。为解决旱地土壤水分与养分不足的问题，在轮作制中特别重视安排休闲。其三实行留茬免耕或少耕。少耕或免耕结合秸秆还回，留高茬覆盖可起到提墒保墒作用。其四广泛采用适于旱地作业的农业机具。旱地农业基本实现机械化。

（2）重视旱地农业科学研究。针对旱地农业受自然降水限制及土壤风蚀、水蚀、沙漠化问题，从实用技术入手，以提高自然降水利用率和抗风蚀、水蚀能力，保护土壤，提高旱地农业总体经济效益为目的，运用遥感技术、电子技术、模拟技术等先进手段，集中人力、物力，精选精干人员开展了抗旱育种、耕作制度、水土保持、环境保护、农牧结合等研究。目前美国各州一般有10~15个农业试验研究机构。

（3）加强农业技术推广。美国教学、研究人员同推广人员的比例约为1：2：4，推广人员同研究人员享有相同的技术职务。各县有农业技术推广站，还有农民自己联合的推广组织。

（4）制定有利于发展旱地农业的政策、法规。制定了一系列促进农民积极生产并保护土地资源的法规及增加旱地农业发展投资和实行价格支持等政策。

第二节 《齐民要术》对日本"自然农法"的影响

一、徐会连博士与日本"自然农法"研究

徐会连博士（1954- ），山东临沂兰陵县人，日本东京大学农业生物学博士毕业（图3-3），现任日本自然农法（Natural farming）国际研究开发中心理事、副所长、首席研究员，世界有机农业运动联盟（IFOAM）标准委员会委员，《World Journal of Agricultural Sciences》等英文杂志编委。徐会连博士作为农业科学家，在国际上、在日本农科界都有着受人尊敬的成就。他提出的自然农法抗旱机理、有关植物抗旱生理机制的一套理论，在世界植物科学领域里独树一帜，他在设施栽培的自动化控制和环境及营养生理方面的创造性成果填补了业界空白，他在生态农业和微生物技术在农业方面的应用上的独到成果使世界农业为之受益。他在学术上独树一帜的特点是把现代生物技术理论和现代数学物理理论应用和融进实实在在的农业技术开发和操作中去。徐博士不止一次地说过，日本的自然农法研究在世界上处于领先水平，但追根溯源，其源头在于贾思勰的"自然经验农学思想"。徐博士在自然农法领域一系列成就奠定了他在国际农科界的地位，现在他是日本财团法人自然农法国际研究开发中心理事、副所长、首席研究员，同时作为社会兼职，担任世界有机农业联盟标准委员会委员，美国园艺学会国际理事会理事，国际英文学术杂志《Pedoshphere》，《Journal of Crop Improvement》以及纽约Haworth等出版社的国际编委。就是这样一位在国际上颇有名气的农学博士，在中国却平易、朴实得令人惊讶。可以

在农科院、名府高校办讲座，进行学术交流，也可以在贫困县城对一线的农业技术人员和农民进行现场指导，可以向东北黑土地提供经费和技术，帮助其培育优质水稻种，也可以为山东贫困县城免费培训技术人员。他在兰州大学，北京大学，南京河海大学，上海大学的学术讲演受到无论是一般大学生还是学术大师的高度评价。他对乡村农民和农业管理人员的技术指导也曾被误认为他是一位精于现场指导的农业技术员。对于自己在中国所做的一切，他说得很朴实：当年我是拿着中国的国费留学日本的，现在自己有能力了，不为国家做点事说不过去。

图3-3 徐会连博士

正是带着这种为祖国做事情的想法，多年来徐会连不论是在日本还是在中国国内，都努力为中国、为自己的家乡山东，做着实实在在的事。其一，2004年在山东临沂召开临沂国际有机农业研讨会，联系日本自然农法国际开发中心的援助，以临沂为基地展开农业技术开发和研究，每年由日方出资，在中国国内或日本召开研讨会，以推进临沂和全中国的有机农业生产，增加农产品出口，促进农民致富。其二，与滨州职业技术学院等单位合作，利用完善发酵有益微生物技术，和制造微生物有机肥，用于改良当地的盐碱土壤，以图提高作物产量。其三，与吉林农科院水稻研究所合作，每年向基地提供研究经费和技术协助，培育适合有机生产的优质水稻种，并已取得成功。其四，向中国国内提供日本的优良品种，计划向100个单位提供国外优良品种，现已完成一半以上，由此中国的农业发展可长久受益。其五，利用日本的资金和条件，全额资助中国的农科人员来日进修，现受益者已达100人以上。等等事例，举不胜举。

此外徐会连博士还利用工作单位的有利条件为中国国内代表团的考察访问提供了许多便利，包括签证材料的办理、机场迎接和导游，每年都安排和接待许多考察团。他喜欢和国内的同行交朋友，上至一些国家机关和省市领导人，名流专家学者，下至乡镇干部，中小企业家和农村技术员。目的都是同心同力把国外的先进技术和管理经验带回国去。徐会连博士还在国内资助了许多贫困学生，其中一些钱是他在外出活动时从出差费用中节省下来的。

对于自己为中国、为家乡所做的事，徐会连自己记得并不很清楚，但家乡山东的人记得他，山东的一家媒体写道：徐博士完全没有洋博士的派头，他总是来去匆匆，回到家乡就马不停蹄（图3-4、图3-5）。在临沂，日照，菏泽，威海等地，他建起了留学人员为国服务活动基地，又赶到济宁研究解决微山湖的湖水污染问题。他乐观地计划，几年内就可以用他的技术把湖水变清。他过家门而不入，又赶到滨州研究黄河三角洲地区盐碱地改造问题。说起家乡的盐碱地的贫瘠，他很动感情，说起至今生活在沂蒙山区的老父亲，几次回来不能相见，也深为遗憾。但他说得最多的说一句话是：我回来一趟，就是要为家乡做点事。有时他拿出自己的技术和良种，还要再加一句话说，这是农业试验用的，不要钱。由于全国全省各地都争相聘请他担任政府科技顾问，头衔越来越多，全国各农业大学也都请他担任客座教授，真是忙不过来，但他总是有求必应。很多人向他表示感谢，他也总是说一句话：我深爱我的祖国，回来就是要为家乡做点事。

图3-4　1999年7月笔者（右）陪同日本自然农法国际研究开发中心副所长、
首席研究员徐会连博士（左）考察寿光蔬菜高科技示范园

图3-5　1999年7月笔者（右）陪同日本自然农法国际研究开发中心副所长、
首席研究员徐会连博士（左）考察寿光洛城绿色食品基地

二、冈田茂吉与日本"自然农法"

冈田茂吉（Okada Mokichi 1882-1955）（图3-6）是日本首次提出"自然农法"的学者，与贾思勰"自然经验农学思想"如出一辙。当时自然农法的目的是，健康的土地，生产健康的食物，孕育健康的人。因此自然农法的原则为维护土地的洁净，主要以枯叶为堆肥，不用人畜粪便或外来厨余，也不使用农药。在化学农业带来严重环境和食品污染，水土流失，生物多样性受到破坏等问题的时候，有机农业受到了重视。实际上，有机农业并不是什么新生事物。在化学农业出现以前的一段很长时期里，人们从事的农业就是有机农业或者更确切地叫自然农业。在漫长的农业历史中，中国人积累了丰富的经验，很多都被记载于诸如《齐民要术》等一些农书当中。现在提出的有机农业，要说有什么不同，那就是现在要进行的有机农业，其重心要先放在生态系统的修复上。如果说新概念的有机农业是和化学农业相比较而言的，那么有机农业也可以说是与化学农业同时出现的，非常有必要总结一下古人的农业思想，以为现代有机农业有所借鉴。

图3-6　自然农法创始人冈田茂吉

现代有机农业与自然农法是紧密联系在一起的，英国在印度的殖民官Albert Howard在20世纪初期提出了化学农业的危险性。1931年他回到了英国，发起了有机农业运动，于第2次世界大战前写出了《农业实证以及土壤和健康》（Agricultural Testament and the Soil and Health）。Albert Howard在他的书中警告说，大量施用化肥导致植物体内产生合成不完全的氮素化合物，使植物感染多种病害，最终导致动物和人类也罹患多种疾病。日本的东洋哲学家冈田茂吉也在30年代对化肥的施用提出了警告。他说，化肥污染土壤，使土壤失去本来应有的威力，而使作物病虫害大发生。在他的哲学理论基础上提出了自然农法的概念。Albert Howard是科学家，冈田茂吉是哲学家，但是，他们提出的警告的内容是相似的。这两位大师的理论，不论是自觉地或者偶然地，都是与我国古代自然哲学的理念相吻合的。冈田茂吉是日本现代历史上比较有水平的东方哲学家，他的许多论点继承了中国老子和庄子以及贾思勰的自然经验农学思想的观点。

贾思勰的自然经验农学思想符合中国历来崇尚自然的一贯观念，老子第二十五章写道：天法地，地法天，天法道，道法自然。这简单的几个字论述了自然界中人、地、天的关系。人的许多方面是由他赖以生存的地的条件所决定的，地的许多条件是由当地的天候条件而决定的。如植被的多少、土壤的酸碱度和肥沃程度是由降雨量、气温、光照等天候条件决定的，而天候遵循自然规律，道就是自然规律，自然规律是自然本身的存在而形成的。在人、地、天这三个要素中缺一不成农，所以，农最终必须遵守自然规律，也就是农法自然，换置这四个字就成了自然农法。贾思勰的自然经验农学思想在哲学上强调天人合一，讲究天、地、人的和谐关系。孟子也说："天时不如地利，地利不如人和"（公孙丑下）。荀子主张"上得天时，下得地利，中得人和"（富国），这样才能做到"财货浑浑如江海"，才能实现国家富强的目标。《吕氏春秋·审时》第一次用"天地人"思想解释农业生产："夫稼，为之者人也，生之者地也，养之者天也。"这段话阐述了农业生产的整体观、联系观、环境观，最本质地体现了中国古代农业哲学的核心思想。贾思勰在《齐民要术》中指出，人的主导作用是在尊重和掌握客观规律的前提下实现的，反之就会事与愿违，事倍功半。他说："顺天时，量地利，则用力少而成功多。任情返道，劳而无获。"在古代，这种基于"阴阳协和，五行相生"的农学理论是很成功的。这种以整体观察、外部描述和经验积累为特点的农学体系叫做"自然经验农学思想"。与其相对应的是实验农学思想，把生物体内部结构乃至构成生物体的细胞结构进行研究，发现生物个体生命活动的本质；不是依赖于生产经验，而是利用人为控制的有限环境来进行生物生长过程的模拟实验，从而发现和抽象出生物个体的生长规律，并以此来指导农业生产。冈田茂吉自然农法哲学内容与贾思勰"自然经验农学思想"高度吻合，冈田茂吉的自然农法哲理的根本就是要顺应自然，尊重自然。冈田茂吉的主要观点如下。

（1）要说真理是什么，真理就是自然自身的状态。

（2）不管干什么都要以大自然为规范，从大自然中学习是成功的先决条件。这就是说我提倡的自然农法是以顺从大自然为基础的。我的最根本的理念就是顺应自然，尊重自然。

（3）自然农法的根本在于发挥土壤的自在能力。发挥土壤的能力就是说不能用人工肥料，以达到保持土壤的纯净，这样的土壤可以发挥它的本来的性能。

（4）我们必须知道的事情是土壤本来性能的意义。太初造物主造了人，也同时造了生产足够养育人的事物的土壤。必须优待土壤。当然这是自然的力量。就是这种自然的力量才是无限的肥料。只有认识到这一点，爱惜土壤，尊重土壤，才能强化土壤的惊人的性能。这就是真正的自然农法。

（5）施用合成肥料可以一时见效。如果长期施用，就会逐渐显露出它的负面效应。作物本来从土壤中吸收养分的能力衰退，形成无肥不长的赖肥性。

以上可以看出，冈田茂吉的哲学思想是吸收了中国的古代哲理，如易经中提倡的观察大自然，以阴阳二气为万物的根源。冈田茂吉也曾像中国古代哲学家一样把万物的根源归纳为火、水、土三要素，森罗万象，无不肆浴在大自然的恩惠之中，都以水、火、土三要素为基础而生成、变化和长育。因此，冈田茂吉的自然农法也就是顺从大自然的意志和规范的农耕哲理。冈田茂吉的自然农法思想，和贾思勰的自然经验农学思想同样是有价值的人类文化遗产，不论从思想上还是从技术上都是值得现代有机农业借鉴的思想财富。

第三节 《齐民要术》对其他旱地农业国家的影响

一、以色列

以色列国是一个严重缺水国家，位于亚洲西部，人口730万人，其中农业人口占5%。面积2.2万平方千米，其中3/4的土地是沙漠。气候夏季炎热干燥，冬季温和湿润，年降雨量220~920毫米。以色列可耕地面积只有42.7万公顷，其中水浇地占48%，主要农作物有小麦、玉米、棉花、柑橘、葡萄、蔬菜和花卉等。

滴灌技术的发明造就了以色列的节水农业，农业曾是以色列的立国之本，一直以来也是用水大户。目前，每年有70%~75%的用水配额分配给农业经营者，用于农业灌溉。20世纪60年代以来，随着以色列著名的滴水灌溉技术的发明和发展，以色列农业在世界上创造了一个沙漠农业的"神话"。

由于地处干旱半干旱地区，灌溉问题始终是制约以色列农业发展的主要因素。20世纪50年代，喷灌技术代替了长期采用的漫灌方式，到了60年代，以色列水利工程师西姆查·布拉斯父子首次提出滴水灌溉的设想，并研制出了实用的滴灌装置。从此，以色列农业灌溉发生了根本性的革命，滴水灌溉技术不断发展更新，并得以大面积推广。现在，以色列超过80%的灌溉土地采用了滴灌方法，使单位面积耕地的耗水量大幅下降，水的利用效率大大提高。

滴灌技术推广30多年来，在保持农业用水总量（约13亿立方米）基本稳定的条件下，以色列全国灌溉面积和耕地面积不断增加，农业产出翻了几番，同时，农业人口在总人口中的比重不断降低，已从原来的60%下降到目前只有3%。可以说，正是依靠滴灌这一关键的节水灌溉技术，以色列才有可能在河谷地区建立起发达的农业，使沙漠有了片片绿洲。

滴灌是压力灌溉技术中的一种，非常适用于精细种植，它拥有其他灌溉方式无法比拟的优点：一是节水显著，水通过压力管直接输送到农作物根部；二是适用性强，由于侧管上每个滴头的滴水量均匀一致，即使在梯田、陡坡地势及较远距离也能使用，且不会加剧水土流失；三是肥水结合，把肥料加到水中，经过滴头直达植物根系，肥料利用率大幅提高，节肥效果同样显著；四是可利用沙漠含盐的地下咸水或处理后的回用污水进行滴灌，解决了水中所含盐分在作物根围附近停留积聚等问题，使得微咸水灌溉成为可能。

目前，以色列每年都在推出新的滴灌技术与设备，并从滴灌技术中派生出埋藏式灌溉、喷洒式灌溉、散布式灌溉等，这些技术有的已经进入了包括中国在内的国际市场。

2011年4月在第二届中华农圣文化国际研讨会上，以色列农业研究组织（ARO）植物保护研究所所长、阿拜德·基拉教授（图3-7）指出，以色列的节水农业借鉴过许多中国的宝贵经验，中国很早就在农艺抗旱节水方面取得了不少成就，古农学专著《齐民要术》的最大功绩之一，就是它全面完整地总结了以耕——耙——耱为主体，以防旱保墒为中心的旱地耕作技术体系，以增进地力为中心的轮作倒茬、种植绿肥等耕作制度，以及良种选育等项措施，更加丰富和发展了中国及世界精耕细作的传统思想。节水（Water saving）和节水农业（water saving agriculture）是中国提出的名词，和以色列等国广泛使用的高效用水（Water efficient. Efficient water use）概念相同。

图3-7　以色列农业研究组织(ARO)植物保护研究所所长、阿拜德·基拉教授
2011年4月在第二届中华农圣文化国际研讨会上做学术报告

二、澳大利亚

澳大利亚农业、渔业和林业部园艺和林业科学首席科学家史蒂芬森（R.A.Stephenson）教授（图3-8）2013年4月在参加第四届中华农圣文化国际研讨会时深有感触地说："澳大利亚的旱地农业面积很大，其耕作技术在很大程度上得益于中国的《齐民要术》，中国是个伟大的农业国家，贾思勰6世纪写成的农学名著《齐民要术》，记述了黄河流域下游地区，即今山西东南部、河北中南部、河南东北部和山东中北部的农业生产，包括了农、林、牧、渔、副等部门的生产技术知识，堪称为世界性农业百科全书，对澳大利亚农业的启示非常巨大"。

图3-8　澳大利亚农业、渔业和林业部园艺和林业科学首席科学家史蒂芬森（R.A.Stephenson）教授（右）2013年4月与笔者参观
第十四届中国寿光国际蔬菜科技博览会

澳大利亚国土面积768万平方千米，其中天然草场4.4亿公顷，耕地面积0.5亿公顷，澳大利亚农牧业已成为主要经济支柱之一。据统计，2014年农牧业总产值达到302亿澳元，其中农作物（包括水果和蔬菜）总产值为139亿澳元，占农牧业总产值的46%；畜牧业总产值为163亿澳

元，占54%。耕地有效灌溉面积占农牧业灌溉面积4%，90%采用直接灌溉，10%采用微灌、滴灌、喷灌等先进的灌溉方式。

澳大利亚是世界上降雨量最少的大陆之一，年平均降雨量470mm，且时空分布不均，有近40%的地区年降雨量不足250mm。澳大利亚地势低平，是世界上地表起伏最缓的大陆，全境平均海拔350m，87%的地区海拔低于500m，海拔1 000m以上的山地不到1%。其河流稀疏，且无流区面积较大，共有大小河流240条。

澳大利亚对水资源管理实行政府管制、农场主按配额有偿使用的方式。具体做法为：农场主向当地水管理机构供水站申请，供水站根据用水需求和配额向州政府水资源管理机构购买，然后通过水资源管理机构的渠道将水出售给各农场，用水价格由运行成本确定。当地水资源管理机构为了有效地管理和控制水资源，并为广大农场主提供优质服务，他们将所收取的水费大部分用于供水渠及输水管道的改造，通过采用灌溉自动控制系统，实行因水、因作物精确灌溉，以减少渠系水的损失，降低用水成本，提高水的利用率和经济效益。

澳大利亚的节水措施非常到位，为了限制用水，发展节水灌溉和旱作农业，澳大利亚出台了一系列政策措施。一是鼓励农场改造灌溉渠道，推广应用先进的微、喷、滴灌节水技术，以改变传统灌水方式。政府规定，农场需改造灌溉系统，可以向州政府申请1.2万澳元的设计补助，州政府农业部门负责推荐专家，帮助渠道设计，同时州政府向农场主补助30%的灌溉系统设备费用。二是鼓励种树，加强生态环境保护，政府对种树农场提供相应的补助。三是严格用水配额，不允许农民私自建坝拦水，如果农场要建坝，其拦水量超过径流量的10%，必须向州政府申请。四是对城市草坪浇水、洗车等用水实行限制，不允许用水笼头、喷、滴管浇水、洗车，对违反规定的，要高额罚款，并接受社会监督。五是政府出资鼓励科研机构进行节水技术的研究，对节水技术和产品实行产业化开发。六是鼓励废水处理循环综合利用等。

三、印度

印度农业借鉴过许多《齐民要术》的耕作体系精华。印度是一个传统的农业大国，在农业发展中创造了许多奇迹，如在水资源利用方面从雨水、河水、洪水和地下水资源的收集和利用技术。

集雨技术对于印度极为重要，印度雨季、旱季分明，一些地区湿润月份只有4个月左右，所以集雨种植和旱作技术在印度占有重要地位。目前，印度1.42亿公顷耕地中旱地占73%，生产了全国46%的谷物、75%的油料、90%的豆类、70%的棉花。集雨种植有两种集雨利用方式：集雨旱作与集雨节灌。

集雨旱作主要在降水量少地区采用。或者利用蓄水池收集田间降雨，在降水多的年份可以把总降水量16%~26%的径流收集起来，作为补充灌溉的水源；或者利用田内集水来稳定作物产量；或者发展微型集水区，种植区为沟，集水区为垄，分别单行向沟倾斜，作物种在沟里。

集雨节灌在干旱半干旱地区采用。这些地区由于没有水资源，人民的生活和农业用水基本都依赖于雨水。人们建立各种水窖收集雨水，用于灌溉和作为日常生活用水。在局部地区，人们还修筑堤坝，形成一定规模的集雨区，以便在雨季收集地表径流。在一些极为干旱的地区，人们应用房顶作为集雨面收集雨水。同时，这些地区由于土地面积广阔，人们还建设了一种人工井，在井的周围建设集雨面，以使降水能够汇入井中。这些地区十分注意水资源的管理，每个村都配备一名专门管理水的官员。

微灌技术在印度极为普遍，印度自1981年起引进微灌技术，1986年开始较大规模发展，目前印度微灌溉面积已达到26万公顷。

印度政府制定了微灌发展补助计划，国家补助园艺作物微灌系统总投资的90%，约每公顷补助4 950元。印度政府共向微灌工程投资2.8亿美元。其中有些州为了保护和促进果园的发展，实行了果园滴灌补助计划，由此促进了微灌技术的迅速发展。

目前，印度有70多个大小不等的微灌设备制造厂商，其中最大的5个制造厂商生产的设备占了市场总销售额的78%。印度还向斯里兰卡和中东等地出口微灌设备，每年的出口总额占总产量的10%~15%。

在印度，许多公立农业大学和国家农业研究所都进行微灌技术的研究开发，并举办定期的短期培训班，参加培训的学员有农业水利官员和农户。政府还利用各种媒体，宣传滴灌技术。

第四章

《齐民要术》的伟大贡献

第一节 中华民族永远的丰碑

贾思勰与《齐民要术》是中华民族永远的丰碑，承上启下，功不可没。《齐民要术》在世界范围内普遍受到高度重视。英国著名生物学家、博物学家达尔文在创立进化论过程中阅读了大量国内外文献，包括中国的农书和医药书，其中就有《齐民要术》。他在《物种起源》一书中写道："要看到一部中国古代的百科全书清楚地记载着选择原理。""中国人对于各种植物和果树，也应用了同样的原理。"据考证，这部"百科全书"，就是指《齐民要术》。有的西方学者推崇《齐民要术》，认为"即使在全世界范围内也是卓越的、杰出的、系统完整的农业科学理论与实践的巨著"。现代欧美学者介绍和研究《齐民要术》的不乏其人。如英国著名学者李约瑟（Joseph Needham）在编著《中国科学技术史》第六卷（生物学与农学分册）时，以《齐民要术》为重要材料进行了严谨认真的撰写，现在即使是中国人反复研读李约瑟的叙述和分析，都会叹服当时这位英国学者的惊人洞察力和独特的"李氏科学思维"，李约瑟指出："《齐民要术》可以用来清晰地洞察自然理论和自身经验，书本知识和实践经验是如何产生和交织的"。"《齐民要术》是完整保留至今的最早的中国农书。其行文简明扼要，条理清晰，所述技术水平之高，更臻完美。其结果是这本著作长期使用至今还基本上是完好无损"。"作为那个时代的一本典型的著作，书中大约有一半是由引文组成的，这些引文来自约160种著作，时间跨度在《齐民要术》成书之前的7个世纪。""保存至今的农学专门著作中，没有比《齐民要术》更早的，但《齐民要术》中大量引文的出现，又清楚地表明，贾吸收了悠久而丰富的农学传统。""除了散见于其他书中的引文之外，所有这些现均已失传，但它们中的绝大多数都似乎为贾思勰所熟知，事实上，《齐民要术》中的引文，是诸多此类著作重要的或唯一的资料来源。""《齐民要术》有深刻的历史影响，早在印刷术发明以前很久就已写成的《齐民要术》，若干世纪以来就以手稿的形式流传着，11世纪早期，它是第一本奉皇帝之命印刷和颁行的农学著作。它的写作风格和结构的许多方面都为后来中国、朝鲜和日本的农书提供了范例。""世界上不少人没有把一些明明是属于中国人的成就，归功于中国人。甚至中国科学工作者本身，也往往忽视了他们自己祖先的贡献"。"中国文明在科学史中曾起过从未被认识的巨大作用。在人类了解自然和控制自然方面，中国有过贡献，而且贡献是伟大的。"从李约瑟这些精准的评述中，可知《齐民要术》作为全世界人民的共同财富，正在越来越引起国际学术界的关注。

第二节　《齐民要术》的重大价值

《齐民要术》的重大价值主要在于6个方面。

一、贾思勰建立了较为完整的农学体系，对以实用为特点的农学类目作出了合理的划分

《齐民要术》全书结构严谨，从开荒到耕种；从生产前的准备到生产后的农产品加工、酿造与利用；从种植业、林业到畜禽饲养业、水产养殖业，论述全面，脉络清楚。在学科类目划分上。书中基本依据每个项目在当时农业生产、生活中所占的比例和轻重位置来安排顺序。把土壤耕作与种子选留项目列于首位，记叙了种子单选、单收、单藏、单种种子田、单独加以管理的方法。在栽培植物方面，对农田主要禾谷类作物作重点叙述，豆类、瓜类、蔬菜、果树、药用染料作物、竹木以及檀桑等也给予应有的位置。在饲养动物方面，先讲马、牛，接着叙述羊、猪、禽类，多是各按相法、饲养、繁衍、疾病医治等项进行阐说，对水产养殖也安排一定的篇幅作专门阐说。叙述的农业技术内容重点突出，主次分明，详略适宜。对当时后魏疆域以外地区的植物，也曾广为搜集材料并予以注释解说。有的因缺乏素材，只保留名目，申明："种蒔之法，盖无闻焉。"这种注重种植业、养畜业、林业、水产业、加工业间的密切联系，叙述所处疆域兼及其境外农产的结构体系，在中国农业科学技术史上具有首创的意义。《齐民要术》以后，中国著名的农学古籍与《齐民要术》规模相似的有元代《农桑辑要》、《王祯农书》、明代的《农政全书》以及清代的《授时通考》。这四部全面性大型农书均取法《齐民要术》，并以《齐民要术》书中的精练内容作基本材料。《齐民要术》书中所载的种植、养殖技术原理原则，许多至今仍有重要的参考借鉴作用。特别是《齐民要术》记载的果菜嫁接技术，目前在生产上广为应用，北魏时期，中国的嫁接技术已从蔬菜发展到果树，方法上也从靠接发展到皮下接和劈接。有关果树的嫁接，首先是由贾思勰在《齐民要术》中记载下来的。嫁接，贾思勰称之为"插"，他认为果树使用插的方法繁殖，能收到"插这弥疾"的效果，即能提早结果。这方面，贾思勰总结了当时果树嫁接的丰富经验，将中国的嫁接技术提高到了一个新的水平。在《插梨第三十七》中，贾思勰以梨树为例，对此作了详细的记载。世界园艺学会前主席、美国园艺科学学会前主席、美国普渡大学园艺系教授朱莱斯·简尼克（Jules Janick）是国际园艺届著名权威（图4-1），他在一篇《亚洲园艺技术史》论文中客观评价了以中国为代表的亚洲园艺，在评论亚洲现代农业技术时指出："近年来，亚洲农业科学家和技术人员取得了三项将会影响未来的极为突出的成就：节能温室、果菜嫁接和杂交水稻"。

图4-1 世界园艺学会前主席、美国普渡大学园艺系教授
朱莱斯·简尼克（Jules Janick）

二、精辟透彻地揭示了黄河中下游旱地农业技术的关键所在，规范了耕、耙、耱等项基本耕作措施

黄河中下游地区，春季干旱多风，气温回升迅速，夏日连雨等特点极为明显。从远古以来，形成的对应措施是注意农时，讲究农耕方法。1972年甘肃嘉峪关出土的魏晋墓壁画中，已发现有畜力挽拉耙耱的图象。其年代要比《齐民要术》撰成早两个世纪以上。《齐民要术》在耕、耙、耱等重要农具的阐说，耕、耙、耱、锄、压等技术环节的巧妙配合，犁、耧、锄等的灵活操用诸方面作了系统的归纳，规范了秋耕、春耕的基本措施，若干重要作物的播种量，播种的上时、中时、下时以及不同土质、墒情下的相应播法。《齐民要术》在改造土性、熟化土壤、保蓄水分、提高地力，在作物轮作换茬，在绿肥种植翻压，在田间井群布局与冬灌等方面，有许多重要的创见。《齐民要术》把黄河中下游旱地农耕技术推向了较高的水平。千余年间，在近现代农学方法应用以前，世代治农学者很少能在北方旱地农耕技术领域添加重要的新内容。

三、将动物养殖技术向前推进了一步

《齐民要术》有6篇分别叙述养牛、养马、养驴、养骡、养羊、养猪、养鸡、养鹅鸭、养鱼。役畜使用强调量其力能，饮饲冷暖要求适其天性，总结出"食有三刍，饮有三时"的成熟经验。养猪部分载有给小猪补饲粟、豆的措施。书中已注意到饲育畜禽等在群体中要保持合理的雌雄比例。"养羊篇"提出10只羊中要有2只公羊，公羊太少，母羊受孕不好；公羊多了，则会造成羊群纷乱。对养鹅、鸭、鸡、鱼等都提出了雌雄相关的比例关系，鹅一般是3雌1雄，鸭5雌1雄。池中放养雌鲤20尾则配雄鲤4尾。

四、农产品加工、酿造、烹调、贮藏技术在《齐民要术》中占显著地位

酒、酱、醋等可能发明很早，但详细严谨揭示其制作过程，以《齐民要术》为最早。在"作酱法第七十"中，首先叙述用豆作的酱，但也记载了肉酱、鱼酱、榆子酱、虾酱等的制作方法。在"作菹藏生菜法第八十八"中提到藏生菜法："九月、十月中，于墙南日阳中掘作坑，深四五尺。取杂菜种别布之，一行菜一行土，去坎一尺许便止，以穰厚覆之，得经冬，须即取。粲然与夏菜不殊。"这一鲜菜冬季贮藏的方法与现在的"假植贮藏"措施基本相同。

五、记载有许多精细植物生长发育及有关农业技术的观察材料

"种韭第二十二"中提到"韭性内生，不向外长"。"种梨第三十七"中提到梨树嫁接，接穗，"用根蒂小枝，树形可喜，五年方结子；鸠脚老枝，三年即结子而树丑"。同篇还有"每梨有十许子，唯二子生梨，余生杜"。"种椒第四十三"讲叙椒的移栽时称："此物性不耐寒，阳中之树，冬须草裹，其生小阴中者，少禀寒气，则不用裹。"这些，都是很有启发意义的观察记载材料，得到后世农学家的重视。"种谷楮第四十八"中提到种楮子时与麻混播，秋冬留麻，为楮树幼苗"作暖"，这是在深刻认识两种植物生长发育特点的基础上，相应采取简便易行的保护措施。"栽树第三十二"中所述果树开花期于园中堆置乱草、生粪，煴烟防霜的经验尤为可贵。其中叙述成霜条件是"天雨新

晴，北风寒切，是夜必霜"。所讲与现代科学原理相符，而遇此情况要："放火作燃，少得烟气，则免于霜矣。"类似的煴烟防霜措施，至今仍是减免霜害的一种简单有效方法。

六、重视对农业生产、科学技术与经济效益进行综合分析

尽管《齐民要术》序中写有"故商贾之事，阙而不录"的话，反映作者受当时崇本抑末、非议经商的思想影响较深。但在全书中，如栽种蔬菜瓜果、植树营林、养鱼、酿造等篇，却详细描述了怎样进行多样经营，如何到市场售卖，怎样多层次利用农产品等有关经济效益的内容。在"种榆白杨第四十六"中，具体叙述榆树播种、杨树插枝育苗的技术，幼树隔3至5年间伐作材料出售。种白杨一节，曾计算：1亩3垄，1垄720穴，1穴屈折插1杨枝，两头出土，1亩可得4320株，3年可为蚕架的横档木，5年可作屋椽，10年能充栋梁。以售卖蚕架横档木计算，1根5钱，1亩岁收21600文。1年若种30亩，90亩地3年1轮，可周而复始，永世无穷。"种葵第十七"提到，都邑郊区有市集之处，蔬菜种植安排得好，亦可实观周而复始、日日无穷的周年产销。《齐民要术》"卷头杂说"虽为后人添加，但长久以来已与全书融为一体。其中也曾叙及10亩地内种葱、瓜、萝卜、葵、莴苣、蔓菁、芥、白豆、小豆等的精细种植计划，并指明，"若能依此方法，则万不失一"。书中还记载有较多以小本钱多获利的实际内容。现代学者从经济科学角度研究《齐民要术》，认为贾思勰的著作不单是一部影响深远的古代农业技术典籍，也是中国封建社会农业经营方法方面的百科全书。

《齐民要术》作为一部科学技术名著，经历约1500年的时间，仍被人们奉作古农书的经典著作。农史学家称颂《齐民要术》中旱地农耕作业的精湛技艺和高度理论概括，使中国农学第一次形成精耕细作的完整体系。经济史学家认为将《齐民要术》看作是封建地主经济的经营指南。还有人提出应该称它为全世界最早、最完整的封建地主的家庭经济学。从事农产品加工、酿造、烹调、果蔬贮藏的技术工作者都可以从书中找到古老的配方与技法，因而食品史学家对《齐民要术》也颇为珍视。

第五章

古今中外对《齐民要术》的
精彩评论集锦

第一节　达尔文的评价

英国学者达尔文在其名著《物种起源》和《植物和动物在家养下的变异》中就参阅过这部"中国古代百科全书"，先后6次提及到《齐民要术》，并援引有关事例作为他的著名学说——进化论的佐证。在当今欧美国家面临农业危机的状况下，《齐民要术》更是引起欧美学者的极大注视和研究，说它"即使在世界范围内也是卓越的、杰出的、系统完整的农业科学理论与实践的巨著。"

达尔文在《物种起源》中谈到人工选择时说："如果以为这种原理是近代的发现，就未免与事实相差太远。……在一部古代的中国百科全书中，已有关于选择原理的明确记述。"

"农学家们的普遍经验具有某种价值，他们常常提醒人们当把某一地方产物试在另一地方栽培时要慎重小心。中国古代农书作者建议栽培和维持各个地方的特有品种。"

"在上一世纪耶稣会士们出版了一部有关中国的大部头著作，这部著作主要是根据古代中国百科全书编成的。关于绵羊，书中说'改良品种在于特别细心地选择预定作繁殖之用的羊羔，对它们善加饲养，保持羊群隔离。'中国人对于各种植物和果树也应用了同样的选择原理。"

"物种能适应于某种特殊风土有多少是单纯由于其习性，有多少是由于具备不同内在体质的变种之自然选择，以及有多少是由于两者合在一起的作用，却是个朦胧不清的问题。根据类例推理和农书中甚至古代中国百科全书中提出的关于将动物从一个地区迁移至另一地区饲养时要极其谨慎的不断忠告，我应当相信习性有若干影响的说法。"

第二节　李约瑟的评价

"中国文明在科学史中曾起过从未被认识的巨大作用。在人类了解自然和控制自然方面，中国有过贡献，而且贡献是伟大的。"

第三节　李约瑟和白馥兰的评价

李约瑟、白馥兰在撰著中对贾思勰的身世背景作了一般叙述，侧重于《齐民要术》的农业技术体系构建、种植制度、耕作水平、农器组配、养畜技艺、加工制作以及中西农耕作业的比较进行了阐说，并指出："《齐民要术》是完整保留至今的最早的中国农书。其行文简明扼要，条理清晰，所述技术水平之高，更臻完美。其结果是这本著作长期使用至今还基本上是完好无损"。"《齐民要术》所包含的技术知识水平在后来鲜少被超越"。

第四节　薮内清的评价

1982年，日本学者薮内清在《中国、科学、文明》（梁策、赵炜宏译，中国社会科学出版社，1987年）一书中讲："我们的祖先在科学技术方面一直蒙受中国的恩惠。直到最近几年，日本在农业生产技术方面继续延用中国技术的现象还到处可见。"并指出："贾思勰的《齐民要术》一书，详细地记述了华北干燥地区的农业技术。在日本，出版了这本书的译本，而且还出现了许多研究这本书的论文。"

第五节　西山武一的评价

西山武一在《亚洲农法和农业社会》（东京大学出版会，1969）的后记中写道："《齐民要术》不仅是中国农书中的最高峰，也是最难读懂的农书之一。它宛如瑞士的高山艾格尔峰（Eiger）的悬崖峭壁一般。不过，如果能够根据近代农学的方法论搞清楚其书写的旱地农法的实态的话，那么《齐民要术》的谜团便会云消雾散。"

第六节　神谷庆治的评价

神谷庆治在西山武一、熊代幸雄《校订译注<齐民要术>》的"序文"中就说，《齐民要术》至今仍有惊人的实用科学价值。"即使用现代科学的成就来衡量，在《齐民要术》这样雄浑有力的科学论述前面，人们也不得不折服。在日本旱地农业技术中，也存在春旱、夏季多雨等问题，而采取的对策，和《齐民要术》中讲述的农学原理有惊人的相似之处"。

神谷庆治在论述西洋农学和日本农学时指出："《齐民要术》不单是千百年前中国农业的记载，就是从现代科学的本质意义上来看，也是世界上的农书巨著。日本曾结合本国的实际情况和经验，加以比较对照，消化吸收其书中的农学内容"。

第七节　渡部武的评价

日本农史学家渡部武教授认为："《齐民要术》真可以称得上集中国人民智慧大成的农书中之雄，后世几乎所有的中国农书或多或少要受到《要术》的影响，又通过劝农官而发挥作用。"

第八节　山田罗谷（好之）的评价

"我从事农业生产三十余年，凡是民家生产上生活上的事业，只要向《齐民要术》求教，依照着去做，经过历年的试行，没有一件不成功的。尤其关于农业生产的切实指导，可以和老农的宝贵经验媲美的，只

257

有这部书。所以要特为译成日文，并加上注释，刊成新书行世。"

第九节 胡寄窗的评价

著名经济史学家胡寄窗说："贾思勰对一个地主家庭所须消费的生活用品，如各种食品的加工保持和烹调方法；如何养鱼养马；甚至连制造笔墨及其原材料等所应具备的知识，无不应有尽有。其记载周详细致的程度，绝对不下于举世闻名的古希腊色诺芬为教导一个奴隶主如何管理其农庄而编写的《经济论》。"

第十节 栾调甫（胡立初）的评价

20世纪30年代，我国一代国学大师栾调甫称《齐民要术》一书："若经、若史、若子、若集。其刻本一直秘藏于皇家内库，长达数百年，非朝廷近人不可得。"

第十一节 葛祐之的评价

《齐民要术/后序》，南宋的葛祐之在序文中提到，当时天圣中所刊的崇文院版本，不是寻常人可见，藉以称颂张辚能刊行于州治，"使天下之人皆知务农重谷之道"。

第十二节 李焘的评价

《续资治通鉴长编》的作者南宋李焘推崇《齐民要术》，说它是"在农家最　然出其类者"。

第十三节 王廷相的评价

王廷相，明代著名文学家、思想家、哲学家，明朝文坛"前七子"之一，官至南京兵部尚书、都察院左都御史。王廷相称《齐民要术》为"惠民之政，训农裕国之术"。

参考文献

安宁. 1992. 李约瑟，石声汉[J]. 西北农业大学学报增刊（20）：71-76.

白馥兰F.Bray著，曾雄生译. 2002. 齐民要术 [J]. 北京：法国汉学. 59-89.

川原秀城. 1992. 日本的中国科学史研究[J]. 东京大学中国学会. 中国—社会和文化（7）：28-39.

崔德卿. 2001. 韩国的农书与农业技术——以朝鲜时代的农书和农法为中心[J]. 中国农史（4）：5-24.

崔德卿. 2002.《齐民要术》所载高丽豆与朝鲜半岛初期农作法初探[J]. 中国农史（1）：88-107.

达尔文著，叶笃庄，方宗熙，周建人译. 2009. 物种起源[M]. 北京：商务印书馆. 31-86。

渡部武，董凯忱译. 1985. 日本对中国古农书的研究概况[J]. 农业考古（2）：389-396.

渡部武，全太锦译. 2004. 天野元之助的中国古农书研究[J]. 古今农业（1）：77-85.

渡部武，薛桓生译. 1986. 石声汉教授对中国古农书研究的成就及其对日本汉农学界的深刻影响[J]. 农业考古(1)：413-417.

渡部武. 2008-6-19. 关于《齐民要术》在日本的传播与接受[R]. 中国传统工匠技艺与民间文化国际学术研讨会学术报告.

渡部武. 2008. 贾学的创始者们. 石声汉农史论文集[M]. 北京：中华书局. 41～46.

樊志民. 2011-11-10. "剑桥气质"与"中华情结"——西北农林科技大学农业历史所与剑桥大学李约瑟研究所学术交往记[B]. 新浪博客. http://blog.sina.com.cn/s/blog_83793fc20100vjrk.html

富兰克林•H•金著，程存旺，石嫣译. 2011. 四千年农夫——中国、朝鲜和日本的永续农业[M]. 北京：东方出版社. 13-56.

刘德成，刘克强. 2001. 贾思勰志//山东省志诸子名家志编纂委员会编[M]. 济南：山东人民出版社. 25-127.

米田贤次郎. 1991. 中国古代农业技术史研究[M]. 东京：同朋室. 36-48.

潘吉星. 1990. 达尔文与《齐民要术》——兼论达尔文某些论述的翻译问题[J]. 农业考古（2）：193-199.

潘吉星. 1991. 达尔文涉猎中国古代科学著作考[J]. 自然科学史研究（1）：48-60.

山田慶兒译. 1976.《東と西の学者と工匠》（Clerks and Craftsmen in China and the West, Cambridge）[M]. 东京：河出书房新社. 197-210.

矢岛玄亮. 1984. 日本国見在書目録集証と研究[M]. 东京：汲古書院.38-69.

守屋美都雄. 1963. 中国古岁时记的研究[M]. 东京：帝国书院. 24-59.

薮内清、東畑精一译. 1974.《中国の科学と文明》11卷（Science and Civilisation in China, Cambrdge）[M]. 东京：思索社. 258-275.

天野元之助. 1962. 中国农业史研究[M]. 东京：御茶之水书房. 25-36.

天野元之助. 1975. 中国古农书考[M]. 东京：龙溪书舍. 29-43.

天野元之助. 1978. 后魏の贾思勰齐民要术の研究//山田慶児. 中国の科学と科学者[M]. 京都：京都大学人文科学研究所. 京都大学出版会. 28-49.

田島俊雄. 2006. 農業農村調査の系譜——北京大学農村経済研究所と「齊民要術」研究. 帝国日本の学知. 第6卷[M]. 东京：岩波书店. 35-56.

田中静一，小岛丽逸，太田泰弘编译. 1997. 齐民要术：现存最古老的料理书[M]. 东京：雄山阁出版.3-252.

王思明. 2010. 李约瑟与中国农史学家——谨以此文纪念李约瑟先生诞辰110周年[J]. 中国农史（4）：5-13.

王永厚. 1979-03-15. 齐民要术在日本[N]. 光明日报（4）.

王毓瑚. 1964. 中国农学书录[M]. 北京：农业出版社. 24-51.

西山武一，熊代幸雄. 1957，1958. 校訂訳註齐民要術[M]. 东京：農業総合研究所. 16-59.

西山武一. 1948. 齐民要术传承考. 金沢文庫本《齐民要术》[M]. 东京：農林省農業綜合研究所. 48-63.

西山武一. 1969. 亚洲的农法和农业社会[M]. 东京：东京大学出版会. 10-69.

小出满二. 1929. 齐民要術の異版につきて[M]農業經済研究. 东京：岩波書店. 23-45.

小林清市. 1989. 齐民要術における五穀と五木//山田慶兒编. 中国古代科学史論[M]. 东京：思索社. 158-175.

小林清市. 2003. 中国博物学的世界：以「南方草木状」和「齐民要术」为中心[M]. 东京：农山渔村文化协会. 185-265.

熊代幸雄. 1969. 比较农法论[M]. 东京：御茶之水书房. 27-36.

薛彦斌. 2013. 世界性巨著《齐民要术》在日本的影响. //徐莹，李昌武. 贾思勰与《齐民要术》研究论集[M]. 济南：山东人民出版社. 324-332.

杨直民. 1980. 从几部农书的传承看中日两国人民间悠久的文化技术交流[J]. 世界农业（10）：16-21. （11）：30-33.

杨直民. 1983. 介绍齐民要术的新校释本. 农业出版简讯[M]. 北京：农业出版社. 42-53.

原宗子. 1986. 日本農書における中国農書のと接触パターン. 学習院大学東洋文化研究所调查研究報告第21号[M]. 东京：68-76.

曾雄生. 1992. 评李约瑟主编白馥兰执笔的《中国科学技术史》农业部分[J]. 农业考古（1）：170-174.

张波. 1992. 贾学之幸——石声汉先生古农学思想、研究方法和学术成就浅识[J]. 西北农业大学学报增刊（20）：58-70.

后 记

　　"贾学"与"贾学之幸"的首次提出者，是日本著名学者、时任鹿儿岛大学农学部教授的西山武一博士。《齐民要术》在国际上具有深远的影响，尤以日本为最。唐朝时期，《齐民要术》就传到邻国日本，引起日本学者的重视和研究；大约在19世纪传到欧洲，英国学者达尔文（1809-1882）在其名著《物种起源》和《植物和动物在家养下的变异》中就参阅过这部"中国古代百科全书"，并援引有关事例作为他的著名学说——进化论的佐证。在当今欧美国家面临农业危机的状况下，《齐民要术》更是引起欧美学者的极大注视和研究，说它"即使在世界范围内也是卓越的、杰出的、系统完整的农业科学理论与实践的巨著。"因此，收集、整理贾思勰和《齐民要术》在全世界的影响，编写一部《贾学的世界性影响与贡献》专著是非常必要的。

　　寿光市《齐民要术》研究会自2005年成立至今，已经整整11年了，笔者从2004年开始筹备，到2005年主持召开第六届中国寿光国际蔬菜科技博览会"贾思勰农学思想研讨会"和2006年主持召开《齐民要术》与现代农业高层论坛的学术研讨开始，再到主持2010-2016年连续7届中华农圣文化国际研讨会的学术研讨，一直在积累和沉淀着贾思勰和《齐民要术》研究方面烟波浩渺的大量资料，始终沉浸在《齐民要术》这部"古代中国百科全书（Ancient Chinese Encyclopedia，达尔文语）研究的宽阔海洋之中，自然而然也接触了很多相关的研究专家，通过学术交流，了解、收集和归纳了他们的研究成果，也一直想写一部关于贾学的世界性影响与贡献方面的书，今天终于得以实现，心情异常激动，亦似如释重负一般。

编书著述非一日之功，编好书更不能急于求成，一蹴而就。其成功，很大程度上取决于资料的占有以及持之以恒的日积月累。日本在《齐民要术》版本的保存和传承方面独具特色，汉籍东传，由来已久。笔者曾获日本国文部省国费外国人留学生奖学金，在日本留学5年获得冈山大学博士学位，此次在本书的编写过程中，多亏在日本的朋友和友人们的倾力协助，网上传递过来大量文献资料和照片，尤其得益于日本福冈BRIDGE有限会社疋田辰宜社长、日本东京丰田通商株式会社事业开发部副部长郑泰根博士、京都大学药学部助手河野健一博士、冈山大学农学部教授桝田正治博士、千叶大学园艺学部食料经济学科教授吉田义明博士、东京农业大学农学部黑滝秀久教授、鹿儿岛大学农学部教授岩元泉博士、教授坂爪浩史博士、爱媛大学农学部教授中安章博士、筑波大学农学部教授山口智治博士、京都教育大学文学部教授田中嘉明博士等提供的大量日文相关资料和照片，受益匪浅。特别应该感谢的是BRIDGE有限会社疋田辰宜社长，不辞劳苦，友情至上，常年坚持在日本收集相关书籍，在百忙中曾两次为寿光《齐民要术》研究会、寿光中国蔬菜博物馆寄邮在东京、大阪、横滨、京都、奈良、福冈、神户、冈山、千叶、鹿儿岛、松山等地收集和托购的30余册日文版的《齐民要术》研究书籍和中国农业古籍，有的甚至是独本、珍本，贵重异常。以上诸多国际友人提供的宝贵的日文资料，对本书的写作非常有裨益。同时感谢留学生时代笔者的同学、日本三重大学农学部博士毕业、现中国农业科学院蔬菜花卉研究所所长杜永臣教授；日本千叶大学园艺学部博士毕业、现山东农业大学园艺学院院长王秀峰教授；日本千叶大学园艺学部博士毕业、现中国农业大学经济管理学院国际农产品贸易研究中心主任安玉发教授；日本冈山大学农学部博士毕业、现中国农业大学园艺学院副院长、观赏园艺与园林系主任高俊平教授；日本冈山大学农学部博士毕业、现上海交通大学农业与生物学院果树栽培生理中心主任王世平教授；日本东京大学农学部博士毕业，现日本自然农法国际研究开发中心理事、副所长、首席研究员徐会连博士，他们都将手头的相关文献资料和照片提供给了笔者。

感谢寿光市人大常委会主任杨德峰对本书的编写给予了一如既往的

支持，杨德峰自2000年始17年来一直担任中国寿光国际蔬菜科技博览会总指挥，首次倡导和亲自调度了由中国寿光国际蔬菜科技博览会组委会主办、潍坊科技学院承办、寿光市齐民要术研究会协办的七届中华农圣文化国际研讨会，正因为有了如此良好的国际研讨机会和优异的学术大环境，笔者才连续7年依照安排主持了国际研讨会的学术研讨，再加上此前的2005年的贾思勰农学思想研讨会和2006年齐民要术与现代农业高层论坛的主持，使得笔者有更多的机会与国内外贾思勰与齐民要术研究专家接触和学术交流，难忘的是笔者参加2006年9月在韩国水原召开的第六届东亚农业史国际研讨会，也是杨德峰亲自签批、一手促成的，对笔者参与《齐民要术》的国际交流给与了莫大支持与厚爱。感谢寿光市《齐民要术》研究会名誉会长王乐义书记对本书写作给予了热情鼓励，提供了三元朱村展览馆的相关资料和照片。以及已故的潍坊科技学院原院长、寿光市"人民功勋"获得者崔效杰教授，以及寿光市人大常委会副主任、潍坊科技学院现任院长李昌武教授对笔者的贾思勰和《齐民要术》研究始终给予鼎力支持，每年划拨资金，确保每届中华农圣文化国际研讨会论文集及时正式出版，为本书的写作奠定了雄厚的前期基础。

感谢贾思勰与《齐民要术》研究著名专家、中国农业大学农业科技史研究员、原图书馆馆长、名誉馆长、中国农史学会常务理事杨直民教授，两次赠与和寄送给笔者大量《齐民要术》研究文献资料。感谢山东农业大学文法学院副院长、教授、硕士研究生导师、中文系主任、山东农业历史学会秘书长孙金荣博士寄送的相关珍贵资料。感谢山东农业大学园艺科学与工程学院教授、山东省现代蔬菜产业技术体系岗位专家魏珉博士博士寄送的相关珍贵资料。

感谢寿光市《齐民要术》研究会首任会长、潍坊市"人民功勋"获得者、已故王焕新先生向笔者推荐和赠送的日本天野元之助教授和西山武一教授的著作复印件和文献资料。感谢寿光市《齐民要术》研究会会长刘效武先生对本书写作的全方位支持，刘会长是本套系列丛书大全的动议者和发起人，亲自审定写作大纲、划分板块、确定题目与内容，并提供给笔者大量资料诸如会议讲话、年度总结、申请报告、展板文字、图片照片等，甚至不顾劳累，跟笔者共同奔赴北京琉璃厂、潘家园、前门大街、王府井大街、西单大街等古籍市场和古籍书店收集、查阅贾思勰与《齐民要术》研究资料，收益甚多。同时感谢寿光市《齐民要术》研究会副会长赵守祥、孙有华、李向明、宋峰泉、崔永峰以及全体会员给予笔者的大力支持与协助。特别感谢山东阳光华沃控股有限公司董事长、寿光市《齐民要术》研究会副会长孙有华慷慨划拨内蒙古克什克腾旗"《齐民要术》与现代农牧业发展论坛"研讨会会议经费、馈赠龙溪精舍校刊《齐民要术》上、下卷珍本，对笔者和研究会提供的全方位的支持与帮助。

感谢笔者单位的同事对本书编写的大力支持，特别感谢潍坊科技学院生物研发中心抗体工程学研究室主任、东京工业大学抗体工程学研究室客员研究员、副教授董金华博士、贾思勰农学院院长李美芹教授、副院长郎德山副教授、学院宣传部部长李兴军副教授、学院教务处副处长肖万里博士的全力支持，感谢学院农圣文化研究所所长刘金同教授、副所长杨现昌博士、学院吕金浮副教授、苗锦山副教授、张涛副教授、高宏赋副教授、周衍庆副教授、李培之副教授、薛慧丽副教授、单喜军讲师、李运祝讲师、马家兴讲师、刘俊海讲师、吴婧讲师、张菲讲师、高俊平讲师、李建永讲师、祝海燕讲师、徐有信讲师、肖志文讲师、于顺勤讲师、李航讲师的热情帮助。

本书能够顺利付梓，得到中国农业科学技术出版社的鼎力协助，衷心感谢，闫庆健编审对本书的撰写提出了很好的思路，数次提出很多非常中肯的建议和意见，并在百忙中应邀参加2015年4月和2016年5月举办的第六届、第七届中华农圣文化国际研讨会，与寿光市《齐民要术》研究会的骨干会员及《中华农圣贾思勰与<齐民要术>研究丛书》全体作者进行了亲切的座谈交流，并对初稿进行认真的修改，付出了艰辛的劳动。

由于时间仓促，编者水平有限，本书在编排上难免有不当之处，恳望各位专家惠予指正，也敬请广大读者多提宝贵意见。

薛彦斌　博士　研究员
2016年7月于山东寿光